Andreas Deutsch (Hrsg.)

Muster des Lebendigen

Interdisziplinäre Mathematik

Herausgegeben von H. Schuster

Andreas Deutsch (Hrsg.)

Muster des Lebendigen

Faszination ihrer Entstehung und Simulation

Mit zahlreichen Zeichnungen und Fotos sowie einem Farbteil

springer fachmedien wiesbaden gmbh

Folgende Beiträge wurden aus dem Englischen übersetzt:
Kap. 2, 11 und 13 von Dr. Heike Schuster,
Kap. 6, 7, 8 und 9 von Dr. Andreas Deutsch

Titelgrafik:
Anke Deutsch (Köln)
unter Verwendung einer Aufnahme von Eshel Ben-Jacob (Tel Aviv),
Musterbildung eines Bakteriums

Gedruckt auf säurefreiem Papier

ISBN 978-3-663-05243-2   ISBN 978-3-663-05242-5 (eBook)
DOI 10.1007/978-3-663-05242-5

Vorwort

Das Wort Chaos ist heute in vieler Munde. Eine Fülle von Büchern, Fernsehsendungen sowie Artikelserien befriedigt die Nachfrage einer breiten Öffentlichkeit nach Erkenntnissen der noch jungen Chaostheorie. Das Verblüffende und sicher einer der Hauptgründe für das große allgemeine Interesse an dieser Theorie ist, daß viele ihrer Erkenntnisse intuitiv und mit einfachsten Hilfsmitteln erfahrbar zu sein scheinen. So kann man beim Einschenken einer Kaffeetasse die Entstehung chaotischer Strömungen beobachten, deren Prinzipien sich an jedem Personalcomputer simulieren lassen. Die kreative Rolle zufälliger Ereignisse ist wichtiges Fundament des chaotischen Paradigmas – sogar Störungen können zu Neuem führen. Elementare, ja archaische menschliche Erfahrungen *wie kleine Ursache – große Wirkung* oder *allem Anfang wohnt ein Zauber inne* lassen sich anscheinend mit der Chaostheorie untermauern. Und irgendwie ist es ja auch beruhigend zu wissen, daß sich selbst im größten Chaos noch Ordnungsstrukturen auffinden lassen sollen – von den Wissenschaftlern als deterministisches Chaos bezeichnet. Jeder kennt dieses Phänomen von seinem Schreibtisch, der doch nur für den oberflächlichen Betrachter einen chaotischen Eindruck macht. Man selbst ist hingegen von der schöpferischen Komponente dieser Unordnung durchaus überzeugt und glaubt, die Domänen der Ordnung in seinem selbst angerichteten Chaos genauestens zu überblicken.

Von ihren Kritikern als *new science* oder bloße Weltanschauung verschmäht, hat die Euphorie in der Chaosforschung in jedem Fall dazu beigetragen, daß auch das Anti-Chaos, d. h. Form und Gestalt bzw. geordnete nicht-chaotische Strukturen, in den Mittelpunkt des Interesses gerückt ist. Diesen Strukturen – Lebewesen sind nur besonders komplexe Beispiele – ist das vorliegende Buch gewidmet, welches einen Querschnitt an Musterbildungen biologischer, physikalischer und chemischer Systeme präsentiert.

Im Jahre 1989 organisierten der Biologe Ludger Rensing und ich unter dem Titel *Natur und Form* eine Ausstellung für das Überseemuseum in Bremen. Thema war die Entstehung von Ordnung, deren Ästhetik mit Hilfe großformatiger Bilder demonstriert wurde. Gleichzeitig lag ein Schwerpunkt auf der Erläuterung mathematischer Konzepte zur Strukturbildung, die mit Computersimulationen veranschaulicht und in einem zur Ausstellung erschienenen Katalog vertieft wurden. Der Erfolg von Katalog und Ausstellung – ursprünglich gar nicht als Wanderausstellung konzipiert, aber aufgrund der großen Nachfrage u. a. in Berlin, Bielefeld, Jena, Oldenburg, Rostock und Stuttgart zu sehen – war Beweis genug für ein großes Interesse auch an Fragen des Antichaos.

Variationen ähnlicher Prinzipien können zu Chaos und Ordnung führen; Chaos und Ordnung sind nur zwei Seiten derselben Medaille und verhalten sich wie das Yin zum Yang, das eine ist ohne das andere nicht vorstellbar. Die Ordnung selbst riesiger Ensembles wie Ameisenstaaten ergibt sich durch unbewußtes Zusammenspiel der Individuen, die alle über dasselbe identische Verhaltensrepertoire verfügen. Ordnung bildet sich durch Selbstorganisation aus – es ist keine zentrale Steuerungsinstanz oder etwa ein Koordinator notwendig. In jedem Bienenkorb gibt sich dieses Prinzip in den regelmäßigen Mustern der von den Arbeiterinnen abgelegten Pollen- und Honigladungen zu erkennen. Es ist dabei nicht etwa die Königin, die über den Aufbau solcher Ordnung wacht, sondern die Muster lassen sich alleine damit erklären, daß alle Arbeiterinnen demselben Verhaltensschema folgen und auf elementare Weise miteinander interagieren.

Bei der Erforschung solcher Wechselwirkungen ist die Mathematik als Strukturwissenschaft in ihrem ureigensten Element. Die Mathematik hat bereits bei der Entwicklung der Chaostheorie wertvolle Hilfe geleistet. Ihre Möglichkeiten bei der Analyse von Musterentstehung sollen in diesem Buch belegt und für den interessierten Leser mit Leben erfüllt werden. Folglich erschöpft sich die Darstellung nicht in der Vorstellung abstrakter Theorien. Vielmehr werden alle Konzepte anhand von Beispielen „natürlicher Strukturbildung" verdeutlicht.

Viele Jahrtausende war der Mensch von der *gottgegebenen* Ordnung in der Natur überzeugt, und der Gedanke an Prozesse, die nicht von göttlicher Hand gelenkt, also dirigiert sind, gar nicht vorstellbar. Der Gedanke an jegliche Dynamik lag fern, denn Dynamik bedeutet Veränderung, und warum sollten sich gottgegebene Strukturen noch verändern – sie sind ja schon optimal. Es bedurfte der Überwindung gewaltiger Denkbarrieren, bis man zu einer *dynamischen* Betrachtungsweise der Natur kommen konnte, ja das Charakteristikum des naturwissenschaftlichen Zeitalters ist gerade die Erforschung der Eigendynamik in der Natur. Angefangen bei Johannes Kepler, Galileo Galilei und Nikolaus Kopernikus, die das dynamische Element in Physik und Astronomie etablierten über Charles Lyell, der uns die geschichtliche Dynamik der geologischen Welt vor Augen führte bis schließlich zu Charles Darwin, der uns mit unserer biologischen Stammesgeschichte konfrontierte, ist die Ideengeschichte von der Ausbreitung dieses *eigendynamischen Gedanken* geprägt.

Es ist daher kein Zufall, daß im Verlauf des zwanzigsten Jahrhunderts nun auch die Entstehung individueller Organismen, also der „Muster des Lebendigen" in den Mittelpunkt rückte. Es gibt mittlerweile mächtige genetische und biochemische Werkzeuge, um dem Problem der Musterentwicklung zu Leibe zu rücken. Letzlich sind die „Muster des Lebendigen" natürlich durch die Gene bestimmt, doch reicht die genetische Information alleine bei weitem nicht aus, um ihre Bildung zu erklären. Es muß übergeordnete Selbstorganisationsprinzipien geben. Selbstorganisation ist allgegenwärtig und bestimmt die Strukturbildung belebter wie unbelebter Natur auf sämtlichen Ebenen. Konzepte zur Selbstorganisation werden heute von Biologen, Mathematikern, Chemikern und Physikern gleichermaßen diskutiert, ein Paradebeispiel interdisziplinärer Forschung. Dieses Buch ist ein Versuch, dem Leser etwas von der Spannung der Diskussion zu vermitteln, indem die einzelnen Forschergruppen selbst zu Wort kommen und aus ihrer Arbeit berichten.

Das einführende erste Kapitel macht mit den Ideen der Selbstorganisation vertraut und versucht, die maßgeblichen Konzepte im Hinblick auf das Hauptthema – die biologische Musterbildung – zu veranschaulichen. Grundbaustein jedes biologischen Musters ist die Zelle. Zellen können sich vermehren (teilen), bewegen, Signale aussenden und mit anderen Zellen kommunizieren. Bei der Entwicklung eines Organismus spielen all diese Fähigkeiten der Zelle, die sich mit den Instrumenten eines Orchesters vergleichen lassen, eine entscheidende Rolle. Die Instrumente müssen zur richtigen Zeit, aber auch am richtigen Ort erklingen, damit der harmonische Eindruck des ganzen Organismus entstehen kann. Dieses Buch bietet Ihnen die Gelegenheit, Besetzungen vom Kammerorchester (Prokaryonten) bis zum großen Symphonieorchester (vielzellige Eukaryonten) mit ihrem vielfältigen Repertoire kennenzulernen und auch Einblicke in die Partituren zu nehmen. Bei der Suche nach dem Wesen dieser Orchester werden wir auf manche interessante Eigenarten stoßen.

So überrascht, daß selbst die größten Muster-Orchester ohne Dirigent auszukommen scheinen. Genau dies ist es, was die Selbstorganisation ausmacht. Aber damit nicht genug – auch schwierigste Partituren liegen nicht in Form geschriebener Noten, sprich eines genetischen Programms vor, sondern entstehen in hohem Maße durch Improvisation, d. h. Einbeziehung aktueller Stimmungen und atmosphärischer Eindrücke. Allenfalls die Harmonien scheinen den Musikern in ihren Genen mit auf den Weg gegeben zu sein.

Abstimmung zwischen den einzelnen Stimmen ist in der Natur insbesondere durch hochkomplexe Kommunikationsprozesse gewährleistet. Ein kleiner Schleimpilz ist Paradebeispiel hormoneller Kommunikation. An ihm kann man besonders elegant aufzeigen, wie die Natur ein und dasselbe Prinzip variiert und dadurch die verschiedenen Stadien des Lebenszyklus dieses Pilzes entstehen.

Harmonische Proportionen im Körper des Menschen glaubte bereits Leonardo da Vinci zu erkennen. Eine besonders auffällige Harmonie in der Natur ist ebenfalls schon lange bekannt, die charakteristische Blattstellung vieler Pflanzen nämlich, die oft spiralig ist und den Goldenen Schnitt widerspiegelt. Aber erst in den letzten Jahren wurden die Prinzipien deutlich, nach denen diese Harmonien entstehen. Die Dominanz des Goldenen Winkels ergibt sich dabei als Folge elementarer mathematischer Schlußfolgerungen.

Wir stellen Klassiker vor, deren Bildungsprinzipien schon recht gut verstanden sind, aber auch die moderne Musik kommt nicht zu kurz, in der sich Harmonien nur bei genauem Hinhören und erst in allerjüngster Zeit zu erkennen geben. Die vollständige Partitur der Musterbildung ist heute noch in keinem Falle auch nur annähernd bekannt. Man hilft sich zumeist mit dem Studium vermeintlich einfacherer Besetzungen, d. h. man betrachtet Solisten oder Kammerorchester niederer Organismen wie Bakterien, Algen oder Pilze, in denen bestimmte Instrumente gar nicht oder nur in geringem Umfang beteiligt sind. Gerade diese niederen Organismen sind es, die besonders sensibel auf die Wahl des Konzerthauses reagieren. Es kommt vor, daß sie völlig verschiedene Melodien spielen, wenn man nur ihr Wachstumsmedium verändert. Wir begleiten ein Pilzorchester auf seiner Tournee durch unterschiedliche Spielstätten (Wachstumsbedingungen) und verfolgen seine variantenreichen Melodien.

Niedere Lebewesen sind es auch, die oft über Regulations- und Kontrollsysteme verfügen, die man gemeinhin nur höheren Lebewesen zutraut. Wir werfen einen Blick auf bizarre Musterungen von Bakterienkolonien und die Gestaltbildung einzelliger Algen, die aus einer ursprünglich kugelförmigen Zelle Verzweigungsstrukturen und sogar hutartige Gebilde formen können. Die Formveränderung einer unregelmäßigen Struktur aus einer anfänglich regelmäßigen kugelförmigen Gestalt (der befruchteten Eizelle) ist auch Voraussetzung der Embryogenese höherer Organismen. Bei Algen läßt sich ein beliebter Trick zur Analyse der Musterbildung anwenden, der in der Erzeugung gezielter Disharmonien, also von Störungen, im Orchester besteht. Wie kommt das Orchester damit zurecht? Wird es den Fehler ausgleichen, d. h. kommt es zur Regeneration oder aber zur Katastrophe, also zum Abbruch der Entwicklung? Es gibt für die Musterung der Algen eine Reihe von Hypothesen, die auf mechanischen, chemischen sowie hydro- und elektrodynamischen Harmonien der wachsenden Zelle beruhen. Wir lernen Beispiele kennen und sehen dabei, daß unterschiedliche Harmonien zu durchaus ähnlichen Klangbildern führen können.

Eine weitere Besonderheit des Orchesters der „Muster des Lebendigen" ist, daß seine Instrumentalisten oft keinen festen Platz einnehmen, während des Konzerts hin- und herwandern und häufig selbst am Ende der Aufführung noch keine feste Position besitzen. In vielen Fällen differenzieren sich nämlich Zellen in einer embryonalen Struktur und wandern von dort zu ihrem Bestimmungsort bis in die entlegensten Zonen des Embryos. Wir verfolgen Pigmentzellen von Salamanderlarven auf ihrer Wanderung, die am Ende zu auffälligen Farbmustern führt.

Um die Melodien der biologischen Instrumente besser zu verstehen, gehen wir am Schluß etwas genauer ihrem Bau auf den Grund. Wir betreten das Archiv der physikalisch-chemischen Welt und schauen dort nach, ob es eventuell Material enthält, welches lebendige Harmonien erzeugen kann. In der Physik übernimmt die Fourieranalyse genau diese Aufgabe der Suche nach harmonischen Anteilen komplexer funktionaler Zusammenhänge – zum Beispiel bei der Untersuchung komplizierter Schallwellen. Und in der Tat finden wir auch in der unbelebten Natur viele Beispiele räumlicher Musterbildung. Wir sehen die Platonischen Körper in einem anderen Licht und lernen die Ordnung von Supramolekülen und Kristallen aus der Perspektive der Selbstorganisation kennen. Wir stoßen auf einen Klassiker der chemischen Musterbildung, die berühmte Belousov-Zhabotinsky (BZ)-Reaktion, die bizarre Kreis- und Spiralwellenmuster zu zaubern vermag. Ob in den Experimenten Ordnung oder Chaos herrscht, darüber entscheidet die Wahl weniger Kontrollparameter, welche zum Beispiel die Reaktions- und Diffusionsraten der Reaktanden bestimmen. In der BZ-Reaktion entstehen zumeist Wellenmuster, aber niemals stationäre Muster, die sich in der Zeit nicht mehr verändern. Dieses sind aber gerade die für die „Muster des Lebendigen" typischen.

Gibt es vielleicht eine chemische Reaktion, die diese *lebendige* Eigenschaft besitzt? Der Mathematiker Alan Turing hat bereits Anfang der fünfziger Jahre eine solche Reaktion theoretisch vorgeschlagen und Bedingungen angegeben, unter denen sogenannte räumlich stationäre Muster auftreten können. Es hat allerdings bis in die späten achtziger Jahre gedauert, bis eine chemische Reaktion – CIMA-Reaktion genannt – gefunden wurde, die diese Bedingungen erfüllt und die von Turing vorhergesagten Melodien spielt. Zwei ihrer Entdecker präsentieren diese Reaktion mitsamt ihrem üppigen Repertoire, d. h. dem Strauß der von ihr gebildeten Muster.

Wie sollte man dieses Buch lesen? Prinzipiell ist jedes Kapitel in sich abgeschlossen und unabhängig. Der Inhalt des ganzen „Werkes" erschließt sich jedoch erst, wenn man versucht, in möglichst viele der vorgestellten „Sätze" hineinzuhören. Detaillierte Rezeptvorschriften zu einigen der im Buch beschriebenen Musterexperimente sind in einem eigenen Abschnitt zusammengefaßt und ermöglichen dem Interessierten den Einstieg in selbständige „Kompositionen". Ein Glossar erläutert zentrale Begriffe der Musterbildung. Ausführliche Literaturhinweise am Schluß jedes Beitrags runden die Darstellung ab und ermöglichen dem Leser einen vertieften Einstieg in die beschriebene Thematik. Es wurde darauf geachtet, daß die Literaturhinweise sich auf allgemein zugängliche Werke beschränken. Manche der hier vorgestellten Ergebnisse sind allerdings so neu, daß sie bislang nur in Spezialliteratur zu finden sind.

Bei der Entstehung des Buches waren Selbstorganisationsprozesse (leider) nur in geringem Maße beteiligt, die Organisation und Koordination der Beiträge keine leichte Aufgabe, viele Kollegen und Freunde haben mitgewirkt. Ich möchte zuallererst der Lektorin Dr. Heike Schuster herzlich danken, die durch ihre Anregungen, Übersetzungen sowie unentwegtes Redigieren und Kommentieren der Beiträge zu diesem Buch ganz wesentlich beigetragen hat. Weiterhin danke ich besonders Prof. Wolfgang Alt für die außergewöhnlich anregende und freundschaftliche Zusammenarbeit, wichtiges Fundament der Arbeit an diesem Buch, allen Beitragenden für die Berücksichtigung kritischer Anmerkungen und die Bereitschaft, ihre Forschungsergebnisse auf einem (hoffentlich!) verständlichen

Niveau zu präsentieren, Frau Heidi Geithmann für die Anfertigung einer Fülle von Zeichnungen und unschätzbare fotografische Hilfe, Dr. Holger Dullin für physikalische Beratung und viele Jahre anregender Diskussionen in freundschaftlicher Verbundenheit, den im Abbildungsnachweis genannten Freunden und Kollegen für die Überlassung wertvoller Fotografien, meinen Kollegen Michael Möllney und Uwe Neugebauer für T_EX-nische Tips, den anderen Mitgliedern meiner Arbeitsgruppe für vielfältige Unterstützung, meiner Schwester Anke Deutsch für Beratung und tatkräftige Hilfe bei der Gestaltung, Dr. Eberhard Raschke für die Bereitstellung genetischen Knowhows sowie dem Vieweg-Verlag, der dieses Buchprojekt ermöglicht hat.

Die Prinzipien der Selbstorganisation, um die sich dieses Buch dreht, sind auch jenseits der beschriebenen Problematik von großer Bedeutung. Vielleicht gewinnt der Leser Anregungen, die geschilderten Erkenntnisse mit eigenen Erfahrungen zu verbinden und auf andere Zusammenhänge anzuwenden. In jedem Fall wünsche ich mir, daß bei der Lektüre etwas von der Faszination spürbar wird, die sich mit der Öffnung des Musterblicks auf die Natur verbindet.

Bonn, im März 1994 Andreas Deutsch

Inhalt

Zur Geburt meiner Nichte Anna

Kapitel 1

Muster, Modelle, Simulationen

Neue Wege zum Verständnis von Strukturbildung in der Natur

Andreas Deutsch

> So full of shapes is fancy,
> that it alone is high fantastical.
> *William Shakespeare*

Wenn Sie dieses Buch aufschlagen und nur einen flüchtigen Blick auf das Inhaltsverzeichnis werfen, so sind Sie vielleicht überrascht. Heißt nicht der Titel „Muster des Lebendigen"? Warum gibt es dann aber einige Kapitel, in denen von physikalischer und chemischer Musterbildung die Rede ist? Physik und Chemie sind doch gerade diejenigen Naturwissenschaften, welche Erscheinungs- und Zustandsformen unbelebter Materie im Visier haben. Das ist nur ein scheinbarer Widerspruch, denn wir werden sehen, daß ähnliche Prinzipien, die der Strukturbildung unbelebter Systeme zugrunde liegen – physikalischer und chemischer Prozesse eben –, auch in der Welt des Lebendigen ihre Gültigkeit besitzen.

Viele wichtige Impulse zum Verständnis „lebender Strukturbildung" in den letzten Jahrzehnten sind aus Erkenntnissen erwachsen, die anhand physikalischer und chemischer Experimente gewonnen wurden. Ganz abgesehen davon, daß sich belebte und unbelebte Muster frappierend ähneln können. Manchmal drückt schon die Namensgebung diesen Bezug aus; so kann man etwa aus der Benennung des Seesterns auf seine Formverwandtschaft mit einer unbelebten Struktur schließen. Das wohl komplizierteste „Muster des Lebendigen" sind wir selbst (Bild 1.1). Wir sind auf dem Weg zum Verständnis der Entwicklung biologischer Muster schon ein gutes Stück vorangekommen. Die entscheidenden Fragestellungen dabei und mögliche Antworten, welche im Mittelpunkt der Diskussion stehen – das ist der rote Faden, der sich durch alle Beiträge dieses Buches hindurchzieht.

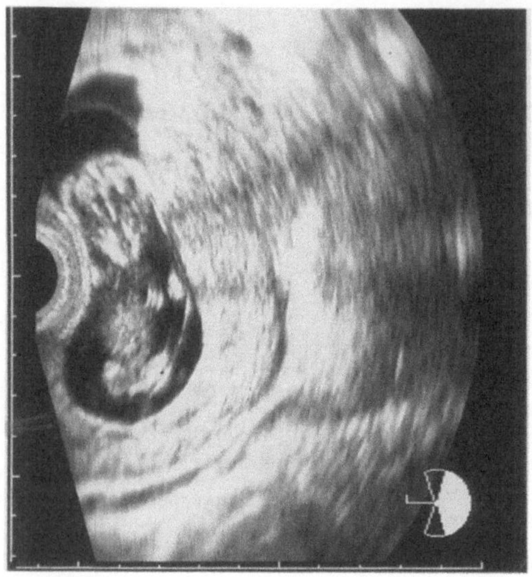

Bild 1.1
Menschliche Leibesfrucht, Ultraschallaufnahme in der zwölften Schwangerschaftswoche. Auf der linken Seite sind in der Amnionhöhle (schwarz) Augen, Nase sowie die Extremitäten als weiße Flecken erkennbar (Bildrand trägt ein mm-Raster).

Musterbausteine

Die Bausteine der „Muster des Lebendigen" sind Zellen, die sozusagen den kleinsten gemeinsamen Nenner pflanzlichen und tierischen Lebens ausmachen. Man unterscheidet eukaryontische (griech. eu: echt, karyon: Kern), deren Zellen einen Zellkern besitzen, von prokaryontischen Organismen (griech. pro: vor), deren Zellen ein solcher Kern fehlt. Zu den Prokaryonten zählen insbesondere die Bakterien. Sie sind relativ einfach gebaut und immer einzellig. Es gibt drei Grundtypen (Bild 1.2): Kugel, Stäbchen und Spirale. Bakterien können sich zusammenschließen und Ketten oder Kolonien unabhängiger Zellen bilden. Viren stellen im Unterschied dazu nur größere Molekülaggregate dar; ihnen fehlt der Stoffwechselapparat, der zur Vermehrung außerhalb von Wirtszellen erforderlich ist. Die mikroskopisch kleinen Zellen haben verblüffende

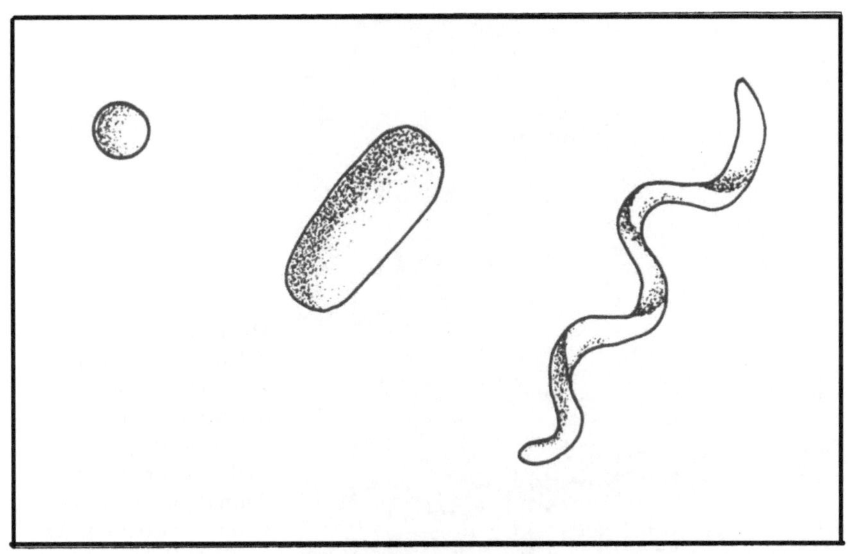

Bild 1.2 Die drei Bakterientypen Kugel (Staphylococcus), Stäbchen (Großer Bacillus) und Spirale (Spirillum); maßstabgerechte Schemazeichnung.

Eigenschaften, die an Organismen erinnern. Sie erzeugen ihre Energie selber und besitzen Organellen in ihrem Inneren, die Organen ähnlich spezielle Aufgaben verrichten können. Das Repertoire einer Zelle ist immens. Zellen können wachsen, sich verformen, wandern und vermehren, Signale aussenden sowie mit anderen Zellen kommunizieren. Alle diese Prozesse sind maßgeblich an der Musterbildung beteiligt.

Biologische Muster entstehen so als Ergebnis eines überaus komplexen Wechselspiels elementarer Lebensäußerungen. Das auffälligste Organell einer Eukaryontenzelle, der Zellkern, enthält ihre genetische Information, die in den Basensequenzen der DNA-Moleküle codiert ist. In der Computersprache ausgedrückt, beinhaltet die genetische Ausstattung jeder menschlichen Zelle ungefähr 700 Megabyte an Informationen, das ist in etwa tausendmal so viel wie der Text dieses Buches enthält [1]. Die Form jeder Zelle ist maßgeblich durch ihr Cytoskelett bestimmt, welches – einem Korsett ähnlich – eine mechanische Stützfunktion erfüllt. Die wichtigsten Bestandteile dieses Skeletts sind röhrenförmige, aus dem Protein Tubulin aufgebaute Strukturen, sogenannte Mikrotubuli, die zu bizarren Formationen zusammentreten können (Bild 1.3).

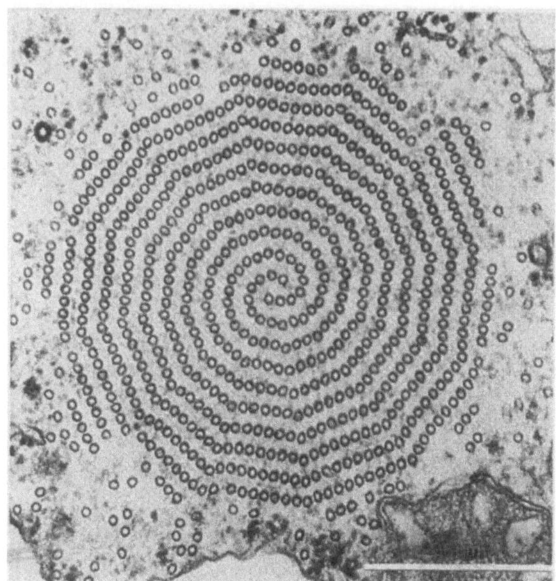

Bild 1.3
Zellskelett eines Heliozoen. Die Anordnung der Mikrotubuli zeigt eine Doppelspirale. Elektronenmikroskop. Aufnahme des Querschnitts durch ein Axopodium (Länge d. weißen Balkens: 0.5 μm).

Suche die Einfachheit
und mißtraue ihr.
Alfred N. Whitehead

Die Entdeckung der Einfachheit

Noch etwas mag Sie erstaunen, falls Sie in diesem Buch die Erklärung der Entstehung von Giraffen- und Zebramustern erwarten sollten (Tafel 1). Stattdessen ist von Schimmel, Schleimpilzen sowie Algen- und Bakterienmustern die Rede und Sie beginnen eventuell bereits, innerlich und äußerlich zu erschauern. Es sind aber gerade solche niederen Lebewesen, deren bloße Lebensberechtigung manch einer in Zweifel ziehen mag, die sich in den letzten Jahren als Schlüssel zum Verständnis elementarer biologischer Entwicklungsprozesse erwiesen haben. Wir werden sehen, daß die Muster solcher vermeintlich einfacher Lebewesen sogar oftmals einen hohen ästhetischen Reiz besitzen. Die Organisationshöhe eines Organismus sagt nämlich noch gar nichts über sein „Gestaltvermögen" aus: Sogar Einzeller sind zu einem üppigen Formenreichtum in der Lage (Bild 1.4).

Bild 1.4
Formenreichtum der
Foraminiferen. Die
Vielfalt dieser ein-
zelligen Organismen-
gruppe erstreckt sich
von strahligen über
ringförmige bis zu
spiraligen Mustern.

Es sei ferner daran erinnert, daß eine kleine Fliege, die berühmte Tau-
fliege *Drosophila melanogaster* wahrscheinlich das bezüglich seiner Gestaltbildung am besten verstandene Tier ist [2]. Und auch ein Wurm
darf in diesem Zusammenhang nicht unerwähnt bleiben, der Nematode
Caenorhabditis elegans. Er ist das erste Tier überhaupt, dessen Entwicklung Zelle für Zelle vom Ei über das frisch geschlüpfte Tier bis hin zum
Erwachsenen exakt beschrieben werden konnte [3].

Viele neue Erkenntnisse zur Entwicklungsbiologie sind Abfallprodukte
der sich boomhaft entwickelnden bio- und gentechnologischen Forschung.
So dienen heute manche Bakterien bereits als Fabriken für lebenswichtige Medikamente. Dies ist dadurch möglich, daß Gene, welche die codierte

Bauvorschrift für ein gewünschtes Protein tragen, gezielt in das Genom (Erbgut) der Bakterien eingeschmuggelt werden. Diese können die fremden Gene nicht von ihren eigenen unterscheiden und beginnen entsprechend der Montagevorschrift mit der Produktion des fremden Eiweißes. Das alles ist natürlich nur bei genauester Kenntnis der genetischen Voraussetzungen möglich.

Ein wesentlicher Unterschied zwischen Bakterien und höheren vielzelligen Lebewesen ist deren Differenzierungsvermögen – sie können unterschiedliche Zellen differenzieren, die dann im Organismus spezifische Aufgaben übernehmen (Bild 1.5). Prinzipiell enthält jede einzelne Zelle eines mehrzelligen Lebewesens das gleiche Erbgut, Zellen sind also genetisch gesehen omnipotent, d. h. „zu allem fähig".

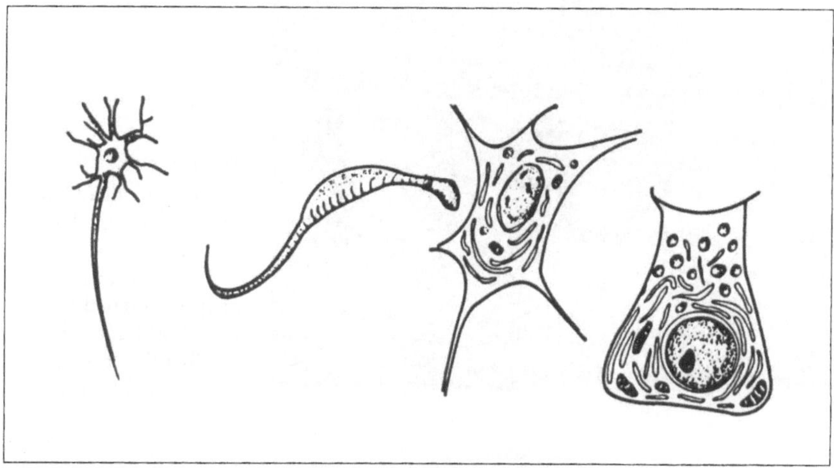

Bild 1.5   Einige menschliche Zelltypen (von links): Nervenzelle (Neuron), Samenzelle, Knochenzelle (Osteocyt), Acinuszelle des Pankreas (scheidet Verdauungsenzyme aus).

Die Zelltypen – der Mensch besitzt über zweihundert verschiedene – sind insbesondere durch die Art der von ihnen produzierten Eiweiße charakterisiert. Dazu verwendet jede Zelle nur einen Bruchteil der ihr in der DNA mitgegebenen Erbinformation. Wie kommt es dann zur Unterscheidung (Differenzierung) verschiedener Zelltypen? Man kann das Erbgut mit einem gut sortierten Zeitungskiosk vergleichen, sich differenzierende Zellen mit Lesern, die situationsbedingt eine andere Auswahl aus der Informationsflut des Kiosks treffen werden. So mögen etwa am frühen

Morgen Tageszeitungen das Interesse der meisten Leser erwecken; hingegen greifen viele Kioskkunden während der Arbeitszeit zu Wirtschaftsmagazinen und nach Feierabend bevorzugt zu Illustrierten. Woher kennt also eine Zelle ihre Situation innerhalb des Organismus? Die Information darüber muß von außen an ihr Erbgut herangetragen werden und ist Voraussetzung, daß die richtigen Teile des Erbguts in die entsprechenden zelltypischen Eiweiße übersetzt werden – ein Vorgang, der als differentielle Genexpression bekannt ist.

Bild 1.6
Musterabhängigkeit
zweier in unmittelbarer
Nachbarschaft
wachsender Bäume.

Zelluläre Differenzierung ist nur ein – wenn auch wesentlicher – Aspekt biologischer Entwicklung. Charakteristisch für jeden Organismus ist vor allem seine aus den (differenzierten) Zellen gebildete dreidimensionale Gestalt. Die meisten mehrzelligen Organismen – insbesondere Tiere – haben einen Grundtypus. Hingegen ist die Gestalt vieler anderer Arten vergleichsweise offen. So reagieren Meeresalgen, Pilze und Bakterien auf die Veränderung ihrer Lebensbedingungen mit völlig neuen Musterbildungen (Kap. 4-7). Desweiteren sind Bäume in der Lage, räumliche Nischen auszufüllen, d. h. ihre Wuchsform spiegelt die Geometrie der gebotenen Nische wieder (Bild 1.6). Gerade letzteres Beispiel zeigt die Grenzen sogenannter Präformationstheorien. Damit sind Vorstellungen gemeint, die bis in jüngste Zeit diskutiert werden und nach denen die gesamte Gestaltinformation bereits in einem entsprechenden Verteilungsmuster formgebender Substanzen (cytoplasmatischer Determinanten) in der Keimzelle enthalten ist. Woher soll aber ein keimender Buchensamen Kenntnis aller nur denkbaren Wachstumssituationen haben, mit denen er im Laufe seines Lebens einmal konfrontiert werden mag? Für die Codierung solcher Information würden selbst sämtliche Atome des Universums nicht ausreichen. Aus heutiger Sicht sind manche historischen Präformationstheorien nur noch kurios zu nennen: so besteht nach einer sehr naiven Variante das menschliche Spermium aus einem zusammengefalteten Menschlein (Homunculus), das sich im weiblichen Organismus nur zu entfalten braucht (Bild 1.7).

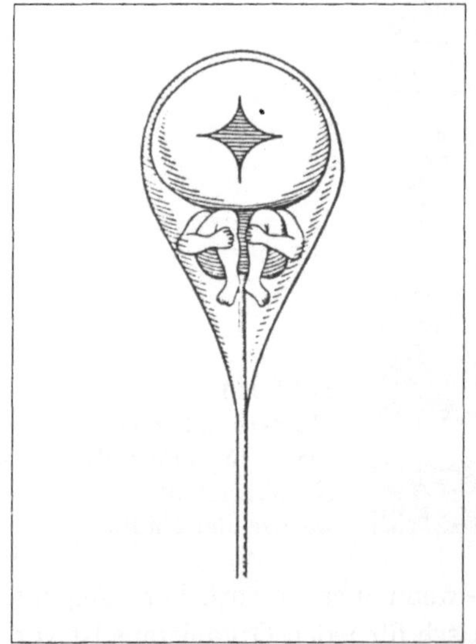

Bild 1.7
Homunculus. Hartsoeker (1694)
interpretierte das mikroskopische Bild
einer Samenzelle als sitzendes
„Menschlein". Die Nabelschnur wurde
im Spermienschwanz vermutet.

Die in den Genen niedergelegte eindimensionale Sequenz (die Nukleotidsequenz der DNA) reicht also als Information sicher nicht aus, um zu erklären, wie sich ein Lebewesen entwickelt. Mit anderen Worten, es genügt nicht, die Molekulargenetik zu verstehen, sondern es gilt nach *formbildenden Prinzipien* in der Natur Ausschau zu halten.

Wie man es auch dreht und wendet, es führt nichts an der Existenz weiterer Informationssysteme jenseits des genetischen Systems vorbei. Diese müssen den Zellen Informationen über ihre Position geben bzw. Differenzierungssignale aussenden. In jeder neuen Generation erfolgt demnach eine Neubildung von Gestalt, für die das Wechselspiel genetischer und nichtgenetischer Informationssysteme verantwortlich ist. Organismen bedienen sich des „Tricks der Selbstorganisation", um die geschilderte Aufgabe zu bewältigen. Selbstorganisation tritt in den verschiedensten Spielarten auf und kann unterschiedlichste Formen annehmen. Diese aufzuspüren – darum geht es in den Beiträgen dieses Buches.

> Soweit sich die Gesetze der Mathematik
> auf die Realität beziehen,
> sind sie nicht sicher;
> und soweit sie sicher sind,
> beziehen sie sich nicht auf die Realität.
>
> *Albert Einstein*

Muster und Mathematik

Ich möchte Sie nun zu einem Streifzug durch eine Welt der Strukturen und Muster einladen. Alles was Sie dazu benötigen, ist die Bereitschaft, sich in eine vielleicht ungewohnte – zum Teil auch etwas abstraktere – Gedankenwelt zu versetzen. Sie werden lernen, auch viele alltägliche Erscheinungen mit einem buchstäblich neuen Blick zu sehen. Ich kann Ihnen versprechen, daß sich Ihr Einsatz lohnt. Wir begnügen uns aber nicht mit der bloßen Beobachtung oftmals in höchstem Maße ästhetischer Strukturen, sondern versuchen, deren Entstehungsgeschichte auf den Grund zu gehen. Dies geschieht mit Hilfe der Mathematik! Es sind allerdings keine speziellen mathematischen Vorkenntnisse nötig. Diese brauchen Sie erst, wenn Sie tiefer in die hier geschilderte Materie einsteigen wollen (Bild 1.8).

Vor allzu voreiligen Schlüssen auf zugrundeliegende Mechanismen sei gewarnt: Schon das Beispiel des sternförmigen Seesterns zeigt, daß eine Ähnlichkeit der Form noch gar nichts über eventuelle Ähnlichkeiten der Entstehung aussagen muß (aber kann). Die Suche nach mathematischen Regelmäßigkeiten in biologischen Mustern hat die Menschen seit jeher fasziniert. So war Leonardo da Vinci bemüht, das besonders harmonische Teilungsverhältnis des Goldenen Schnitts in den menschlichen Proportionen wiederzufinden. Der Goldene Schnitt charakterisiert aber vor allem die Blattstellung vieler Pflanzen (Bild 1.9 u. Tafel 4). Erst in jüngster

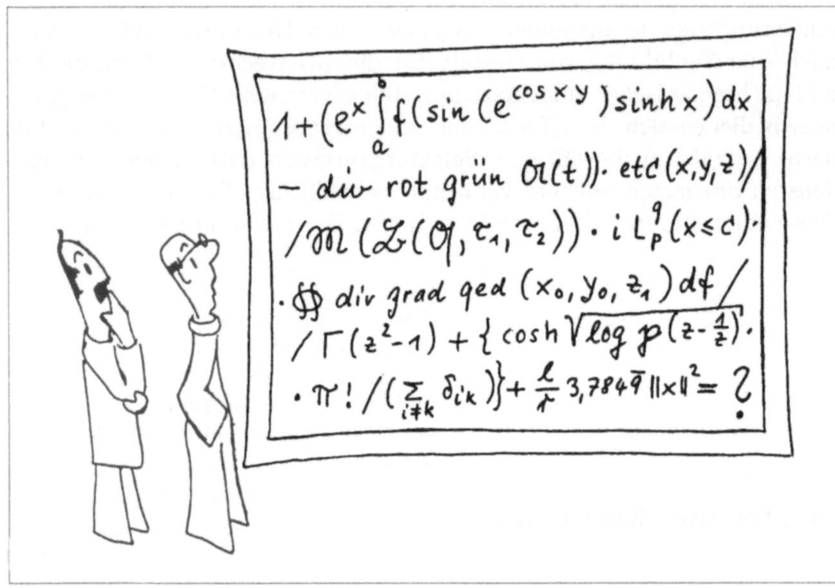

Bild 1.8 Mathematiker auf Mustersuche.

Zeit wurden die Prinzipien deutlicher, die diesen *göttlichen* Verhältnissen zugrundeliegen könnten. Die Dominanz des Goldenen Winkels ergibt sich als Folge elementarer mathematischer Schlußfolgerungen, welche auf einfache biochemische Prämissen gegründet sind (Kap. 3).

Mit Hilfe der Mathematik lassen sich Strukturen nach ihrer geometrischen Form klassifizieren. So findet man etwa die Platonischen oder „vollkommenen Körper" bei der Suche nach regelmäßigen Körpern, die – ähnlich wie der Würfel „überall gleich aussehen" (vgl. Konstruktion in Kap. 10). Es gibt fünf Platonische Körper: Würfel, Dodekaeder Ikosaeder, Oktaeder und Tetraeder. Vielfältige Symmetrien exakt zu erfassen, ist überhaupt nur mit mathematischer Hilfe möglich [4]. Die Entwicklung eines Organismus läßt sich als Transformation verschiedenartiger Symmetrien betrachten: von der radiärsymmetrischen Zygote über bilateralsymmetrische Larvenstadien bis zur erwachsenen Gestalt, für die wiederum andere Symmetriebeziehungen gelten mögen (Bild 1.10).

Die Mathematik als Strukturwissenschaft ist bei der Erforschung von Mustern, also Strukturen, in ganz besonderem Maß gefordert. Für den Mathematiker ist es nämlich völlig unerheblich, wer oder was der Träger

Bild 1.9 Augenfällige Spiralen lassen sich bei vielen botanischen Strukturen erkennen, wie im hier gezeigten Muster der Tragblätter eines Kiefernzapfens.

der von ihm untersuchten Strukturen ist. Die Mathematik abstrahiert von den Objekten und lenkt das Augenmerk auf die Struktur der Beziehungen zwischen den Objekten. Die eingangs von Einstein zitierte Bemerkung betrifft den Zusammenhang mathematischer und natürlicher Gesetzmäßigkeiten. Mathematische Wahrheiten sind immer nur relativ bezüglich des betrachteten Axiomensystems gültig. Axiome sind nicht beweisbare Voraussetzungen mathematischer Schlußfolgerungen. In dem Maße wie die Axiome nun natürlichen Gesetzmäßigkeiten entsprechen, kann es auch zu Ähnlichkeiten mathematischer Schlußfolgerungen mit der Realität kommen. Diese Gedanken beleuchten das Wesen mathematischer Kreativität. Während sich Erkenntnis in den Naturwissenschaften auf ein schon Milliarden von Jahren bestehendes – wenn auch veränderndes (evolvierendes) – System bezieht, Kreativität, also Neuschöpfung, im strengen Sinne beim Erkenntnisprozeß eigentlich gar nicht möglich ist, ist der Mathematiker in der Schöpfung neuer Axiomensysteme völlig frei. Der Mathematiker kann somit wie ein Künstler neue Strukturen erfinden.

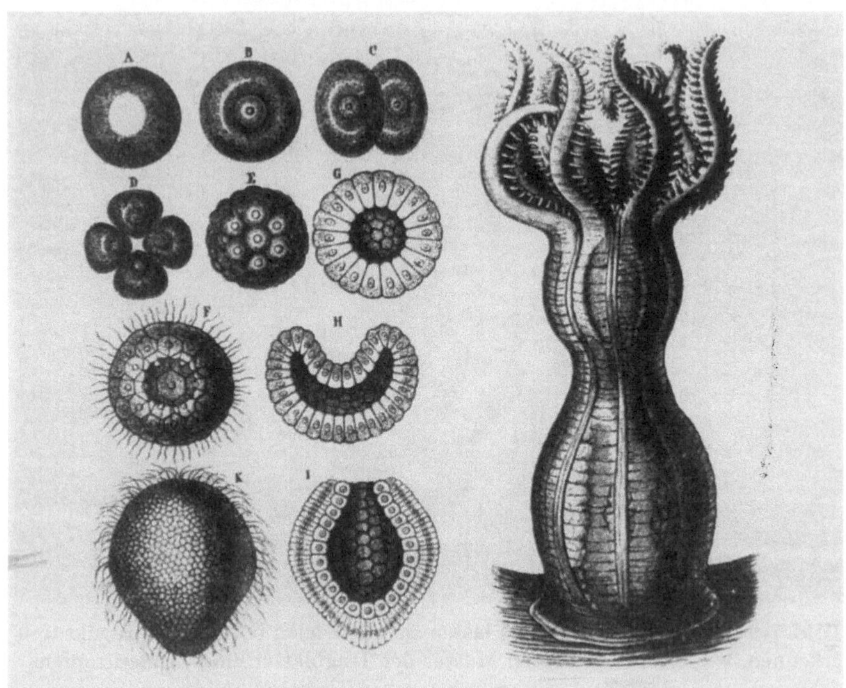

Bild 1.10 Entwicklungsstadien einer Koralle (*Monoxenia Darwinii*, Zeichnung von E. Haeckel). Links: vom befruchteten Ei (o.l.) bis zur Gastrula (u.r.); rechts: entwickelte Koralle.

> „Natur ist eben mathematisch einfach".
> „Was heißt denn mathematisch einfach?"
> „Das ist eben schön."
>
> *Gespräch mit Werner Heisenberg*

Dynamische Systeme

Zur Erklärung biologischer Form reicht eine statische Beschreibung alleine nicht aus, denn die Form biologischer Organismen ist unmittelbar mit ihrer Entstehung verknüpft und nur aus ihrer *Dynamik* zu verstehen. Das Verdienst, den Zusammenhang von Form und Entwicklung schon zu Beginn dieses Jahrhunderts in die biologische Diskussion eingebracht zu haben, gebührt dem Zoologen und Philologen D'Arcy Wentworth Thompson, der auch bereits einfache mathematische Zusammenhänge formulierte [5]. Man spricht heute von der Dynamik nichtlinearer Systeme – die Morphogenese eines Organismus ist ein besonders komplexes Beispiel – und versucht, ihr Verhalten zu charakterisieren. Vereinfacht ausgedrückt sind nichtlineare Systeme all diejenigen, in denen geringfügige Störungen zum Beispiel durch Selbstverstärkung große Auswirkungen auf das Systemverhalten haben können. Lineare Systeme sind hingegen „berechenbarer" und durch ausschließlich lineare Abhängigkeiten der Systemgrößen ausgezeichnet (Bild 1.11).

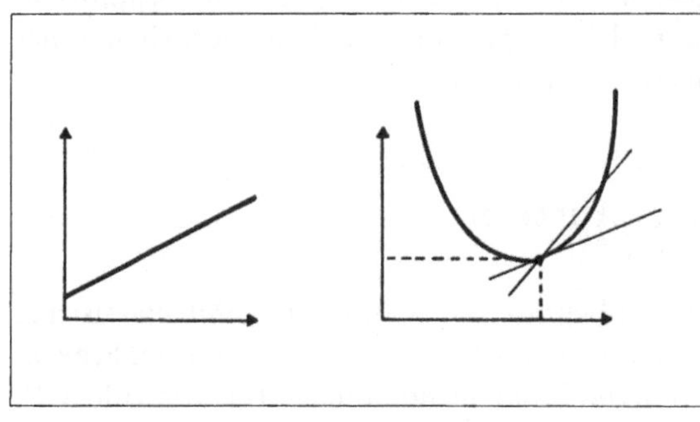

Bild 1.11
Schema linearer (l.) und nichtlinearer Abhängigkeit zweier Systemgrößen.

Ein beliebter Trick der Mathematiker, nichtlineare Systeme handhabbar zu machen, ist deshalb ihre Linearisierung: Betrachtet wird ein ausreichend kleiner Systemausschnitt, in dem man in erster Näherung von linearem Verhalten ausgehen kann, welches einer Analyse leichter zugänglich ist.

Beispiel eines nichtlinearen Systems ist die globale Wetterentwicklung. Hier gewinnt das Prinzip „kleine Ursachen haben große Wirkung" ganz besonderes Gewicht. Bekannt geworden ist es als „Schmetterlingseffekt". Damit wird ausgedrückt, daß schon der Flügelschlag eines Schmetterlings starke Wetterveränderungen als Folge nichtlinearer Dynamik bewirken kann. Mit Begriffen wie Phasendiagramm, Poincaré-Schnitt, Attraktor oder stabiler Grenzzyklus, die sämtlich dynamische Systeme charakterisieren, können längst nicht mehr nur Fachleute etwas verbinden. Sie bezeichnen ausgeklügelte Methoden, die sich Wissenschaftler zur Analyse dynamischer Systeme ausgedacht haben.

Mitunter stellt man verblüfft fest, daß völlig verschiedene Mechanismen die gleiche Dynamik verbindet. In diesem Buch stoßen wir auf zahlreiche Beispiele: so ist die Dynamik der Schleimpilzaggregation vergleichbar mit der Musterbildung in der Belousov-Zhabotinsky-Reaktion, denn beide sind als sogenannte *erregbare Medien* beschreibbar (vgl. Kap. 4 u. 12). Erregbare Medien sind in der Biologie überaus häufig anzutreffen, z. B. in der Nervenleitung oder in kontrahierendem Herzmuskelgewebe. Typischerweise breiten sich Erregungswellen in solchen Systemen als wellenförmige Muster aus (Tafel 5).

Der systematischen Suche nach Gemeinsamkeiten (und Unterschieden) in solchen (und anderen) Systemen ist in der Mathematik eine ganze Disziplin gewidmet, die „Theorie der dynamischen Systeme". Diese Theorie ist in besonderer Weise geeignet, zur Untermauerung interdisziplinärer Forschungsbemühungen, d. h. der Integration physikalischer, chemischer und biologischer Erkenntnisse, beizutragen.

Selbstähnlichkeit von Mustern

Es gibt wichtige Muster, die zu beschreiben – zumindest mit klassischen geometrischen Methoden – schwerfällt; dies sind die sogenannten Fraktale. Verdecken Sie für einen kurzen Moment den linken Teil von Bild 1.12 und versuchen Sie einmal, für das rechts unten in der Abbildung gezeigte Muster die passenden (beschreibenden) Worte zu finden. Formulierungen wie „selbst der kleinste Musterausschnitt spiegelt das Gesamtmuster wieder", bleiben zur Charakterisierung dieses Musters unbefriedigend und ungenau. Es ist das Verdienst Mandelbrots [6], solche selbstähnlichen Strukturen beschreibbar gemacht zu haben, und zwar mit einem Trick. Mandelbrot beschreibt nicht das Endmuster, sondern das Verfahren, das

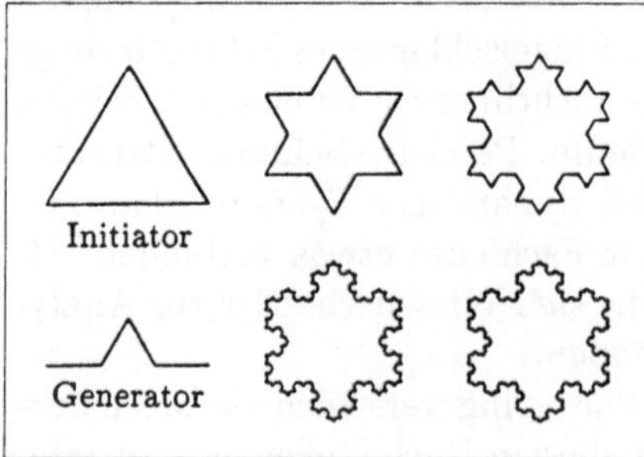

Bild 1.12
Die Kochsche Schneeflockenkurve entsteht iterativ – ausgehend vom *Initiator*-Dreieck – jeweils durch Ersetzung aller geraden Linien durch die *Generator*-Figur.

Bild 1.13   Fraktales Muster in einer Manganoxidablagerung. Das Muster ist Resultat eines Reaktions-Diffusions-Prozesses auf einer Kalksteinoberfläche (Fundort in Bayern).

zur Entstehung des Musters führt, den sogenannten Algorithmus.

Ein Fraktal ist also durch die Vorschrift charakterisiert, mit deren Hilfe man es produzieren kann. Diese Vorschrift bestimmt auch die fraktale Dimension des Objektes. Genauer gesagt besteht die Vorschrift in der (im Idealfall unendlichen) Wiederholung (Iteration) der immer wieder gleichen Anweisung. Überraschenderweise kann schon die Iteration sehr einfacher Anweisungen zu sehr komplexen Mustern führen. Die Entdeckung der Fraktale ermöglichte schlagartig die Analyse einer riesigen Klasse von Mustern in der belebten und unbelebten Natur, da sie bis dahin nicht beschreibbare Strukturen handhabbar machte [7]. Die Natur selbst schafft aus totem Material viele fraktale Gebilde, die lebenden Strukturen verblüffend ähneln können (Bild 1.13). Die Idee der Iteration hat sich als grundlegend auch für das Verständnis biologischer Gestaltbildung erwiesen. So gibt es eine Fülle von Organismen, deren Entwicklung durch iteratives Wachstum ausgezeichnet ist. Zum Beispiel entsteht die Struktur vieler Algen, Flechten, Korallen und Pilze aus einem Wechselspiel des wachsenden Organismus mit der Umwelt (vgl. Kap. 4-8). Die genaue Gestalt ist nicht vererbt, d. h. nicht im Genom festgelegt; vielmehr hat das iterative Wachstum selbstorganisierten Charakter: Die bestehende Struktur beeinflußt durch Rückkopplung das weitere Wachstum, indem sich dadurch verändernde Randbedingungen Unterschiede in der Expression des genetischen Materials bewirken.

> Was ist das Allgemeine?
> Der einzelne Fall.
> Was ist das Besondere?
> Millionen Fälle.
>
> *Johann W. von Goethe*

Die Mathematik steht Modell

Immer dann, wenn man erwartet, daß ein beobachteter Sachverhalt sich unter identischen Bedingungen wiederholen wird, besteht Veranlassung, den vermuteten Zusammenhang als Gesetz bzw. Modell zu formulieren. Das Besondere eines Modells ist die gekonnte Vernachlässigung aller Faktoren, die nichts mit dem interessierenden Phänomen zu tun haben. Ein Modell ist gewissermaßen ein Gleichnis des betrachteten Phänomens, in dem nur die Größen des Gesamtsystems berücksichtigt werden, die phänomenrelevant sind. Das Auffinden solcher Gleichnisse ist besonders in biologischen Systemen eine schwierige Aufgabe. Die von Einstein gefundene Formel $E = m \cdot c^2$ ist eines der berühmtesten Beispiele gelungener mathematischer Modellierung einer physikalischen Gesetzmäßigkeit. Das Modell beschreibt den Zusammenhang zwischen der Lichtgeschwindigkeit (c), der Masse eines Körpers (m) und seiner Energie (E).

Die Kunst mathematischer Modellierung besteht darin, eine zweckmäßige (mathematische) Form – den Formalismus – zu finden, die ein Höchstmaß an induktiven bzw. deduktiven Schlüssen erlaubt. Die meisten Naturphänomene werden durch Modelle beschrieben, die auf Differentialgleichungen beruhen. Diese Gleichungen formulieren Beziehungen zwischen gewissen Systemgrößen und ihren Veränderungen. So verlaufen chemische Reaktionen in Abhängigkeit von der Konzentration ihrer Reaktanden, was sich durch Differentialgleichungen ausdrücken läßt. Lösungen der Differentialgleichungen liefern die Konzentrationen der beteiligten Chemikalien als Funktion der Zeit. Interessiert man sich für räumliche Musterbildung, so ist natürlich auch die Abhängigkeit vom Ort zu berücksichtigen.

Nur in sehr einfachen Fällen ist eine vollständige und exakte Lösung einer Differentialgleichung mit Hilfe gebräuchlicher Funktionen möglich. Zumeist muß man hingegen mit Näherungslösungen vorliebnehmen, die mit Hilfe numerischer Verfahren gewonnen werden. Beschreibt etwa ein Term der Differentialgleichung die momentane zeitliche Veränderung einer Größe, so kann man zunächst diesen Ausdruck durch die Gesamtänderung in einem kleinen Zeitintervall annähern. Setzt man diese Näherung dann in die Differentialgleichung ein, so ergibt sich ein Algorithmus, der den angenäherten Wert am Ende eines Zeitintervalls mit Hilfe des Wertes am Anfang des Zeitintervalls bestimmt. Wiederholt man dieses Verfahren für aufeinanderfolgende Zeitschritte, so kann man eine Näherungslösung für die zeitliche Veränderung der untersuchten Größe berechnen. Je kleiner die Zeitintervalle sind, desto genauer ist in der Regel das Ergebnis. Entsprechend verfährt man bei der Lösung partieller Differentialgleichungen, in dem man auch den Raum in kleine räumliche Intervalle aufteilt.

Mit Hilfe von Differentialgleichungen läßt sich jedoch nur die Entwicklung „globaler Eigenschaften" modellieren. Im Beispiel der chemischen Reaktion etwa beschreibt man mit Hilfe von Differentialgleichungen die Veränderung der Gesamtkonzentration von Molekülen, ohne dabei die Bewegung einzelner Moleküle in Betracht zu ziehen. Es gibt jedoch viele Prozesse, für die eine Beschreibung „mittlerer Eigenschaften" nicht möglich ist oder nicht interessiert. In diesen Fällen simuliert man die Bewegung der einzelnen Moleküle bzw. Systemkomponenten direkt. Ein wichtiges Simulationsinstrument zur Untersuchung derartiger Probleme sind Zelluläre Automaten. Der Formalismus Zellulärer Automaten ist noch sehr jung. Diese Automaten wurden auf der Suche nach künstlichen Systemen entwickelt, welche zur Selbstreproduktion in der Lage und evolutionsfähig sind. Sie entstanden als Gleichnisse *vielzelliger* lebender Systeme [8], werden heute aber auch erfolgreich zur Modellierung chemischer und physikalischer Systeme eingesetzt (siehe z. B. [9]). Der Siegeszug der Zellulären Automaten wurde erst durch die stürmische Entwicklung „moderner Rechentechnik" möglich.

Zelluläre Automaten sind diskrete dynamische Systeme und erscheinen für die Fähigkeiten eines Computer geradezu maßgeschneidert. Diskret bedeutet, daß der Raum, in dem die „Dynamik", also Entwicklung stattfindet, im allgemeinen nur aus einer endlichen Anzahl Punkten besteht und auch die zeitliche Entwicklung getaktet (in diskreten Zeitschritten) erfolgt. Hingegen ist eine Differentialgleichung ein kontinuierliches Modell, d. h. im Prinzip wird die Entwicklung an unendlich vielen räumlichen Punkten zu unendlich vielen Zeitpunkten betrachtet. Allerdings erfordert auch die numerische Lösung von Differentialgleichungen eine Diskretisierung des kontinuierlichen Problems, denn der Computer bestimmt eine „diskrete Welt"; er kann nur Werte mit endlich vielen Stellen hinter dem Komma exakt verarbeiten. Da ein Zellulärer Automat ein diskreter Formalismus *per se* ist, sind bei ihm Rundungsfehler ausgeschlossen.

Im typischen Fall liegt ein zweidimensionales Gitter vor, dessen „Zellen" schachbrettmusterartig angeordnet sind. Die Zellen haben bestimmte Zustände und es existiert eine räumliche Nachbarschaftsbeziehung. Das „Herz des Automaten" bildet die „Übertragungsregel", welche ähnlich den Spielregeln des Schachspiels die Zustandsentwicklung des Automaten – abhängig von der Ausgangskonstellation, also der „Eröffnung" – definiert. Zelluläre Automaten verkörpern in besonderer Weise die Idee der Iteration. Populäres Beispiel ist Conways „Spiel des Lebens" [10]. Zelluläre Automaten und ihre Variationen haben in besonderer Weise als Bindeglied zwischen Biologie, Chemie und Mathematik gewirkt, da sie in höchstem Maße intuitiv sind und vom Benutzer ohne große mathematische Vorkenntnisse eingesetzt werden können. Wir werden eine Reihe von *Musterautomaten* in diesem Buch kennenlernen (Kap. 2, 5, 6 und 9).

Vom Modell zur Simulation

Für den Mathematiker erfordert die Arbeit mit biologischen Systemen viele Umstellungen. Er wird seiner Lieblingstätigkeit, dem Aufstellen und Beweisen neuer Theoreme, nur noch in eingeschränkter Form nachgehen können. Eine der Lieblingsformulierungen der Mathematiker in ihren Beweisen ist *für alle*. Darin drückt sich das Ziel aus, die Gültigkeit der gemachten Aussagen für eine möglichst große Klasse von Strukturen zu beweisen. Und genau die Verallgemeinerung experimentell gewonnener, aber auch mathematischer Erkenntnisse in der Biologie ist – zumindest gegenwärtig – noch äußerst schwierig. Hat man eine Entdeckung an einem bestimmten Organismus gemacht, so ist damit selbst für nahe Ver-

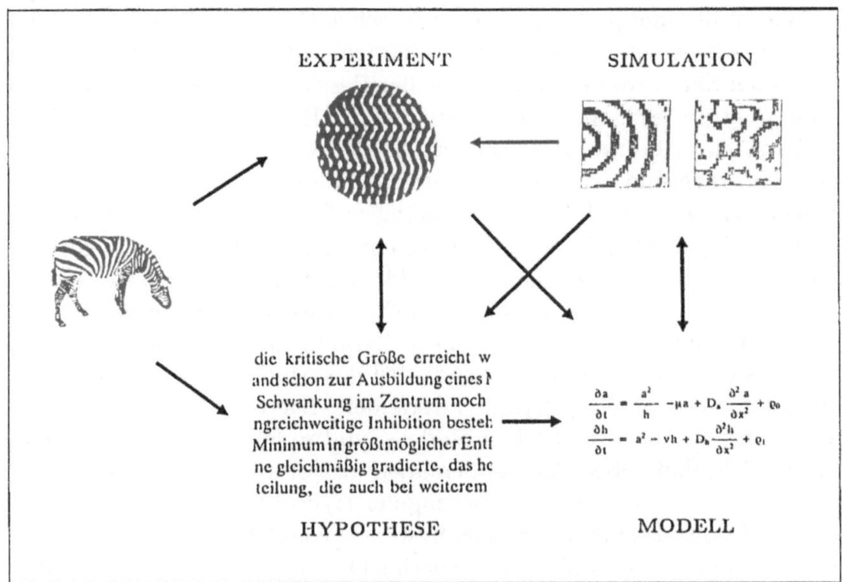

$$\frac{\partial a}{\partial t} = \frac{a^2}{h} - \mu a + D_a \frac{\partial^2 a}{\partial x^2} + \varrho_0$$

$$\frac{\partial h}{\partial t} = a^2 - vh + D_h \frac{\partial^2 h}{\partial x^2} + \varrho_1$$

Bild 1.14 Muster, Modell, Simulation.

wandte nichts bewiesen. In der Mathematik ist es oft nicht nur schwierig, Lösungen eines Problems zu berechnen, sondern es ist in vielen Fällen noch nicht einmal klar, ob es überhaupt Lösungen zu einem gegebenen Problem gibt. Bei der biologischen Modellierung verhält es sich in gewisser Weise genau umgekehrt. Der Mathematiker geht in diesem Fall von einer charakteristischen Musterbildung eines Organismus aus und versucht, zu dieser ein passendes Modell zu konstruieren. Eine Lösung kennt er also auf jeden Fall, falls er ein geeignetes Modell gefunden hat. Dies sollte die Musterbildung sein, von der das Modell seinen Ausgang nahm.

Die Entwicklung der Computertechnologie hat zu einem Boom sogenannter Simulationen geführt. Simulationen ermöglichen ein „mathematisches Experimentieren" und die Verfolgung von Entwicklungsprozessen auf dem Computerbildschirm. Veränderte Anfangs- oder Randbedingungen sowie Entwicklungsregeln lassen sich „mal eben schnell durchrechnen". Zumindest auf dem Computerbildschirm ist es heute bereits möglich, eine Fülle der in der Natur zu beobachteten Strukturen nicht nur abzubilden, sondern sogar ihre Entstehung nachzuahmen.

Wie ist überhaupt die Beziehung zwischen Realität, Modell und Simulation? Am besten läßt sich der Zusammenhang anhand der in Bild 1.14 gezeigten Skizze verdeutlichen. Aus der Beschäftigung mit einem realen System ergibt sich eine Problemstellung, z. B. die Frage nach der Entstehung eines bestimmten Musters. Biologische Experimente zu einer solchen Frage sind oft schwierig, eventuell können aber chemische Experimente Hinweise auch auf den biologischen Prozeß liefern. Die Auseinandersetzung mit dem Problem führt zu einer Arbeitshypothese, dem Ausgangspunkt für ein mathematisches Modell. Simulationen bzw. Lösungen des Modells werden mit der Hypothese verglichen. Eventuell werden durch die Simulationsergebnisse neue Experimente angeregt und damit das Modell getestet. Entsprechend wird das Modell verfeinert bzw. die Arbeitshypothese akzeptiert oder verändert. Letzterer Fall bedeutet Erweiterung des mathematischen Modells, und so fort. Aus diesem Ablauf ergibt sich, daß neben der mathematischen Formulierung des Problems schon die bloße verbale Formulierung der Hypothese eine Vereinfachung (Abstraktion) des ursprünglichen Systems bedeutet. Im Idealfall ist also das ständige Wechselspiel von Experiment, Hypothesenbildung, mathematischer Modellierung und Simulation ein iterativer Prozeß, der zu einer verbesserten Theoriebildung führt.

Von der Artenvielfalt zur Mustervielfalt

So wie man die Artenvielfalt nur aus der biologischen Stammesgeschichte erklären kann, so kann man die Form eines Organismus nur aus seiner Entwicklungsgeschichte verstehen. Die Musterperspektive eröffnet einen ganz neuen Blickpunkt auf die Schöpfung. Hat uns Charles Darwin unsere Stammesgeschichte vor Augen geführt und als erster eine plausible Erklärung für die Vielfalt der Arten geliefert, so steht am Ende des zwanzigsten Jahrhunderts die Frage nach der Entstehung des individuellen Organismus im Vordergrund.

Es ist bereits jetzt klar, daß wir ein weiteres Stück von der Vorstellung abrücken müssen, einmalig zu sein. Wir müssen erkennen, daß die Prinzipien, die zu unserer Entstehung führen, dieselben sind, welche auch einem Kieselstein in der Meeresbrandung sein charakteristisches Gesicht geben – nicht mehr, aber auch nicht weniger. Übrigens ist einer der Pfeiler, auf denen Darwin sein Gebäude von der Evolution errichtete,

ein mathematisches Modell: Thomas Malthus hatte ein mathematisches
Modell zur menschlichen Bevölkerungsdynamik entwickelt; danach sollte das Bevölkerungswachstum exponentiell verlaufen, während die Nahrungsressourcen nur linear zunehmen. Dieses Modell war für Darwin und
auch Alfred Russel Wallace der Schlüssel zur Natürlichen Selektion. Der
sich aufgrund von Malthus' Modellvoraussetzungen zwangsläufig erge-
bende *Kampf ums Dasein*, also die Auseinandersetzung um sich verknap-
pende Ressourcen, wurde von Darwin und Wallace übereinstimmend als
wesentlicher Mechanismus der Natürlichen Selektion interpretiert.

Noch ist man nicht in der Lage, eine ähnlich geschlossene Theorie für
die Morphogenese, also die Individualgeschichte der Entstehung von charakteristischer Form und Gestalt eines Organismus zu formulieren, wie
sie die Darwinsche Evolutionstheorie in all ihren modernen Spielarten
für die Phylogenese (Stammesgeschichte) bietet [11]. Es zeigt sich aber,
daß sowohl in Morpho- als auch Phylogenese ähnliche Prinzipien – etwa eine selektive Auswahl – wirken. So kommt es bei der Bildung des
Zellskeletts zu einem *Kampf ums Dasein*, allerdings nicht zwischen Organismen, sondern Bausteinen des Zellskeletts, den Tubulin-Monomeren.
Neue Bausteine lagern sich nämlich in verschiedenste Richtungen anscheinend zufällig an das bestehende Skelett an, aber jene in für die Zelle
„ungünstigen Richtungen" liegenden Bausteine werden in der Folge unter Umständen auch wieder abgebaut, d. h. wegselektiert [12]. Weiterhin
können Entwicklungsmechanismen evolutionäre Veränderungen erschweren oder erleichtern (vgl. Kap. 9 u. [13]).

> Nothing puzzles me more than time and
> space; and yet nothing troubles me less,
> as I never think about them.
> *Charles Lamb*

Muster im Chaos

Wir haben uns bislang davor gedrückt, exakt zu definieren, was genau
wir unter Muster verstehen. Eine präzise Definition erscheint schwierig
und müßte zumindest zwei Ebenen betreffen; zum einen die Charakterisierung des eigentlichen Musters, zum anderen aber auch die Entstehung
des Musters. Das geschilderte Fraktal-Dilemma lehrte uns, daß keine befriedigende Definition eines Fraktals nur auf der ersten Ebene möglich

ist. Desweiteren gibt es neben räumlichen auch zeitliche Muster, wie beispielsweise die regelmäßige Wiederkehr der Jahreszeiten. In der Natur
ist die enge Verzahnung zeitlicher und räumlicher Muster allgegenwärtig
[14, 15]. Man betrachte nur die Jahresringe eines alten Baumstammes
(Bild 1.15).

Bild 1.15 Jahresringe im verwitterten Holz eines Baumstamms.

Diese Ringe reflektieren ein zeitliches Muster und geben die unter Umständen Jahrtausende alte Geschichte des Baumes exakt wieder. Der
Fachmann kann aus der Ringfolge nicht nur die Dauer extremer Trocken-
zeiten ablesen, sondern auch genau die Jahre angeben, in denen Schäd-
linge den Baum heimsuchten.

Landläufig werden Muster als Beispiel von Ordnung und somit Ge-
genteil von Chaos betrachtet. Doch gibt es eine Reihe von Bezügen zwischen diesen *a priori* gegensätzlichen Begriffen. In einem System, dessen
zeitliche Entwicklung deterministisch ist, existiert eine Vorschrift, z. B.
in Form von Differentialgleichungen, nach der sich die zukünftige Entwicklung aus gegebenen Anfangsbedingungen exakt berechnen läßt. Man
könnte naiverweise annehmen, daß deterministische Prozesse ziemlich re-
gelmäßig und nicht chaotisch verlaufen, da Zustände stetig auseinander

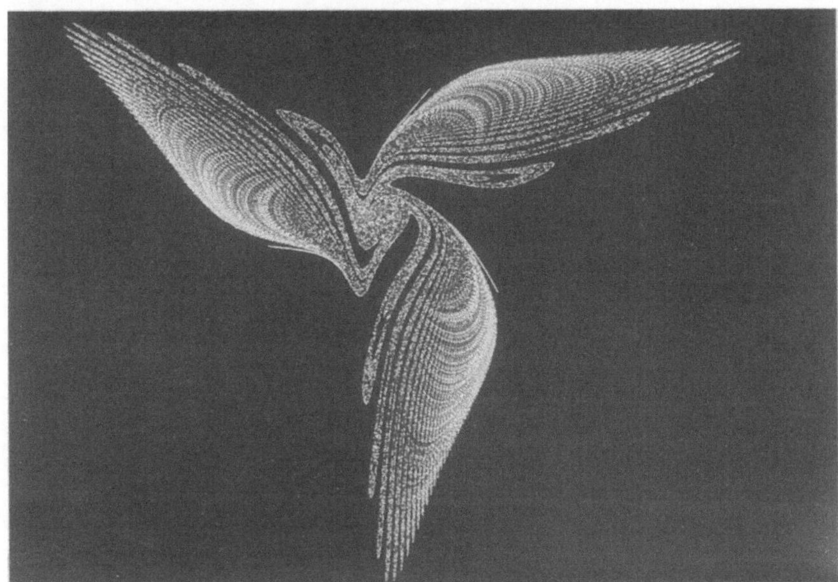

Bild 1.16 Chaotischer Attraktor einer abstrakten Iteration (Gumowski-Mira-Gleichung).

hervorgehen. Aber es wurde schon von dem Mathematiker Henri Poincaré um die Jahrhundertwende beschrieben, daß bestimmte deterministische mechanische Systeme unvorhersehbare Bewegungsverläufe zeigen. Dies wurde von vielen Physikern als bloße Kuriosität abgetan und es dauerte bis zum Jahr 1963, als der Metereologe Eduard N. Lorenz fand, daß schon ein einfaches System – aus nur drei nichtlinearen Differentialgleichungen erster Ordnung bestehend – zu kompliziertem *chaotischen* Verhalten in der Lage ist. Damit entdeckte Lorenz eines der ersten Beispiele von deterministischem Chaos. Die Forschungen zum deterministischen Chaos zeigen, daß es auch in vermeintlich chaotischen Systemen Elemente von Regelmäßigkeit, also Muster geben kann, ja das deterministische Chaos ist gerade durch die Muster seiner (chaotischen) Attraktoren definiert (vgl. Bild 1.16 u. [16]). Weiterhin kann ein und dasselbe System periodische und chaotische Lösungen hervorbringen, d. h. alternativ Muster oder Chaos erzeugen (Bild 1.17). Die Unterscheidung eines (rein) zufälligen von einem (deterministisch) chaotischen Prozeß ist keine leichte Aufgabe, wird jedoch in vielen Systemen versucht.

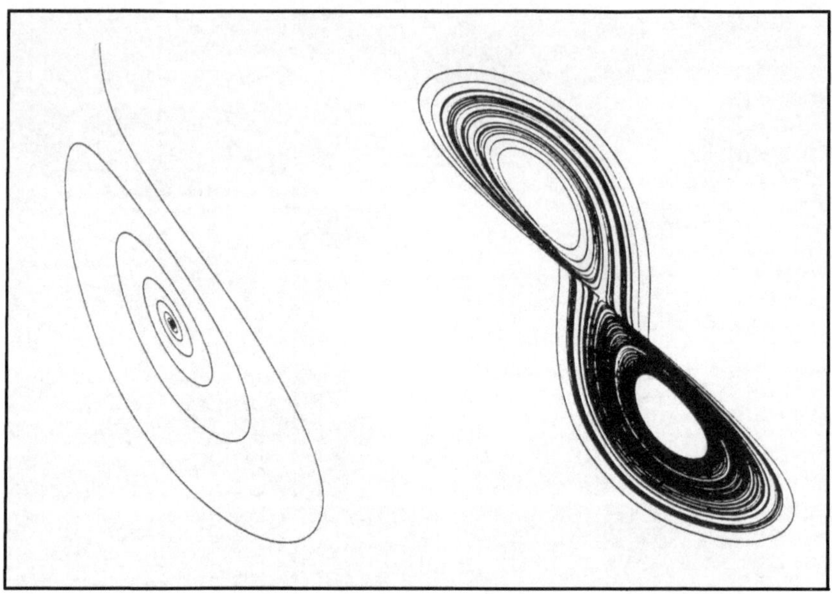

Bild 1.17 Geometrische Strukturen im Phasenraum der Lorenzgleichungen,
welche Konvektionsrollen in Flüssigkeiten beschreiben. Abhängig von der sogenannten Rayleighzahl, die proportional zum Temperaturunterschied zwischen
dem oberen und dem unteren Rand der Flüssigkeit ist, bewegt sich das System auf einer Spirale in einen stabilen stationären Zustand (links) oder irrt
auf einem seltsamen Attraktor (rechts) umher.

Die Triebkraft der Musterbildung

Bis jetzt haben wir weitgehend zweckfrei argumentiert und insbesondere keine *Lebens- bzw. Entelechieprinzipien* bemüht, sondern auf die
Kraft der Selbstorganisation vertraut. Gehen wir daher auch im folgenden bei der Suche nach der *Unruhe*, welche in Organismen zur Struk-
turierung und Differenzierung führt, von einer nicht-vitalistischen und
nicht-teleologischen Betrachtungsweise aus. Lassen Sie uns also Organismen als physikalische Systeme miteinander interagierender Chemikali-
en interpretieren. Dann können wir die Erkenntnisse der physikalischen
Chemie zu Rate ziehen, die uns lehrt, daß es nur drei Szenarien gibt,

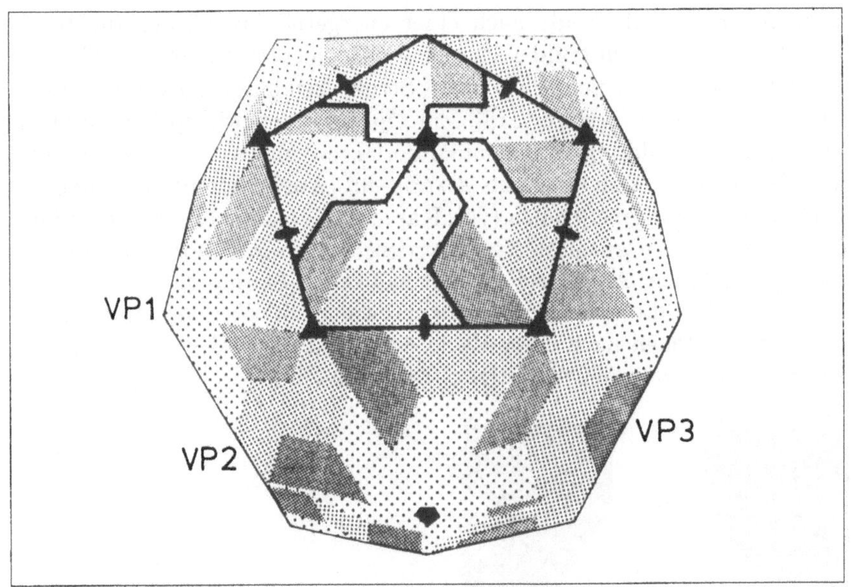

Bild 1.18   Muster verschiedener Proteine (VP1, VP2 und VP3) auf der
Oberfläche eines ikosaedrischen Picornavirus. Die Proteine sind durch unterschiedliche Rasterung hervorgehoben. Die Symbole bezeichnen zwei-, drei- und
fünfzählige Symmetrieachsen.

in denen es zur Musterbildung kommen kann – aufgrund topologischer,
energetischer oder kinetischer Überlegungen [17].

Topologische Argumente, nach denen Strukturkomponenten (zum Beispiel Moleküle) wie Schlüssel und Schloß zusammenpassen und die Gestalt größerer Einheiten durch *self-assembly* aus einem riesigen Haufen zueinander passender Schlüssel und Schlösser entwickelt, bestimmen
das Strukturdenken der Molekularbiologie. Das Schlüssel-Schloß-Prinzip
reicht zur Charakterisierung biologischer Form aber allenfalls bis zur
Größenordnung von Viren (Bild 1.18). Die Tragweite von *self-assembly*-
Prozessen für die Bildung molekularer Strukturen wird in Kap. 10 beschrieben.

Die Idee, biologische Form aus dem Bestreben eines jeden Systems
zu erklären, seine freie Energie zu minimieren, d. h. ein energetisches
Gleichgewicht zu erreichen, stammt von D'Arcy W. Thompson [5]. Nach
diesem Verständnis ist ein Vergleich von Zelloberfläche und Wasser-

tropfen möglich, da beide nach einer energetisch möglichst günstigen Konstellation streben (Bild 1.19). Dieser Gedanke bestimmt die Theorie der Minimalflächen, welche versucht, Strukturen aufgrund von Optimierungsprinzipien zu erklären [18]. Ein Optimierungsprinzip könnte auch bei der Musterbildung von Salamanderlarven eine wichtige Rolle spielen. Hier kommt es zu einem als *sorting out* (Aussortieren) bezeichneten Phänomen von Pigmentzellen (vgl. Kap. 9). Dies kann auf das Bestreben der Pigmentzellen zurückgeführt werden, energetisch optimale Positionen einzunehmen. Auch im Haushalt kann man *sorting out* beobachten: In Kochtöpfen, die man zur Spülvorbereitung mit Wasser gefüllt beiseite stellt, entstehen nach einer Weile durch Adhäsion der verschiedenen Nahrungsreste zebramusterartige Strukturen.

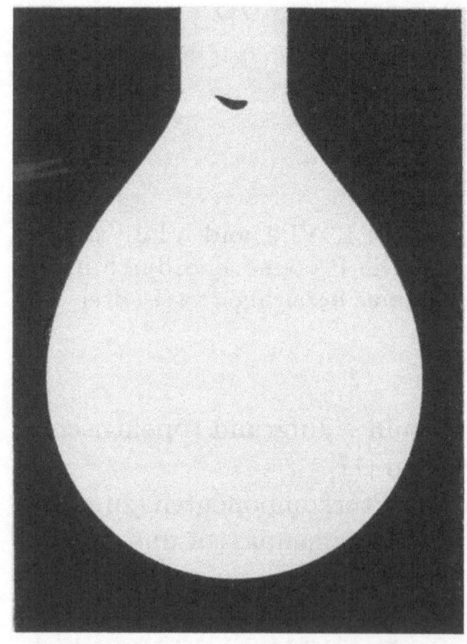

Bild 1.19
Wassertropfen an einer Kanüle. Der Tropfen wurde direkt auf Fotopapier projiziert, so daß ein Negativ des Schattens entsteht. Erst 10 min später löst sich der Tropfen.

Der Gleichgewichts-Theorie steht die kinetische Theorie gegenüber, nach der Voraussetzung für Form- bzw. Gestaltbildung gerade eine Situation jenseits des thermodynamischen Gleichgewichts ist, wie sie für lebende Organismen typisch ist. Erst nach seinem Tod erreicht ein Lebewesen ein thermodynamisches Gleichgewicht. Biologische Systeme stehen in einem Stoff-, Energie- und Informationsaustausch mit ihrer Umgebung, stellen also offene Systeme dar. Jedes Lebewesen ist somit Beispiel eines dissipativen Systems. Voraussetzung komplexer Strukturbildung nach der kinetischen Theorie sind der Import von Energie in das System sowie der Export von Entropie in die Umgebung. Die theoretischen Grundlagen der Theorie wurden von Grégoire Nicolis und Ilya Prigogine gelegt [19]. Es ist eine eigenständige Disziplin entstanden, die Synergetik, die auf Hermann Haken zurückgeht und sich ausschließlich dissipativer Strukturbildung widmet [20]. Die meisten in diesem Buch beschriebenen Systeme sind Beispiele dissipativer Strukturbildung.

Die Suche nach den Grundprinzipien

Ähnlich wie sich die Physik bemüht, die elementaren Kräfte und Wechselwirkungen im Universum aufzuspüren, sucht die Biologie nach den Grundprinzipien biologischer Musterbildung. Auch im folgenden heißt es Abschied zu nehmen von liebgewordenen Ansichten und Vorurteilen. Wir werden nämlich erkennen, daß entgegen der Anschauung zentrale Ingredienzen für Musterbildung Kampf, Störung, Selbstbestätigung und -verstärkung und zudem zufällige Ereignisse sind. Es gibt sogar eine Theorie, die Katastrophen als Voraussetzung der Morphogenese postuliert [21].

Zuallererst gilt, daß komplizierten Mustern nicht unbedingt komplizierte Prinzipien zugrunde liegen müssen. Dies haben wir bereits am Beispiel der Fraktale gesehen, die sich durch wiederholte Anwendung der immer wieder gleichen simplen Vorschrift (Iteration) erzeugen lassen. So ist das Bildungsgesetz (Prinzip) der Kochschen Schneeflockenkurve ganz einfach; trotzdem stellt sich das Muster (s. Bild 1.12) als (auf den ersten Blick) undurchschaubar dar.

Auch wenn die spezifischen Mechanismen, die zur Entstehung räumlicher (und zeitlicher) Muster führen, sehr verschieden sein können, so sind die Prinzipien der Musterbildung dennoch ähnlich. In der Abwesenheit äußerer Periodizitäten erfordert die Bildung räumlicher Muster irgendeine Art von Wechselwirkungen zwischen den Komponenten, die das System ausmachen – seien es nun Moleküle, Zellen oder Gewebe. Ohne solche räumliche Interaktionen sind nur lokale zeitliche Muster möglich (z. B. Oszillationen). Die Definition des Musters als mehr oder weniger geordnete heterogene Struktur impliziert sofort eine Reihe von Fragen. Welche Arten lokaler Dynamik können einen homogenen in einen heterogenen Zustand überführen? Welches sind die Minimalvoraussetzungen

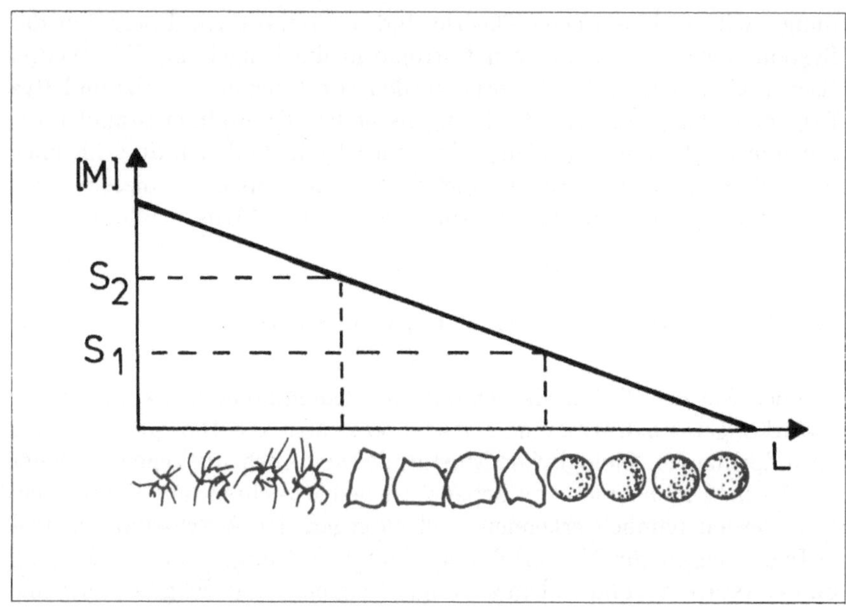

Bild 1.20 Musterentstehung durch einen Morphogengradienten. Bei Überschreitung von Schwellwerten der Morphogenkonzentration kommt es zur Differenzierung unterschiedlicher Zelltypen (nach [23]).

zur Bildung eines räumlichen Musters?

Wir stellten bereits fest, daß vielzellige Organismen zu ihrer Konstruktion ein Informationssystem benötigen, das den Zellen ihre Lage im Organismus verrät, um ihrer Position gemäß die entsprechende Differenzierung zu bewirken. Die meisten Musterbildungstheorien postulieren zu diesem Zweck Vormuster oder morphogenetische Felder [22]. Im einfachsten Fall ist das morphogenetische Feld durch die Konzentration nur eines Stoffes, des Morphogens charakterisiert. Das Paradigma dieser Theorien beruht darauf, daß räumlich heterogene Muster (zum Beispiel Gradienten) der Morphogenkonzentrationen als Ursache für das Muster der verschieden differenzierten Zellen anzusehen, das den Organismus ausmacht (Bild 1.20); abhängig von der Morphogenkonzentration können unterschiedliche Bereiche des Genoms abgelesen und damit Differenzierungsprozesse möglich werden [24]. Wie aber entstehen Gradienten bzw. Vormuster?

Diffusion schafft Präzision

Eine (erste) Antwort, der eine geniale Idee zugrunde liegt, gab Alan
Turing [25] ungefähr zeitgleich mit der Entdeckung der Helixstruktur
der DNA durch Francis Crick und James Watson. Turing ist u. a. bekannt geworden, weil er im zweiten Weltkrieg auf britischer Seite bei der
Entschlüsselung der von der deutschen Wehrmacht verwendeten „Co-
dierungsmaschine" Enigma maßgeblich beteiligt war. Der Mathematiker Turing stellte sich die Aufgabe, einen Mechanismus zur Erzeugung
von Mustern zu entwickeln, der ohne direkten Vorläufer bzw. Vormuster auskommt, außer in dem Sinne, daß jedes physikalische System
zufällige Störungen enthält. Während D'Arcy Thompson versuchte, biologische Form nur mit Hilfe der Physik zu erklären, nahm Turing die
Chemie in Anspruch. Mit Hilfe eines genialen mathematischen Modells
konnte Turing zeigen, daß Diffusion und Interaktion nur zweier Substanzen, die er Morphogene taufte, ausreichen, um zeitliche und räumliche
Muster unter geeigneten Randbedingungen zu erzeugen. Turing analysierte eine anfänglich stabile homogene Morphogenverteilung entlang eines geschlossenen Rings und konnte beweisen, daß sich nach einer kleinen Störung unter gewissen Bedingungen wellenförmige Muster in der
Morphogenkonzentration einstellen (Bild 1.21). Bei geeigneter Wahl der
Kontrollparameter, insbesondere der Diffusionskoeffizienten für die Morphogene, ergeben sich charakteristische „Wellenlängen" möglicher Musterbildungen (vgl. Kap. 13). Eine unter dem Namen „Turinganalyse"
bekannte Standardmethode wird heute routinemäßig bei der Analyse
komplexer Musterbildung eingesetzt [26].

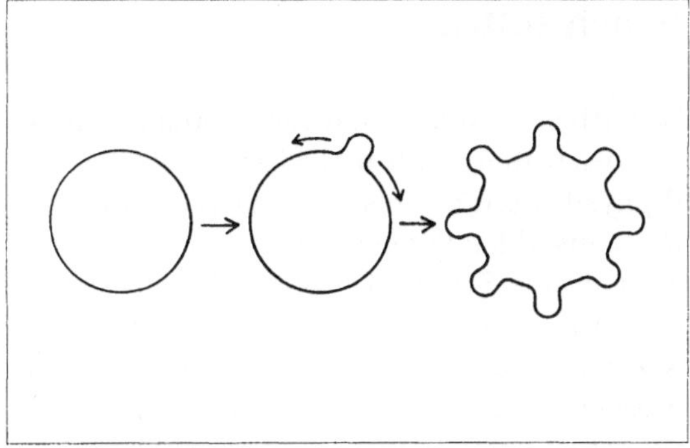

Bild 1.21
Turinginstabilität
(Erläuterung im Text).

Nach der Anschauung sollte Diffusion, also ein „Sickern", eine bestehende Ordnung *diffus* machen, also verwischen. Der geniale Einfall Turings war die Kopplung der Diffusion mit einem chemischen Prozeß, wodurch er den gegenteiligen, d. h. musterbildenden Effekt erzielte. Turings Idee hat insbesondere zur intensiven Erforschung sogenannter Reaktions-Diffusions-Systeme geführt. Hier ist die lokale Dynamik auf die Kinetik von Morphogenen – also chemischen Konzentrationen – begrenzt. Diese Modelle berücksichtigen nur räumliche Interaktionen, die sich aus der Diffusion der Morphogene ergeben. Morphogenetische Strukturen spiegeln in der Perspektive dieses Modelltyps ein chemisches Vormuster wider, das sich als Folge der oben skizzierten Prinzipien entwickelt.

Ich freue mich ganz besonders, Ihnen in diesem Buch die CIMA-Reaktion von zweien ihrer Entdecker selbst präsentieren zu können (vgl. Kap. 13). Diese Reaktion ist ein besonders schönes Beispiel für die Prognosekraft mathematischer Modelle. Schon 1952 hatte Turing die Dynamik dieser Reaktion vorhergesagt, aber erst 1990 wurde die Reaktion parallel von Forschergruppen in Bordeaux und Austin (Texas) entdeckt. Einer der wesentlichen Gründe, warum es fast vierzig Jahre bis zur Entdeckung dauerte, liegt darin, daß entscheidende Voraussetzung für Turingmusterbildung sehr unterschiedliche Diffusionsraten der beiden Morphogene ist. Die Suche nach einem experimentellen System, in dem dies gewährleistet ist, stellte sich als extrem schwierig heraus. In Abhängigkeit von Kontrollparametern entstehen in der CIMA-Reaktion regelmäßige periodische Strukturen („Turingmuster"), aber auch chaotische turbulente Muster.

Systeme organisieren sich selbst

Für die Strukturbildung dissipativer Systeme sind Selbstorganisationsprozesse charakteristisch [27]. Dies bedeutet für biologische Systeme, daß sie Strukturen nur aufgrund physikalisch-chemischer Gegebenheiten ohne Zuhilfenahme einer *vis vitalis* ausbilden können. Die *de-novo*-Synthese von Morphogengradienten in Turing's System ist Beispiel eines selbstorganisierten Prozesses. Turing war nicht nur der erste, der ein formales Modell präsentierte, das zur Selbstorganisation fähig ist. Sein Modell beinhaltete schon alle wesentlichen Merkmale, die auch in modernen Modellen ihre Gültigkeit behalten und nur mit anderen Mechanis-

men besetzt wurden. Musterbildung in einem Turingsystem resultiert
aus der Verstärkung zufälliger Störungen eines unstabilen Gleichgewich-
tes. Weiterhin sind die Morphogene durch ein antagonistisches Wechselspiel verbunden. Grob gesprochen ist der Protagonist verantwortlich für
Strukturbildung an einer bestimmten Stelle, während der Antagonist die
Strukturausbreitung auf einen kleinen Bereich begrenzt und damit erst
die Entstehung von Musterung ermöglicht.

Ein spezielles Reaktions-Diffusions-System – als Aktivator-Inhibitor-
Modell bekannt – hat sich als äußerst erfolgreich bei der Modellierung
einer Fülle morphogenetischer Musteraspekte erwiesen [28]. In seiner einfachsten Version konteragiert eine lokal sich selbstverstärkende Substanz
(der Aktivator) mit einer zweiten Substanz (dem Inhibitor), welche die
Produktion des Aktivators hemmt. Diese Voraussetzungen genügen bereits, um eine Reihe von Mustern zu modellieren. Unter anderem kann
die Gradientenentstehung bestimmter Genprodukte in der embryonalen Entwicklung von *Drosophila* mit solchen Modellen beschrieben werden. Aktivator-Inhibitor-Systeme erlauben schließlich auch die Simulation wunderschöner Musterungen auf Muschelschalen (vgl. [29] sowie Tafel 2). In einem physikalischen Experiment kann man der Diffusion als
Antagonisten die Oberflächenspannung einer Flüssigkeit gegenüber stellen. Es kommt ebenfalls zur Musterbildung (Kap. 11). Antagonistische
Wechselwirkungen und ihre Bedeutung für die Entstehung chemischer
Muster in sogenannten erregbaren Medien (s.o.) werden im Beitrag von
Müller hervorgehoben (Kap. 12). Die Komponenten solcher Medien kann
man als Individuen betrachten, die durch einen bestimmten (zeitlichen)
„Lebensrhythmus" charakterisiert sind. Gleichzeitig können die Individuen aber von einer ansteckenden Krankheit heimgesucht (erregt) werden, die die Phasen des Lebensrhythmus durcheinander bringt. Neben
der erregbaren Phase gibt es insbesondere eine refraktäre Phase, also
Ausruhphase, in der keine Ansteckung möglich ist. Die Infektion kann
sich (räumlich) ausbreiten, indem eine Zelle ihre Nachbarn ansteckt, d. h.
die Erregbarkeitsphase ihrer Nachbarn verändert. Eine Fülle von Beispielen zur Entstehung von Ordnung in erregbaren Medien enthält dieses
Buch. So bilden hungernde *Dictyostelium*-Amöben Konzentrationswellen
von cAMP (zyklisches Adenosinmonophosphat) aus, die den Erregbar-
keitszustand benachbarter Amöben über Zellrezeptoren systematisch zu
verändern vermögen. Es kommt zur Bildung konzentrischer und spiraliger Aggregationsmuster (vgl. Kap. 4 u. Tafel 5). Verstärkung zufälliger Störungen, antagonistisches Verhalten und Kommunikation zwischen

den Komponenten sind grundlegende Eigenschaften aller morphogenetischen Systeme. Die Beispiele dieses Buches verdeutlichen, daß aus der Kombination dieser wenigen fundamentalen Prinzipien eine Fülle von Formen und Mustern erwächst.

Die Entstehung einer biologischen Gestalt

Wir kehren nun auf unserer Reise über oft schwieriges Terrain mit vielen physikalisch-chemischen Wegkreuzungen wieder zum Anfang – das heißt zu den „Mustern des Lebendigen" – zurück. Ein wesentliches Problem wurde bislang nur am Rande angesprochen: Auf welche Weise entsteht die dreidimensionale Gestalt, wie sie nunmal für alle biologischen Organismen typisch ist?

Bei der dreidimensionalen Modellbildung ist vor allem eine Kopplung chemischer und mechanischer Argumente von enormer Bedeutung. Ein schönes Beispiel erfolgreicher *mechano-chemischer* Modellbildung zeigen Goodwin und Brière in ihrem Beitrag über die Hutentstehung der Riesenalge *Acetabularia acetabulum* (Kap. 7). Die Hutbildung wird bei dieser einzelligen Alge durch ein chemisches Vormuster entlang der Zellwand initiiert. Dieses bedingt die Aufweichung der Zellwand genau an den Stellen, an denen sich später die Vorläufer der Hutstruktur entwickeln. Aber auch in diesem Modell ist das essentielle Schema antagonistisch.

Viele andere Modellideen werden heute diskutiert, wie beispielsweise elektrodynamische und chemotaktische Systeme. Elektrodynamische Vorstellungen zum Spitzenwachstum einzelliger Pflanzenstrukturen und von Algen beschreiben Pelcé et al. in ihrem Beitrag (Kap. 8). Solche Strukturen sind vor allem deshalb so interessant, weil sich bei ihnen schon lange vor der eigentlichen Deformation, also Musterbildung, ein Vormuster beobachten läßt, daß sich in einer unregelmäßigen Ionenverteilung zu erkennen gibt. Beim Schleimpilz *Dictyostelium* liegen dieselben Organisationsprinzipien, die zu zweidimensionalen Aggregationsmustern führen, auch der Entstehung dreidimensionaler Entwicklungsstadien des Pilzes zugrunde (Kap. 4). Chemotaxis bestimmt hier die Wanderungsprozesse von Zellen in der Aggregations- und Differenzierungsphase.

Wir maßen uns nicht an, auf die Frage nach Sinn und Zweck biologischer Gestaltbildung eine Antwort geben zu können (Bild 1.22). Es sei nur auf Aristoteles' berühmte Parabel verwiesen, wonach ein Haus

Bild 1.22 Schnitt durch die Schale eines Cephalopoden (*Nautilus*).

zum einen deshalb entsteht, da es dem Wohnen dient, zum anderen aber
auch, weil es aus Steinen erbaut ist. Die zugrundeliegende Frage ist, ob
die Eigenschaften der Materie, insbesondere ihre Struktur, ausreichen,
um höhere Gestaltbildung zu erklären (Strukturalismus) oder ob wesentliche Triebkraft für Formentstehung die Funktion bestimmter Formen ist
(Funktionalismus) [30]. Sicher spielen beide Elemente eine Rolle. Prinzipiell lassen sich Informationen über Gestaltbildung ja nur auf zwei
Wegen gewinnen: entweder man beobachtet und beschreibt die normale Entwicklung oder aber man stört den gewohnten Ablauf und notiert
dadurch ausgelöste Veränderungen, die dann (hoffentlich) Rückschlüsse
auf die Gestaltbildung zulassen. Solche gezielten Störungen erlauben Regenerationsexperimente, die in dem Beitrag von Goodwin und Brière am
Beispiel der Riesenalge *Acetabularia* beschrieben werden (Kap. 7). Eine
weitere Art der Störung ist die gezielte Veränderung der Wachstumsbedingungen und die Untersuchung der dadurch ausgelösten Wachstumsmuster. Bakterien, Pilze und Algen bieten hervorragende Möglichkeiten
für solche Manipulationen (Kap. 4-8).

> Grau, teurer Freund, ist alle Theorie
> und grün des Lebens gold'ner Baum.
> *Johann W. von Goethe*

Perspektiven der Forschung

Wohin entwickelt sich die Forschung zur Entstehung der „Muster des Lebendigen"? Auf der einen Seite wird verstärkt der molekulargenetische Weg weiter beschritten und sich das genetische Wissen über noch mehr Organismen und noch mehr Entwicklungsprozesse vervielfachen. Das „Human Genome Project", das sich die komplette Kartierung des menschlichen Erbguts schon in der nahen Zukunft zum ehrgeizigen Ziel gesetzt hat, gehört in diese Kategorie. Zum anderen wird sich aber auch der in diesem Buch beschriebene Weg der Gestaltbildung durch Selbstorganisation ausweiten. Besonders viel Arbeit muß in die Erforschung von Verbindungen beider Wege gesteckt werden, denn die Art der Kopplung genetischer und nichtgenetischer Informationssysteme liegt noch weitgehend im Dunkeln.

Wie in der Evolution gibt es das Yin und Yang biologischer Musterbildung. Zufall und Notwendigkeit, Spiel und Gesetz, erfinderisches Chaos und ordnender Kosmos haben auch hier ihre Bedeutung (vgl. Bilder 1.23 u. 1.24 sowie [31]). Den ungerichteten Mutationen auf der genetischen Ebene stehen zufällige Fluktuationen in der Konzentration der Enzyme gegenüber, die, wie uns Turing gelehrt hat, nach den Prinzipien der Selbstorganisation ihr schöpferisches Tun verrichten können.

Das antagonistische Prinzip manifestiert sich auch in der Molekulargenetik. Hier gibt es aktivierende und inhibierende Gene. Erst durch das Zusammenspiel von wechselseitiger Anregung und Hemmung auf der genetischen Ebene werden geregelte biologische Prozesse möglich. Das Prinzip von Spielern und Gegenspielern gilt also sowohl für die Enzyme als auch für die Gene. So genügt für die Entstehung von Tumoren nicht die bloße Existenz bösartiger Gene, sogenannter Onkogene. Gleichzeitig müssen ihre Gegenspieler, die Tumor-Suppressor-Gene, abgeschaltet oder aus dem entsprechenden Abschnitt der Erbsubstanz entfernt worden sein.

Die *Musterperspektive* hat über die Erforschung der organismischen Entwicklung hinaus Impulse für eine Vielzahl anderer Forschungsrichtungen gegeben. So spielt Musterbildung- und erkennung eine entscheidende Rolle für die geeignete zelluläre Immunantwort auf Herausforderungen

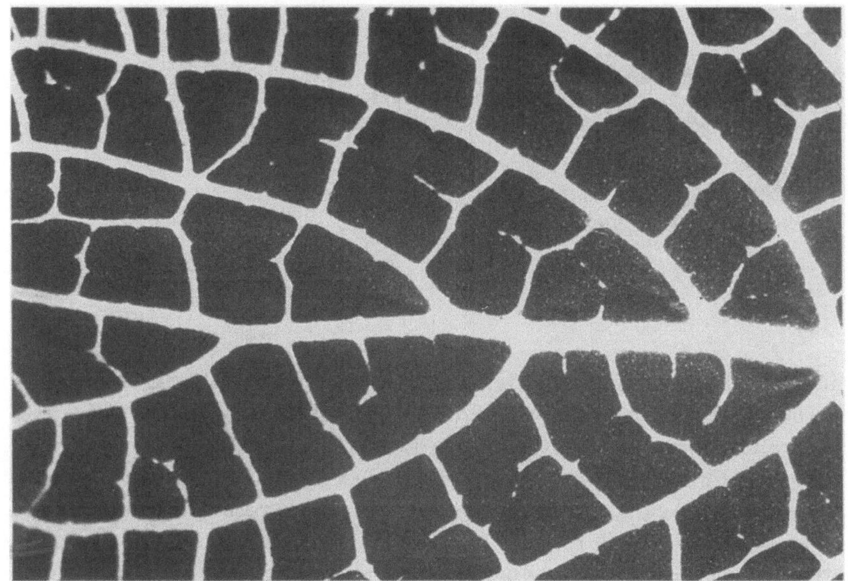

Bild 1.23 Zufall u. Ordnung im Verzweigungsmuster von Adern eines Blattes
(*Miconia magnifica*).

durch Angriffe von Krankheitserregern. Bei der immunologischen Ab-
wehr solcher Attacken stehen Polizeizellen (T-Lymphozyten), die auf die
Feinderkennung und -abwehr spezialisiert sind, vor dem Problem, kör-
pereigene von fremden Zellen zu unterscheiden. Dies ermöglichen spezifische Muster, die auf der Oberfläche aller Zellen vorhanden sind und in
der Art von Visitenkarten die Zellen (Antigene) identifizierbar machen.
Bei der Entwicklung der Polizeizellen sind selbstorganisierte Selektions-
prozesse von großer Bedeutung. Dadurch werden aus einem anfänglich
riesigen Zellpool diejenigen ausgewählt, welche die geforderten Aufgaben
am besten bewältigen. Der genaue Mechanismus ist noch weitgehend un-
bekannt, aber von eminenter Bedeutung, um insbesondere Autoimmun-
krankheiten (z. B. Multiple Sklerose) auf die Spur zu kommen. Das sind
Krankheiten, bei denen die Polizeizellen die Fähigkeit verloren haben,
Freund und Feind zu unterscheiden; sie gehen deshalb auch auf kör-
pereigene lebenswichtige Zellen los und zerstören sie. Der Schlüssel zur
Lösung dieser und vieler anderer Probleme liegt in einem Verständnis
der musterbildenden- und erkennenden Prozesse auf der Zelloberfläche,

Bild 1.24
Yin und Yang

die eng mit Rezeptor- und Membranprozessen verknüpft sind.

Das Beispiel zeigt, daß die in diesem Buch beschriebenen Wege und Prinzipien über das eigentliche – zu Beginn gestellte – Problem biologischer Musterbildung hinaus von großer Bedeutung sind. Wir sind sicher auf unserem Weg schon ein beträchtliches Stück vorangekommen, aber jedes gelöste Problem erzeugt viele neue Probleme. An diesem fortdauernden Prozeß der Problemfindung und -lösung teilzunehmen und dabei einen faszinierenden Einblick in die Kreativität der Natur zu gewinnen, dafür lohnt sich das Menschsein allemal, das uns vor allem ein Erleben von Schönheit und Freude ermöglicht.

Literatur

[1] D. Voet und J. G. Voet (1992) Biochemie. VCH, Weinheim

[2] C. Nüsslein-Volhard (1993) Die Neubildung von Gestalten bei der Embryogenese von *Drosophila*. In: G. Wilke, H.-J. Freund, A. Gierer, R. Kippenhahn, M. T. Reetz, H. Nöth und E. Truscheit (Hrsg.) Horizonte – Wie weit reicht unsere Erkenntnis heute? Wissenschaftliche Verlagsgesellschaft, Stuttgart

[3] J. L. Marx (1984) *Caenorhabditis elegans*: Getting to know you. Science **225** 40

[4] H. Weyl (1952) Symmetry. Princeton University Press, Princeton

[5] D'Arcy W. Thompson (1973) Über Wachstum und Form. Birkhäuser Verlag, Basel. Englischer Originaltitel: On Growth and Form (1917) Cambridge University Press

[6] B. B. Mandelbrot (1982) The Fractal Geometry of Nature. Freeman, New York

[7] H.-O. Peitgen und P. Richter (1986) The Beauty of Fractals. Springer-Verlag, Berlin

[8] J. v. Neumann (1966) Theory of Self-Reproducing Automata. University of Illinois Press, Urbana, London

[9] M. Gerhardt, H. Schuster und J. J. Tyson (1990) A cellular automaton model of excitable media III. Fitting the Belousov-Zhabotinskii reaction. Physica D **46** 416

[10] J. L. Casti (1989) Alternate Realities: Mathematical Models of Nature and Man. John Wiley & Sons, New York

[11] F. Wuketits (1988) Moderne Evolutionstheorien – ein Überblick. Biologie in unserer Zeit **18** 2

[12] M. Kirschner und E. Schulze (1986) Morphogenesis and the control of microtubule dynamics in cells. J. Cell Sc. Suppl. **5** 293

[13] J. T. Bonner (Hrsg.) (1982) Evolution and Development. Springer-Verlag, New York

[14] L. Rensing und A. Deutsch (1990) Ordnungsprinzipien periodischer Strukturen. Biologie in unserer Zeit **20** 314

[15] L. Rensing und A. Deutsch (1993) Introduction and overview. In: Oscillations and Morphogenesis. L. Rensing (Hrsg.) Marcel Dekker, New York

[16] B.-O. Küppers (1987) Ordnung aus dem Chaos. Piper Verlag, München, Zürich

[17] L. G. Harrison (1987) What is the status of reaction-diffusion theory thirty-four years after Turing? J. Theor. Biol. **125** 369

[18] S. Hildebrandt und A. Tromba (1987) Mathematische Grundmuster des Vollkommenen. Spektrum-der-Wissenschaft-Verlagsgesellschaft, Heidelberg

[19] G. Nicolis und I. Prigogine (1977) Self-Organization in Nonequilibrium Systems. Wiley, New York

[20] H. Haken und A. Wunderlin (1991) Die Selbststrukturierung der Materie. Vieweg-Verlag, Braunschweig.

[21] R. Thom (1975) Structural Stability and Morphogenesis. Benjamin, Reading, Mass.

[22] R. Sheldrake (1992) Das Gedächtnis der Natur. Scherz, Bern, München

[23] W. A. Müller (1979) Positionsinformation und Musterbildung. Biologie in unserer Zeit. **9** 135

[24] L. Wolpert (1978) Musterbildung in der biologischen Entwicklung. Spektrum der Wissenschaft, Dezember, 28

[25] A. M. Turing (1952) The chemical basis of morphogenesis. Phil. Trans. R. Soc. London B **237** 37

[26] J. R. Murray (1989) Mathematical Biology. Springer-Verlag, New York.

[27] A. Dress, H. Hendrichs und G. Küppers (Hrsg.) (1986) Selbstorganisation. Piper, München

[28] H. Meinhardt (1982) Models of Biological Pattern Formation. Academic Press, New York

[29] H. Meinhardt und M. Klingler (1991) Schnecken- und Muschelschalen: Modellfall der Musterbildung. Spektrum der Wissenschaft, August, 60

[30] B. C. Goodwin (1990) Structuralism in biology. Sci. Progress Oxford **74** 227

[31] P. Sitte (1988) Ästhetik als Grundwert der Bildung. In: W. Böhm und M. Lindauer (Hrsg.) Nicht Vielwissen sättigt die Seele. 3. Würzburger Symposium. Klett-Verlag, Stuttgart

Kapitel 2

Selbstorganisation aus Prinzip

In Bienenkörben entstehen komplexe Honig- und Pollenmuster

Scott Camazine

Insektenstaaten sind faszinierendes Zeugnis dafür, wie unzählige Individuen gleichberechtigt agieren, um eine globale Ordnung zu entwickeln und zu erhalten. Die gemeinsame Futtersuche bei Ameisen und Honigbienen, die Wärmeregulierung in Bienenkolonien [1], die Kontrolle über Umgebungstemperatur, Luftfeuchtigkeit und Kohlendioxidgehalt in Termitenstaaten sowie der Nestbau von Termiten sind nur einige bemerkenswerte Beispiele. Obwohl diese Thematik die Aufmerksamkeit vieler Forscher beansprucht, wissen wir noch immer wenig über die Gesetze und Mechanismen, nach denen die einzelnen Individuen in die übergeordnete Einheit des Insektenstaates integriert werden.

Eine Insektenkolonie besteht aus Tausenden unabhängiger Individuen. Jedes für sich ist lebensfähig und zu autonomem Verhalten befähigt (Bild 2.1). Es erscheint sehr unwahrscheinlich, daß ein bestimmtes Mitglied der Kolonie genaue Informationen über den Zustand des gesamten Staates sammelt und die Rolle eines Regisseurs übernimmt, der die Aktivitäten aller anderen Mitglieder der Kolonie beobachtet und steuert. Insektenkolonien besitzen sicherlich weder Vorarbeiter noch Beraterstäbe oder Manager, die Informationen zusammentragen und verarbeiten, d. h. das gesamte Verhalten der Kolonie organisieren könnten.

Doch wie erklären sich dann all die wohlgeordneten Muster und Prozesse, die aus dem Handeln der Untertanen dieser Staaten entspringen? Diese Frage ist nur Teil eines viel allgemeineren Problems, mit dem sich

Biologen der unterschiedlichsten Fachrichtungen konfrontiert sehen: Welche Prinzipien sind dafür verantwortlich, daß sich einfache biologische Teilsysteme zu hochgradig geordneten funktionalen Verbänden zusammentun? So versuchen etwa Entwicklungsbiologen die Mechanismen aufzudecken, nach denen sich eine scheinbar homogene Masse individueller Zellen zu einem vielfältig strukturierten Organismus zusammenschließt, wesentlicher Aspekt biologischer Musterbildung und zentrales Thema dieses Buches. Neurobiologen bemühen sich intensiv um ein Verständnis des Problems, wie sich eine Vielzahl von Neuronen zu hochgradig koordinierten Netzwerken verbinden, die geordnete Muster elektrischer Aktivität und andere komplexe kollektive Verhaltensweisen hervorbringen [2, 3].

Modelle der Selbstorganisation

Um das Geheimnis derartiger Organisationsformen zu ergründen, wendet man sich nicht nur in den geschilderten Fällen verstärkt der Analyse eines neuen Paradigmas zu: die Wissenschaftler betrachten biologische Prozesse als Systeme, in denen sich komplexe Phänomene selbst organisieren. Selbstorganisation geschieht spontan, wenn sich eine große Zahl individueller Teile (Zellen, Neuronen oder Individuen) nach Regeln verhält, die nur auf der lokalen Information aus ihrer unmittelbaren Umgebung basieren, und die Indivuduen nach diesen Prinzipien zwar unabhängig, aber simultan handeln. Der Gedanke der Selbstorganisation hat sich als äußerst fruchtbar erwiesen, um zahlreiche Prozesse und Muster zu erklären, die in Insektenstaaten zu beobachten sind. In theoretischen Untersuchungen dieser Phänomene werden die Insektenkolonien als System interagierender Individuen betrachtet: Jedes Individuum folgt einem kleinen Satz einfacher Regeln, die nur lokale Reize aus ihrer Umgebung berücksichtigen. Der abstrakten Formulierung der Zusammenhänge dienen häufig nichtlineare partielle Differentialgleichungen. Die Lösung dieser Gleichungen führt zu Ergebnissen, die sehr gut mit experimentellen Messungen und Beobachtungen übereinstimmen [4-8].

Diese Art mathematischer Modellierung bringt unbestritten Vorteile mit sich. So lassen sich durch das Lösen der mathematischen Gleichungen quantitative - also direkt mit experimentellen Ergebnissen vergleichbare - Resultate gewinnen. Außerdem können analytische und numerische

Bild 2.1 Arbeiterinnen einer Honigbienenkolonie in ihrem Korb. Im Hintergrund ist die Wabenstruktur erkennbar.

Ergebnisse des Modells eine nützliche Beschreibung des Systems liefern, zumindest insoweit, als das Modell die reale Welt tatsächlich widerspiegelt. Doch die Modellierung mit Hilfe von Differentialgleichungen hat auch ihre Schattenseiten. Selbst wenn wir sämtliche biologischen Details der zu modellierenden Prozesse wirklich kennen, erfordert es einen ungemein aufwendigen mathematischen Apparat, um aus all diesen Informationen einen überschaubaren Satz an Gleichungen abzuleiten. Damit verbunden ist natürlich das Problem der Berechnung von Lösungen für diese Gleichungen. Alle Anstrengungen, die über simpelste Differentialgleichungen hinausgehen, enden zumeist in langen und zeitaufwendigen Computerläufen, um zu befriedigenden Lösungen der Gleichungen zu kommen. Außerdem - und dies ist vielleicht für den Biologen das wichtigste Argument - bringen uns die Differentialgleichungen ein ganzes Stück weg vom eigentlichen biologischen Problem: Sie reduzieren die Biologie auf einen Satz mathematischer Gleichungen, wodurch gewöhnlich jede Intuition darüber verlorengeht, wie kollektive Phänomene aus der Interaktion einzelner Individuen entspringen. Differentialgleichungen verfolgen nicht das individuelle Verhalten der einzelnen Teile des Systems. Vielmehr gehen die Verhaltensregeln, welche die Interaktion der Systemkomponenten bestimmen, in den Gleichungen unter, die das gesamte, kollektive Verhalten des Systems modellieren.

Daher ist die Suche nach Alternativen zur Modellierung lohnenswert. Für einige Systeme bietet sich eine Alternative in den Zellulären Automaten [9]. Besonders attraktives Kennzeichen dieser Automaten ist, daß sie trotz ihrer einfachen Konstruktion ein komplexes globales Verhalten zeigen. Zelluläre Automaten erlauben es in vielen Fällen, das betrachtete System auf seine grundlegende Essenz zu reduzieren und die kleinste Menge von Merkmalen zu isolieren, die für das betrachtete Phänomen verantwortlich sind. Gerade aus diesem Grund liefern sie oft ein besseres intuitives Verständnis für die Eigenschaften des Systems. Zelluläre Automaten bieten sich vor allem dort an, wo es um die Beschreibung von Systemen geht, die sich aus einer Vielzahl ähnlicher oder sogar identischer Einheiten zusammensetzen, deren Verhalten nur durch lokale Interaktionen beeinflußt wird. Zelluläre Automaten sind inzwischen auf die verschiedensten biologischen Systeme angewandt worden, unter anderem auch auf staatenbildende Insekten [10].

Musterbildung in Honigwaben

Um sich wirklich davon zu überzeugen, daß Zelluläre Automaten uns nicht im Regen eines abstrakten mathematischen Apparates stehen lassen, muß man sich mit einem konkreten Beispiel genauer auseinandersetzen. Dieser Aufsatz stellt ein solches Beispiel im Detail vor. Er beschreibt einen Zellulären Automaten, der Musterbildungsprozesse in der Kolonie von Honigbienen modelliert. Die Ergebnisse dieses mathematischen Modells simulieren nicht nur die wirkliche biologische Situation, sondern sie geben uns auch ein Gespür für die Mechanismen, die sich hinter den Musterbildungen verbergen. Das geordnete globale Muster, das wir beobachten, erscheint im Licht dieses Modells als die logische Konsequenz aus dem Miteinander unzähliger Individuen, die sich alle nach einfachen, *lokalen Regeln* verhalten.

Eine Kolonie von Honigbienen umfaßt etwa 25.000 Arbeitsbienen und eine einzige Königin. Neben den erwachsenen Bienen gibt es unreife Brut, die sich aus Eiern, Larven und Puppen zusammensetzt. Mit zum Bie-

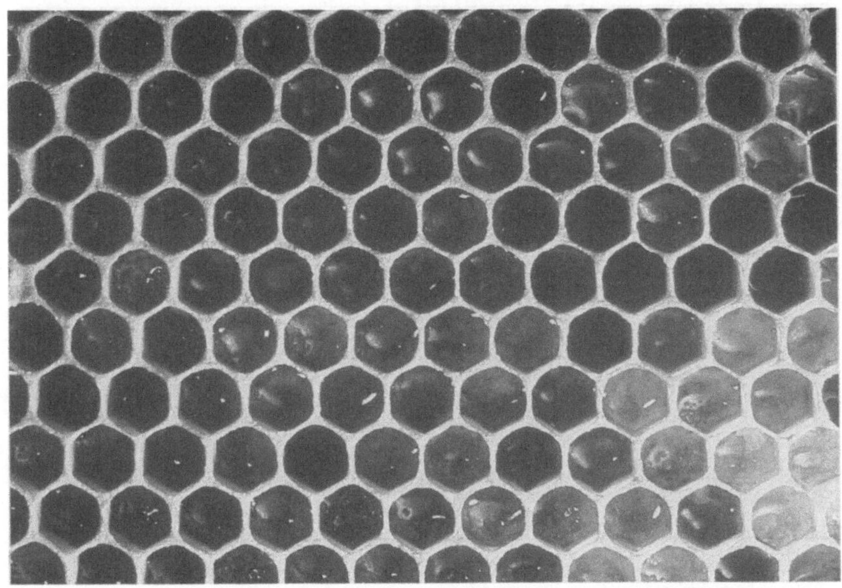

Bild 2.2 Honigbienen bauen Waben aus Wachs, die ihre Nesthöhle ausfüllen.
Eine Wabe kann zur Aufzucht der Brut (im Bild erkennbar) dienen.

nenstock gehören auch noch eine variable Menge gesammelten Futters -
Honig und Pollen. Gespeichert wird die Brut und das Futter in einer
Reihe von Wachswaben, die in ungefähr 100.000 Zellen unterteilt sind
(Bild 2.2). Auf den Waben entwickelt sich ein charakteristisches und
deutlich gegliedertes Muster, das aus drei konzentrisch angeordneten
Gebieten besteht: einem zentralen Brutgebiet, einem darum liegenden
Ring aus Pollen sowie einem großen Randgebiet aus Honig (Bild 2.3).
Das Muster deutet auf eine mögliche Anpassungsfähigkeit der Kolonie
hin, denn das zusammenhängende Brutgebiet könnte von Vorteil sein,
um eine genau geregelte Aufzuchttemperatur sicherzustellen und eine
effiziente Eiablage durch die Königin zu gewährleisten. Die Plazierung
des Pollens unmittelbar am Rande des Brutgebietes, wo er für die mit
der Aufzucht beschäftigten Arbeiterinnen leicht erreichbar ist, erlaubt
eine rationelle Fütterung der sich entwickelnden Larven (Tafel 3).

Das Muster ist nicht nur sehr gut organisiert, sondern bleibt über die
gesamte Saison erhalten. Auch diese Tatsache deutet auf einen even-
tuellen adaptiven Vorteil dieser Musterbildung hin: Täglich wird Ho-

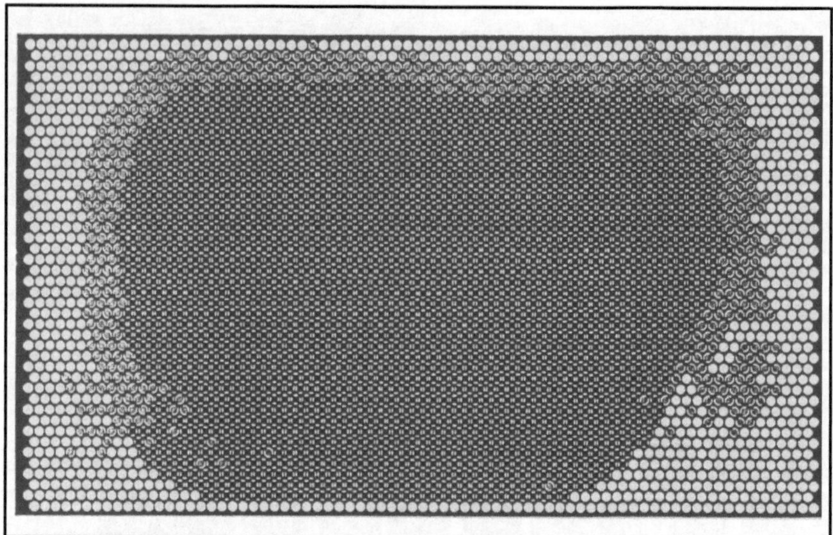

Bild 2.3 Schemazeichnung der Waben eines Bienenstocks; Brut ist durch schwarze, Pollen durch graue und Honig durch weiße Kreise gekennzeichnet.

nig und Pollen als Ergebnis unzähliger (Zehntausender) Ausflüge zur Futtersammlung in den Zellen deponiert. Der in den Zellen eingelagerte Honig und Pollen wird fortwährend verbraucht. Hunderte von Eiern werden gelegt, und ausgereifte Bienen verlassen ihre Brutzellen. Trotz dieser ständigen Fluktuation, in der Wabenzellen immer wieder aufs neue mit unterschiedlichem Inhalt aufgefüllt werden, bleibt ein stabiles Muster erhalten. Die angenommene adaptive Bedeutung des Musters wirft die Frage auf, welcher Mechanismus für seine Entstehung und seine Aufrechterhaltung verantwortlich ist. Wie entspringt dieses, die ganze Kolonie beherrschende, Muster aus der Aktivität eines Gewimmels aus Tausenden von Bienen?

Ein mathematisches Modell zur Beschreibung der Musterbildungen auf den Bienenwaben muß natürlich die elementaren biologischen Prozesse berücksichtigen. Die Regeln eines Modells können nur aus der genauen Kenntnis der biologischen Fakten abgeleitet werden. Daher möchte ich an dieser Stelle zuerst die biologischen Details zusammenfassen, die für die Entstehung des Musters in den Wabenzellen eine Rolle spielen [6]:

Die Königin bewegt sich auf ihrer Suche nach leeren Zellen zur Eiablage eher unsystematisch über die Waben. Sie legt ihre Eier dennoch nicht in beliebigen Zellen ab, sondern tendiert dazu Eier in solchen Zellen zu deponieren, die nahe an anderen Brutzellen liegen. Dies hat zur Folge, daß sich etwa 95% aller Eier in einer Entfernung von maximal drei Zellen zu einer anderen Brutzelle befinden. Die Königin kann bis zu 1500 Eier am Tag und maximal ein Ei pro Minute legen.

Ist ein Ei einmal abgelegt, so verbleibt es in derselben Zelle für die gesamten 21 Tage, die die die Entwicklung zur erwachsenen Arbeitsbiene dauert. Am Ende dieser Zeit schlüpft die Arbeitsbiene und hinterläßt einen leeren Platz, der nun wieder für die erneute Aufnahme eines Eies oder aber auch für die Lagerung von Honig oder Pollen frei ist.

Honig und Pollen werden mehr oder weniger gleichmäßig über die Wabenzellen verteilt. Die Rate, mit der Zellen mit Honig oder Pollen aufgefüllt werden, hängt von verschiedenen Faktoren ab, wie dem Bedarf der Kolonie und der Verfügbarkeit von Blüten im freien Feld. Während der Futtersammelsaison kann eine Kolonie etwa 60 kg Honig zusammentragen. Ungefähr 60% dieser Menge wird noch in der Saison verbraucht, der Rest für den Winter eingelagert. Im selben Zeitraum sammelt die Kolonie etwa 20 kg Pollen. Diesen braucht sie allerdings fast vollständig auf und überwintert mit nur etwa 1 kg. Im Durchschnitt kehren etwa viermal so viele Futtersammler mit Honig zurück wie mit Pollen.

Honig und Pollen werden nicht gleichmäßig aus den Wabenzellen entfernt. So werden etwa Zellen, die dem Brutgebiet näher liegen, schneller geleert. Experimente zeigen, daß die Wahrscheinlichkeit, mit der die Bienen eine Wabenzelle leeren, proportional zur Anzahl der diese Zelle umgebenden Brutzellen ist [6]. Dies scheint mit dem Verhalten junger Bienen zusammenzuhängen, deren Aufgabe es ist, die Larven mit Honig und Pollen zu versorgen; denn diese Bienen bleiben im allgemeinen so nahe wie möglich bei der Brut.

Modellierung der Wabenmuster

Die biologischen Fakten, die ich bisher beschrieben habe, lassen sich leicht in ein formales Modell übertragen. Die Waben des Bienenstocks bestehen aus sechseckigen Wachszellen, sie sind alle nahezu identisch und auf einer zweidimensionalen Ebene angeordnet. Von oben betrachtet erscheinen die Bienenwaben wie ein zweidimensionales sechseckiges

Gitter aus einigen tausend Zellen. Jede dieser Zellen ist entweder leer oder besetzt. Im letzteren Fall enthält sie entweder Brut, Honig oder Pollen. Diese Charakteristika machen das System zu einem Idealfall für die Beschreibung mittels Zellulärer Automaten.

In dem Modell wird jeder Zelle des Sechseckgitters einer von vier möglichen Zuständen zugewiesen: Brut, Honig, Pollen oder „Leer". Ferner werden Pollen- und Honig-Zustand noch jeweils in eine gewisse Anzahl Unterzustände unterteilt, die unterschiedlichen Füllungsgraden der Zellen entsprechen. Um das Modell zu vervollständigen, müssen noch die Nachbarschaft, durch die eine Zelle beeinflußt werden kann, sowie die Regeln, die den Übergang der Zelle von einem in einen anderen Zustand bestimmen, also die zeitliche Entwicklung, definiert werden. Als maßgebliche Nachbarschaft einer Zelle sollen all die Zellen gelten, die innerhalb eines bestimmten Radius um sie herum liegen. Es stellt sich heraus, daß man schon mit einem Radius von weniger als zehn Zellen die biologischen Tatsachen angemessen beschreiben kann. Die Entwicklungsregeln geben an, wie die Wabenzellen mit Eiern, Honig oder Pollen aufgefüllt bzw. wieder geleert werden. Eine leere Zelle ändert ihren Zustand, wenn sie Honig, Pollen oder ein Ei aufnimmt. Umgekehrt kann eine gefüllte Zelle auch wieder leer werden. Die im Kasten aufgelisteten Regeln beschreiben die Wahrscheinlichkeiten für Zustandsveränderungen.

Die Regeln des Zellulären Automaten

- Eine leere Zelle kann mit Pollen, Honig oder einem Ei gefüllt werden. Sie kann allerdings auch leer bleiben. Übersteigt die Anzahl der Brutzellen in ihrer Nachbarschaft einen gewissen Schwellwert, so wird die Zelle mit einer Wahrscheinlichkeit p_E ein Ei erhalten. p_E ist eine Funktion der Eilegerate der Königin sowie ihrer Fähigkeit, verfügbare leere Zellen zu entdecken.

- Enthält eine Zelle kein Ei, so gibt es Wahrscheinlichkeiten p_H, p_P und p_L, mit denen sie entweder Honig bzw. Pollen aufnimmt oder aber leer bleibt. Die Wahrscheinlichkeiten p_H, p_P und p_L hängen nicht vom Zustand der Nachbarn einer Zelle ab, sondern allein von der Futtersammelrate der Kolonie. So kann zum Beispiel in einer Zeit, in der reichlich Blütennektar vorhanden ist und die Bienen sehr aktiv bei der Futtersuche sind, p_H fast den Wert 1 haben, während p_P und p_L nahe bei 0 liegen.

Die Regeln des Automaten (Fortsetzung)

- Die Inhalte der Honig- und Pollen-Zellen erhöhen sich in jedem Zeitschritt um ganzzahlige Einheiten, entsprechend der Menge, die einfliegende Bienen von außerhalb heranbringen. Die Füllgrenze einer Zelle soll bei 20 Einheiten liegen [5]. Vereinfachend wird angenommen, daß bei jeder Entnahme von Honig und Pollen nur eine Einheit dieser Substanzen aus den Zellen entnommen wird.

- In einer Zelle werden die verschiedenen Substanzen nicht miteinander vermischt. Honig kann daher nur in eine leere Zelle gebracht werden oder in eine Zelle, die schon teilweise mit Honig gefüllt ist - entsprechendes gilt für den Pollen. Die Zellen, in denen Honig und Pollen hinzugefügt wird, werden zufällig ausgewählt, also ohne den Inhalt der Nachbarzellen zu berücksichtigen.

- Die relativen Mengen an hinzukommendem Honig und Pollen in den einzelnen Zellen sind durch die Sammelrate dieser beiden Substanzen bestimmt. Ein realistisches Modell bezieht auch Fluktuationen in der Sammelrate mit ein, um etwa Veränderungen in der Verfügbarkeit von blühenden Pflanzen zu verschiedenen Jahreszeiten zu berücksichtigen.

- Die Wahrscheinlichkeit, mit der Honig aus den Zellen entnommen wird, ist von zwei Faktoren bestimmt: der Anzahl benachbarter Brutzellen und einer Grundrate der Entnahme, die unabhängig von umgebenden Zellen ist. Diese Grundentnahme wird für Honig als klein eingeschätzt, da große Mengen an Honig als Vorrat für den Winter gespeichert werden.

- Die Wahrscheinlichkeit, mit der Pollen aus einer Zelle entfernt wird, hängt von ähnlichen Faktoren ab wie die Honigentnahme. Es gibt einen Anteil, der von der Zahl der umliegenden Brutzellen abhängt und auch hier eine gewisse Grundrate. Diese ist allerdings für Pollen sehr viel höher als für Honig, da 95% des gesammelten Pollens schon während der Saison wieder verbraucht werden.

- In jedem Zeitschritt der Entwicklung des Automaten erhöht sich das Alter einer Brutzelle um einen Tag. Nach 21 Zeitschritten, d. h. 21 Tagen, schlüpft aus der Zelle eine ausgewachsene Biene.

Simulation der Wabenmusterbildung

Der Zelluläre Automat zur Musterbildung wird auf einem sechseckigen Gitter simuliert. Er repräsentiert damit einen kleinen Ausschnitt einer Wabenschicht aus dem Inneren der Kolonie. Zu Beginn der Simulation stellen wir uns vor, daß der ganze Bienenstock leer ist, bis auf eine kleine Gruppe von Zellen im Zentrum der betrachteten Wabenschicht. In diesen, schon zu Beginn belegten Zellen, befinden sich ausschließlich Eier. Dies ist die Startsituation für die Königin. Eine Iteration des Automaten, also ein Zeitschritt, entspricht in der Realität in etwa dem Zeitraum eines Tages.

In jedem Zeitschritt wird Honig und Pollen von ausgeflogenen Bienen in den Stock gebracht und über die Wabenzellen des Gitters verteilt. Gleichzeitig befindet sich die Königin auf der Suche nach freien Zellen in der Nähe schon existierender Brut, um dort ihre Eier abzulegen. Die genauen Werte für die Wahrscheinlichkeiten dieser Ereignisse und vieler anderer noch freier Parameter lassen sich aus der Biologie nicht exakt ableiten. Hier ist einiges Experimentieren notwendig, um Werte zu finden, die die biologische Realität angemessen beschreiben und zu realistischen Ergebnissen führen.

Die Bilder 2.4 und 2.5 zeigen die Ergebnisse eines Simulationsexperiments. Zu einem frühen Zeitpunkt der Simulation häufen sich Pollen und Honig willkürlich verteilt in den Zellen der Wabenschicht an. Das Zentrum der Schicht – nahe des anfänglichen Kerns vorhandener Eier – beginnt sich mit Eiern aufzufüllen. Ein kompaktes Brutgebiet hat sich aber noch nicht entwickelt. Das charakteristische, konzentrische Muster aus Brut, Pollen und Honig ist noch nicht zu erkennen. Dieser frühe, ungeordnete Zustand leitet letztlich aber schon die Entwicklung zu dem geschichteten Muster ein. Die Ausbildung eines zentralen Brutgebietes erklärt sich zum Teil allein aus der Regel, daß Eier nur in der Nachbarschaft anderer Brutzellen abgelegt werden. Ein anderer Prozeß, der hier eine Rolle spielt, ist die bevorzugte Entnahme von Honig und Pollen aus Zellen nahe der Brut. Nach und nach wird das Brutgebiet immer kompakter. Es kann sich nur entwickeln, indem das Gebiet rund um die Brut ständig von Honig und Pollen befreit und mit Eiern aufgefüllt wird. Ein weiterer wichtiger Prozeß in der Musterbildung erklärt die Trennung von Honig und Pollen in verschiedene Ringe um das Aufzuchtgebiet herum. Da beide Substanzen zufällig in den Zellen abgelegt werden, finden wir

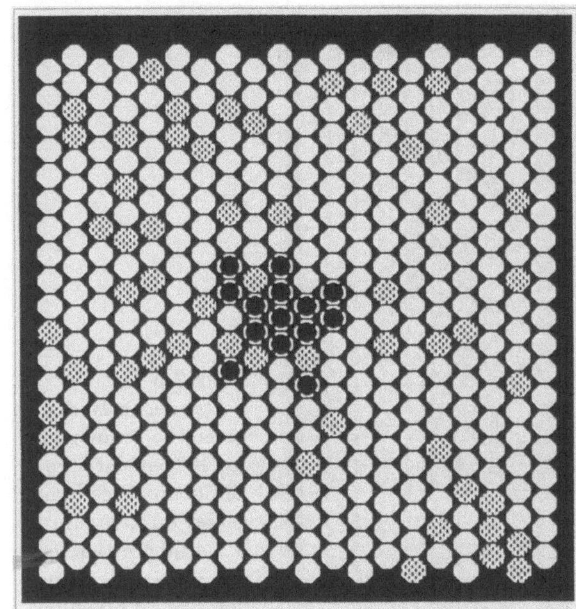

Bild 2.4
Momentaufnahme
zu einem sehr frühen
Zeitpunkt (nach 6
Zeitschritten). Honig
und Pollen sind noch
recht unsystematisch
verteilt.

am Anfang sowohl Honig als auch Pollen in der äußeren Peripherie der Wabenschicht. Weil aber 95% des gesammelten Pollens von den Bienen wieder verbraucht wird, ist die Umsatzrate des Pollens sehr hoch. Die Zellen, die Pollen enthalten, werden entsprechend häufig auch wieder geleert. Honig kommt hingegen in die Kolonie mit einer viel höheren Rate als Pollen herein. Sind die Zellen in der Peripherie der Wabenschicht also einmal von Pollen frei, ist es daher viel wahrscheinlicher, daß ihr Inhalt durch Honig ersetzt wird. Auf diese Weise verschwindet allmählich jeglicher Pollen aus der Peripherie der Wabenschicht, die nun fast vollständig dem Honig überlassen bleibt. Wo aber wird dann der Pollen gespeichert? Als einziger Platz für die Pollenlagerung verbleibt schließlich nur noch der Ring von Zellen in der unmittelbaren Umgebung des Brutgebietes. Diese Zwischenzone zwischen dem zentralen Aufzuchtgebiet und dem peripheren Honiglager ist ein Bereich hohen Umsatzes. Die bevorzugte Entnahme von Honig und Pollen sorgt so fortdauernd für ein Gebiet, in dem die Zellen mit einer relativ hohen Rate entleert werden.

Das Modell ist gegenüber Veränderungen seiner Parameter robust, d. h. das entstehende Muster hängt nicht besonders empfindlich von der

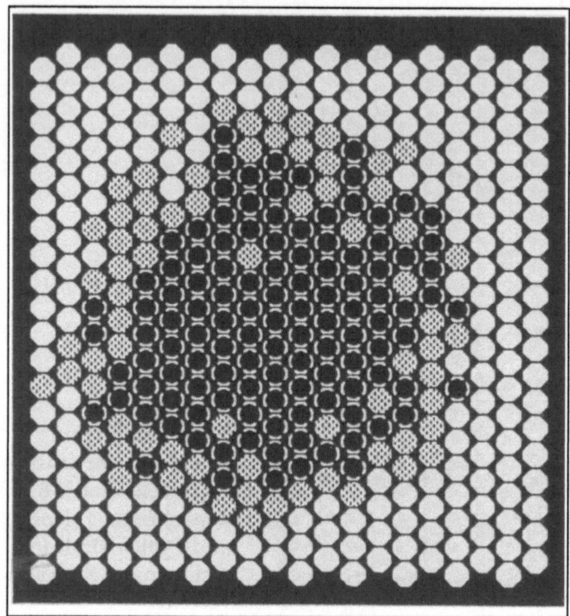

Bild 2.5
Forts. der in Bild 2.4 gezeigten Simulation (n. 16 Zeitschritten). Ein kompaktes Brutgebiet im Zentrum u. d. periphere Bereich aus Honigzellen sind deutlich zu erkennen.

genauen Wahl der einzelnen Wahscheinlichkeiten ab. Dies gilt zumindest solange, wie die Parameter folgende Beziehungen widerspiegeln:

- Die Königin legt ihre Eier in der Nähe anderer Brutzellen ab.

- Die Menge des hereingebrachten Honigs ist größer als die des Pollens.

- Honig und Pollen werden mit höherer Wahrscheinlichkeit in der Nähe der Brut als sonstwo entnommen.

- Die Aufzuchtzeit der Brut ist relativ lang – verglichen mit den anderen Prozessen im Bienenstock.

Derselbe Musterbildungsprozeß ist auch mit Differentialgleichungen beschrieben worden, die die Ergebnisse des hier vorgestellten Zellulären Automatenmodells bestätigen [10]. Die Größe der Nachbarschaft, die genauen Werte für Zufuhr und Entnahme von Honig bzw. Pollen und auch die Eilegerate beeinflussen die Geschwindigkeit, mit der sich das Muster entwickelt, aber nicht seine Form. Das charakteristische, konzentrisch angeordnete Muster aus Brut, Pollen und Honig setzt sich unter einer großen Bandbreite von Bedingungen immer wieder durch. Eine solche Variation der Bedingungen ist auch typisch für die zugrunde liegenden natürlichen Prozesse. Ein bedeutsames Merkmal des Modells ist es, daß sich Muster spontan entwickeln – ohne einen exakt vorherbestimmten Lageplan der Positionen für Eier, Honig und Pollen. Aus einem anfänglich ungeordneten Zustand, wie wir ihn in der frühen Phase der Entwicklung sehen, entspringt Ordnung ganz von selbst und wird unerschütterlich aufrechtgehalten - ein Kennzeichen für Selbstorganisation. Die sich selbst organisierende Musterbildung ist eine zwangsläufige Konsequenz der Dynamik des Systems. Das beobachtete Muster ist desweiteren auch noch stabil gegenüber einer Reihe möglicher Störungen, wie etwa dem Auschlüpfen der erwachsenen Bienen aus ihren Brutzellen, dem frühzeitigen Absterben der Brut durch Krankheit, dem Verbrauch von Honig und Pollen oder dem Einlagern von Honig bzw. Pollen im eigentlichen Aufzuchtgebiet. Selbstorganisation und ihre Stabilität gegenüber Störungen sind charakteristisch für Zelluläre Automatenmodelle [11]. In der Terminologie Zellulärer Automaten reflektiert Selbstorganisation die Entwicklung eines anfänglich ungeordneten Zustandes, der sich schließlich einem Attraktor annähert. Obwohl die Systementwicklung von irgendeinem der zahllosen möglichen Startmuster aus beginnen kann, bewegen sich die Konfigurationen mit der Zeit auf eine viel kleinere Zahl von Mustern zu, die alle eine ganz ähnliche Ordnung zeigen.

Von individuellem zu kollektivem Verhalten

Es wurde hier ein Beispiel vorgestellt, in dem sich Zelluläre Automaten als nützlich erwiesen, um Musterbildungen in den Lagerstätten für Futter und Brut in Bienenwaben besser zu verstehen. Aber gibt es nicht noch ganz andere globale Phänomene in Insektenkolonien, die mit dieser Art von Modellen erfolgreich beschrieben werden können? Die Biologen kennen Dutzende von Beispielen, in denen eine große Zahl individueller Insekten zusammenwirkt, um typische räumliche und zeitliche Muster zu schaffen. Viele Verhaltensbiologen beschäftigen sich beispielsweise intensiv mit den faszinierenden Phänomenen, die in der räumlichen Verteilung und den Verhaltensmustern von Ameisen zu beobachten sind. In vielen dieser Untersuchungen, wie etwa für die Angriffsmuster der

Eciton-Soldatenameisen [7], oder die rhythmischen Aktivitätsmuster der *Leptothorax acervorum*-Ameisen [12], könnten Zelluläre Automaten das richtige Werkzeug für eine aussagekräftige Modellierung sein. Im letztgenannten Beispiel durchläuft das Verhalten der Ameisen typische Zyklen unterschiedlicher Aktivität, die anscheinend durch lokale Interaktionen zwischen benachbarten Ameisen hervorgerufen werden – eine Paradeanwendung also für die Idee der Zellulären Automaten. Ich selbst arbeite mit einem Kollegen gerade an einer anderen Anwendung Zellulärer Automaten in diesem Zusammenhang. Wir wollen den Prozeß der Brutsortierung bei *Leptothorax unifasciatus*-Ameisen besser verstehen [13]. Diese Ameisen formen einen ungeordneten Haufen aus Eiern, Larven und Puppen zu einem charakteristischen Muster und benutzen dabei offensichtlich nur einfache Verhaltensregeln. Auch dies ist ein Prozeß, der sich durch ausschließlich lokalen Informationsaustausch vieler Zellen eines Gitters abstrakt beschreiben läßt.

Bei den Honigbienen gibt es noch viele andere Beispiele kollektiver Phänomene, als ich sie hier beschreiben habe. Um etwa die Temperatur in ihrem Schwarm zu regulieren, scheinen die Bienen die Art und Weise, wie sie sich räumlich zusammenfinden und auch den Grad ihrer eigenen Wärmeproduktion präzise einstellen zu können [14]. Hier könnten Zelluläre Automaten nützlich sein, um zu zeigen, wie die einzelnen Bienen auf lokale Stichwörter reagieren umd als Antwort ein globales Muster der ganzen Kolonie produzieren. Ich bin überzeugt davon, daß sich das Paradigma der Selbstorganisation in der Zukunft als mächtiges Werkzeug erweisen wird, um globale Organisationsmuster in den Kolonien staatenbildender Insekten zu verstehen. Eine Gruppe von Verhaltensbiologen der Universität Brüssel faßt diesen Ansatz mit folgenden Worten zusammen (übersetzt nach [15]):

„Statt eine einzelne zentrale Einheit anzunehmen, die spezifisch, komplex und allwissend ist und eine einprogrammierte Lösung besitzt, gehen wir von einem Team einfacher, zufälliger und identischer Einheiten aus, die nur Informationen aus ihrer lokalen Umgebung brauchen, ohne hierarchisch organisiert zu sein. Die Verteilung dieser Gemeinschaft innerhalb der Umgebung des zu lösenden Problems und die Einführung positiver Feedback-Interaktionen zwischen den Einheiten sorgt für eine Verstärkung der lokalen Information, die bei einer einzelnen oder bei wenigen Einheiten vorhanden ist. So koordiniert, ist die gemeinsame Reaktion des Teams auf die lokalen Signale die Lösung des Problems. Da kein einzelnes Individuum die genau programmierte Lösung enthält, kommen sie zusammen zu einer „unbewußten" Entscheidung. Wir nennen diesen Prozeß funktionale Selbstorganisation."

Folgt man dem Gedanken dieser Wissenschaftler, so muß die Natürliche Selektion nicht eine genaue Lösung für jedes Problem, dem sich die Kolonie gegenübersieht, hervorbringen. Vielmehr schafft sich die Kolonie durch den Prozeß der Selbstorganisation automatisch eine angepaßte Lösung, indem eine Vielzahl von Individuen einfachen Regeln folgt. Dies bedeutet nicht, daß Selbstorganisation eine Alternative zur Natürlichen Selektion ist. Vielmehr formt die Natürliche Selektion die individuellen Verhaltensweisen, die durch den selbstorganisierenden Mechanismus zusammenwirken, um einen globalen Prozeß auf der Ebene der ganzen Kolonie zu erzeugen. Stephen Wolfram, in seinem Überblicksartikel „Cellular automata as models of complexity", meinte 1984 dazu (übersetzt nach [11]):

„In der Natur sind Systeme weit verbreitet, deren gesamtes Verhalten sehr komplex ist, deren fundamentale Komponenten aber sehr einfach sind. Die Komplexität entsteht durch den kooperativen Effekt vieler einfacher, identischer Teile. Über das Wesen dieser Komponenten in physikalischen und biologischen Systemen ist bereits viel bekannt, doch weiß man nur wenig über die Mechanismen, nach denen diese Teile zusammenwirken, um die beobachtete Komplexität als Ganzes zu schaffen."

Wenden wir dieses Paradigma auf staatenbildende Insekten an, so beginnen wir schließlich zu ahnen, wie diese Kolonien als koordinierte Einheiten handeln und komplexe, kollektive Aktivitäten ausführen. Sorgfältige Verhaltensstudien erlauben uns, die Interaktionen zwischen den Individuen zu bestimmen und zu messen. Doch unsere Intuition über das Ergebnis der Interaktionen Tausender von Individuen kann uns in die Irre führen, selbst wenn die Interaktionen sehr einfach sind. Die Modellierung eines solchen Zusammenspiels auf der Basis Zellulärer Automaten dient u. a. der Schärfung unserer Intuition und zeigt, wie nützlich es sein kann, das Verhalten staatenbildender Insekten durch einfache Regeln, basierend auf lokalen Informationen der einzelnen Koloniebewohner, zu formulieren.

Literatur

[1] T. D. Seeley (1989) The honey bee colony as a superorganism. Amer. Scient. **77** 546

[2] P. Churchland und T. Sejnowski (1992) The Computational Brain. MIT Press, Boston, MA

[3] J. J. Hopfield (1982) Neural networks and physical systems with emergent collective computational abilities. Proc. Natl. Acad. Sci. **79** 2554

[4] R. Beckers, J. L. Deneubourg, S. Goss und J. M. Pasteels (1990) Collective decision making through food recruitment. Insect Soc. **37** 258

[5] S. Camazine, J. Sneyd, M. J. Jenkins und J. D. Murray (1990) A mathematical model of self-organized pattern formation on the combs of honeybee colonies. J. Theor. Biol. **147** 553

[6] S. Camazine (1991) Self-organizing pattern formation on the combs of honey bee colonies. Behav. Ecol. Sociobiol. **28** 61

[7] J. L. Deneubourg, S. Goss, N. Franks und J. M. Pasteels (1989) The blind leading the blind: modelling chemically mediated army ant raid patterns. J. Insect Behav. **2** 719

[8] S. Goss und J. L. Deneubourg (1989) The self-organizing clock pattern of *Messor pergandei* (Formicidae, Myrmicinae). Insects Sociaux **36** 339

[9] G. B. Ermentrout und L. Edelstein-Keshet (1993) Cellular automata approaches to biological modeling. J. Theor. Biol. **160** 97

[10] S. Camazine und J. Sneyd (1991) A model of collective nectar source selection by honey bees: self-organization through simple rules. J. Theor. Biol. **149** 547

[11] S. Wolfram (1984) Cellular automata as models of complexity. Nature **311** 419

[12] N. Franks, S. Bryant, R. Griffiths und L. Hemerik (1990) Synchronization of the behavior within nests of the ant *Leptothorax acervorum* (Fabricius). I. Discovering the phenomenon and its relation to the level of starvation. Bull. Math. Biol. **52** 597

[13] N. Franks und A. Sendova-Franks (1992) Brood sorting by ants: distributing the workload over the work-surface. Behav. Ecol. Sociobiol. **30** 109

[14] B. Heinrich (1985) The social physiology of temperature regulation in honey-bees. In: B. H. Lindauer (Hrsg.) Experimental Behavioral Ecology and Sociobiology. Sinauer, Sunderland, MA

[15] S. Aron, J. L. Deneubourg, S. Goss und J. M. Pasteels (1990) Functional self-organization illustrated by inter-nest traffic in ants: the case of the Argentine ant. In: W. Alt und G. Hoffmann (Hrsg.) Biological Motion. Springer-Verlag, Berlin

Kapitel 3

Harmonie der Proportionen

Der Goldene Schnitt in der Blattstellung höherer Pflanzen

Peter H. Richter und Holger Dullin

Das Auftreten bestimmter Zahlenverhältnisse in der Natur hat die Menschen von jeher fasziniert. Sie galten als Ausweis der göttlichen Ordnung. Noch Kepler hat es als höchstes Ziel der Erforschung des Planetensystems betrachtet, die harmonischen Proportionen seines Aufbaus zu identifizieren und so dem Schöpfer in die Karten zu schauen [1, 2].

In Zeiten der Säkularisation und der Aufklärung wurde dergleichen als Zahlenmystik abgetan und verpönt. Die romantische Gegenreaktion in der ersten Hälfte des 19. Jahrhunderts blieb für die Naturwissenschaften unerheblich. Die Diskussion über Auftreten und Bedeutung des Goldenen Schnitts – der bis dahin noch *proportio divina*, also „göttliches Verhältnis" hieß – hatte schwärmerischen Charakter und schoß weit über das Ziel hinaus. Nach Zeisings „Neue(r) Lehre von Proportionen des menschlichen Körpers" (1854) sollte er sich in allen wohlgeformten Körpern vielfach wiederfinden. Die entsprechenden Meßvorschriften waren allerdings alles andere als wohldefiniert; in Zeisings Analyse etwa des Apollon von Belvedere ging sehr viel Wunschdenken mit ein.

Nach Darwin aber kann die Frage nach dem Auftreten bestimmter Proportionen neu gestellt werden. Es könnte ja sein, daß sie sich unter dem fortwährenden Wirken der Natürlichen Selektion als bestmögliche Anpassung erwiesen haben. Das 1:1 der geschlechtlichen Paarung oder das 2:1 in der Anzahl von Augen und Ohren pro Kopf könnten Resultate eines Optimierungsprozesses sein, der vielleicht auch den Goldenen

Schnitt begründet.

Zunächst ist jedoch zu prüfen, ob und wo die Natur dieses Zahlen-verhältnis zweifelsfrei realisiert. Wir werden zeigen, daß dies jedenfalls im Bereich der Phyllotaxis der Fall ist (griech. Phyllos: Blatt, Taxis: Ord-nung, wörtlich also Blattordnung, meist als Blattstellung bezeichnet). Noch ein anderer Gesichtspunkt ist aber für ein Verständnis genauso wichtig: Es muß etwas geben, das den Goldenen Schnitt vor anderen Verhältnissen auszeichnet – andernfalls hätte ein Selektionsprozeß keine Handhabe, ihn hervorzuheben.

Es wird darum im folgenden die Phänomenologie der Blattstellung vorgestellt und modelliert [3], um die Tatsache zu erhärten, daß der Goldene Schnitt dabei ein wichtiges Bauprinzip darstellt. Anschließend unternehmen wir mit elementaren zahlentheoretischen Argumenten den Versuch, die besondere Natur des Goldenen Schnittes zu dokumentieren (vgl. auch [4]). Damit dürfte dann erwiesen sein, daß sich die Spekula-tionen eines klassischen Naturbeobachters wie Kepler auch ohne Mystik auf eine „rationale Basis" stellen lassen.

Regelmäßigkeit der Blattstellung

Die Anlage der Blätter erfolgt sehr früh im Wachstumsprozeß der Pflanze in den äußeren Zellschichten der wachsenden Sproßspitze (Bild 3.1). Die spätere Stellung der Blätter wird bereits zu diesem Zeitpunkt festgelegt. Die Größe der Blattanlagen im Verhältnis zum Umfang des Vegetations-kegels bestimmt die Anzahl der gleichzeitig – d. h. an ein und demselben Blattknoten – ausgebildeten Blätter. Bei verhältnismäßig kleinen Blatt-anlagen, wie z. B. beim Ackerschachtelhalm, entstehen sogenannte Blatt-quirle (Bild 3.2a). Um die entstehende Blattstellung zu verdeutlichen, wird der Vegetationskegel mit seinen Blattanlagen von oben betrachtet schematisch dargestellt. Für den oben geschilderten Fall der Blattquirle ergibt sich als Grundriß Bild 3.2b. Im Zentrum befinden sich die jüngsten Blätter, die neu an der Spitze des Sprosses ausgebildet wurden, weiter außen die älteren und schon etwas größeren Blätter. Für die Blattstel-lung lassen sich zwei Grundregeln formulieren: Nach der Äquidistanz-regel ist der Winkelabstand von Blattanlagen untereinander gleich; die Alternanzregel besagt, daß die jeweils neu zu bildenden Blätter über den Zwischenräumen der Blätter des vorhergehenden Knotens entstehen. Die drei wichtigsten Blattstellungen werden als Decussation, Distichie und Dispersion bezeichnet (Bild 3.2c).

Befinden sich an einem Knoten jeweils zwei Blätter, die sich nach der Äquidistanzregel gegenüberstehen, so bilden sich die beiden Blätter im nächsten Knoten nach der Alternanzregel um 90° gedreht heran: Am Sproß stehen die Blätter in vier Geradzeilen (Orthostichen) übereinander. Dies ist die kreuzgegenständige oder decussierte Blattstellung. Typische Vertreter sind Lippenblütler, Nelken- und Ölbaumgewächse.

Bild 3.1   Blütenstand eines jungen Wolfsmilchgewächses (*Euphorbia myrsinites*). Die Ziffern markieren die Reihenfolge in der Entstehung der Blütenblattanlagen (elektronenmikroskopische Aufnahme).

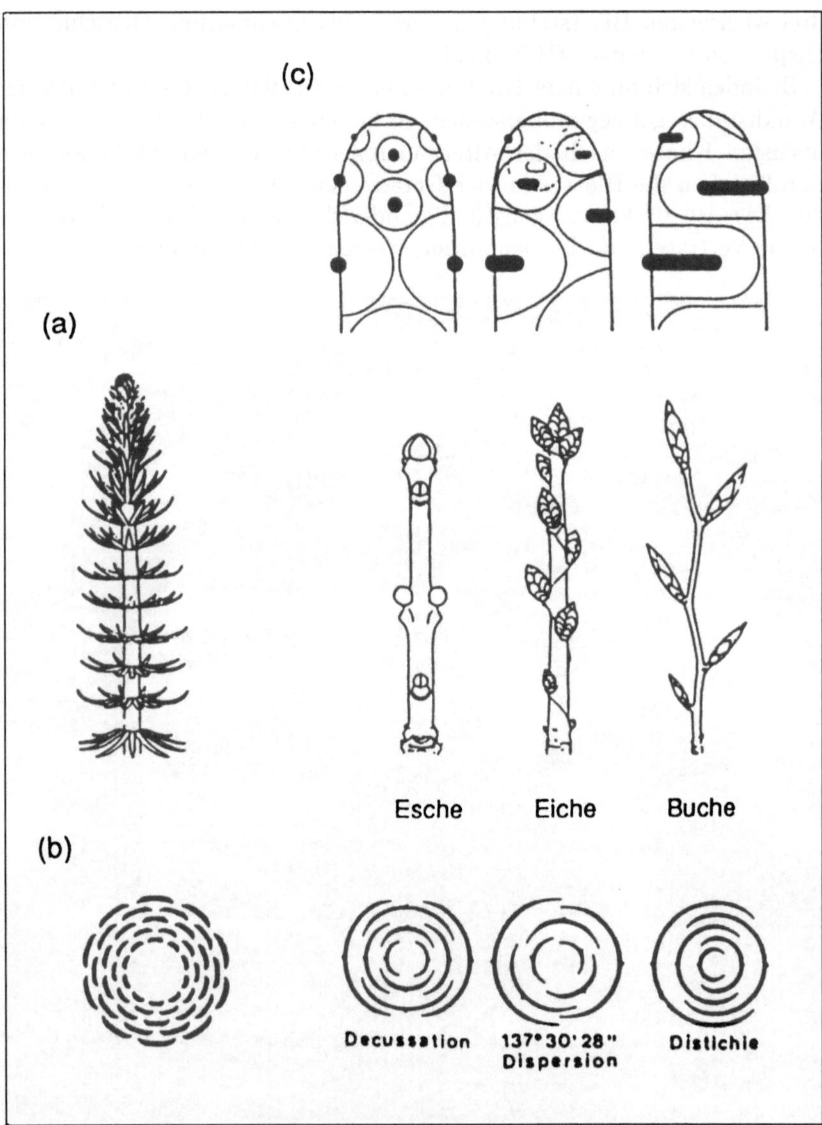

Bild 3.2 (a) Quirlige Blattstellung beim Ackerschachtelhalm, (b) schematischer Grundriß des Vegetationskegels in der Aufsicht, (c) Grundrisse, schematische Seitenansichten und Beispiele für die kreuzgegenständige, wechselständige und zweizeilige Blattstellung (nach [3]).

Umfassen die Blattanlagen mehr als die Hälfte des Vegetationskegels, findet nur jeweils eine Blattanlage auf einem Knoten Platz. Die nächste Blattanlage bildet sich auf der gegenüberliegenden Seite. Beträgt der Winkel zwischen aufeinanderfolgenden Blättern (Divergenzwinkel) 180°, so entstehen am Sproß lediglich zwei Geradzeilen von Blättern; man spricht von zweizeiliger oder disticher Blattstellung. Die meisten einkeimblättrigen Pflanzen (Monocotylen) bilden diese Blattstellung aus.

Die zerstreute oder wechselständige Blattstellung (Dispersion) ist der zweizeiligen insofern ähnlich, als an jedem Knoten nur ein Blatt ausgebildet wird. Der Divergenzwinkel ist hier jedoch kleiner als 180°, so daß spiralige oder schraubenartige Blattstellungen entstehen. Neben dem Divergenzwinkel wird auch der Divergenzbruch verwendet, der das Verhältnis des Divergenzwinkels zum Gesamtumfang (= 360°) angibt, um die Art der Dispersion zu charakterisieren. Früher ordnete man die beobachteten Divergenzbrüche (einschließlich 1/2 für zweizeilig) zu der sogenannten Schimper-Braunschen Hauptreihe:

1/2	1/3	2/5	3/8	5/13	8/21	13/34	21/55	...
180°	120°	144°	135°	138.5°	137.1°	137.6°	137.5°	...

Der Nenner gibt jeweils die Anzahl der Geradzeilen an, die zu erkennen sein sollten – der Zähler die Anzahl der Umläufe, um von einem zum nächsten Blatt derselben Geradzeile zu gelangen. Abgesehen von zwei (distiche) und drei (Dispersion mit 120°) Geradzeilen kann man weitere Werte dieser Reihe (z. B. fünf oder acht Geradzeilen) in der Natur jedoch nicht eindeutig nachweisen. Heute werden diese Fälle als ein und derselbe betrachtet: spiralige Blattstellungen mit dem „Goldenen Winkel" als Divergenzwinkel, bei der niemals zwei Blätter genau übereinanderstehen und somit überhaupt keine Geradzeilen zu beobachten sind.

Betrachtet man aufeinanderfolgende Zähler und Nenner der Schimper-Braunschen Hauptreihe, so erkennt man ein einfaches Bildungsgesetz. Jede Zahl (mit Ausnahme der ersten beiden) ist die Summe ihrer beiden Vorgänger – es handelt sich um sogenannte Fibonacci-Reihen (1, 2, 3, 5, 8, 13, ...). Setzt man die Hauptreihe nach diesem Gesetz fort, strebt der Divergenzwinkel gegen den irrationalen Goldenen Winkel 137.5° $\approx$ 360°$(1 - g)$, wobei $g = (\sqrt{5} - 1)/2 \approx 0.618033989$ der Goldene Schnitt ist. Im Falle des Weiß- und Rotkohls oder der Artischocke, auch an der Verzweigung junger Eichen oder den Blütenblättern einer Rose, erkennt man diesen Winkel recht gut daran, daß beim Fortschreiten von einem Blatt zum drittnächsten die Achse etwas mehr als einmal umrundet wird:

$3 \cdot 137.5° = 412.5° = 360° + 52.5°$; das vierte Blatt bildet mit dem ersten also einen Winkel von etwas mehr als 50°, was man mit einiger Übung leicht ausmacht. Noch eindrucksvoller aber ist als Konsequenz des Goldenen Winkels das Auftreten der Fibonacci-Spiralen, wie sie in den Bildern 3.3 und 3.4 zu erkennen sind (vgl. auch Tafel 4). Das Auge sieht nämlich zwischen nächsten Nachbarn im Gitter der Blüten oder Blätter Verbindungslinien (Parastichen), die sich zu einem Satz rechts- und einem Satz linksdrehender Spiralen formieren, wobei die Anzahl der Spiralen für die beiden Sätze unterschiedlich ist. Von Ausnahmen abgesehen, bilden diese beiden Zahlen ein Paar benachbarter Fibonacci-Zahlen: Je nachdem, wie dicht die Blätter in radialer Richtung oder in der Höhe gepackt sind, zählt man 3 und 5 Spiralen (bei Kiefernzapfen), 5 und 8 (bei Tannenzapfen), 8 und 13 (bei Ananasfrüchten), 13 und 21 (bei Gänseblümchen), 21 und 34 oder gar 34 und 55 (bei Sonnenblumen oder Disteln).

Warum wir heute glauben, daß der Goldene Winkel der wirkliche Divergenzwinkel ist, läßt sich anhand eines mathematischen Modells für die Entwicklung der Blattstellung und wegen der Besonderheit der Zahl g verstehen.

Ein Modell zur Blattstellung

Im Hinblick auf die Evolution des Mechanismus, der die Blattstellung reguliert, erheben sich zwei Fragen: die eine nach dem Vorteil oder Nachteil, den bestimmte Winkel mit sich bringen, die andere nach der Natur des Mechanismus selbst.

Zum ersten: Nur wenn der Pflanze ein Nutzen daraus erwächst, daß der Divergenzwinkel den Wert 137.5° und nicht 138.5° hat, wird Selektion überhaupt eine Bewertungsgrundlage haben. Das war anscheinend schon Leonardo da Vinci bewußt, der die Spiralmuster mit der Forderung nach optimaler Ausnutzung von Sonne und Regen begründete. Charles Bonnet argumentierte 1754, die Blätter sollten sich möglichst wenig überlagern, damit die Luftzirkulation zwischen ihnen nicht behindert sei [5]. Es kann keinem Zweifel unterliegen, daß die strenge Selektion weniger Winkel eine Bedeutung für das Wohlergehen der Pflanzen haben muß. Vielleicht sind die genannten Argumente gar nicht so schlecht; vielleicht brauchen einige Pflanzen mehr Sonne und tendieren daher zum Goldenen Winkel,

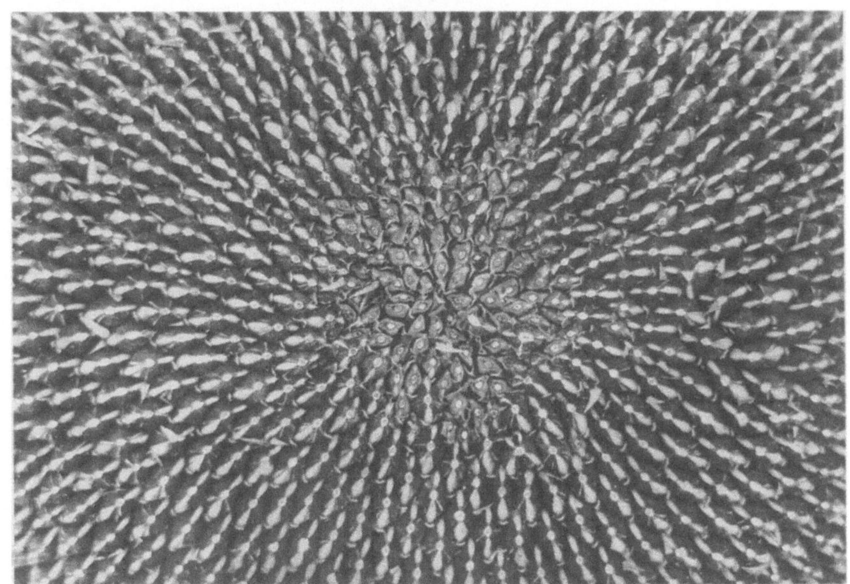

Bild 3.3 Spiralige Anordnung in der Blüte einer Sonnenblume.

während andere Schatten bevorzugen und ihre Blätter deshalb untereinander verstecken. Solche Spekulationen sind sicher ein wenig naiv; um so
interessanter wäre es, dieser Frage mit den Methoden einer quantitativen
Analyse nachzugehen.

Die andere Frage ist die nach dem Mechanismus der Regulation. Wie
ist es mit einigermaßen plausiblen Annahmen möglich, die Phänomenologie der Winkelselektion zu reproduzieren? Grundsätzlich glauben wir die
Prinzipien zu kennen, nach denen sich biologische Muster ausbilden: Sie
entstehen aus dem Wechselspiel anregender und hemmender Wirkungen, wenn die Anregung den Charakter eines zündenden Funkens hat
(das heißt autokatalytisch ist), sich im übrigen aber nicht so rasch ausbreitet wie die von ihr selbst hervorgerufene hemmende Gegenwirkung –
so wie es bereits Turing beschrieben hat [6]. Das typische Szenario der
Musterentstehung sieht so aus, daß an einem Punkt der Funke zündet
und Prozesse in Gang setzt, die später zu irgendwelchen biologischen
Strukturen führen; daß von demselben Punkt eine hemmende Wirkung
ausgeht, die in der Nähe weitere Anregung verhindert; daß schließlich in
gehöriger Entfernung ein neuer Funke zünden kann, wenn die Hemmung

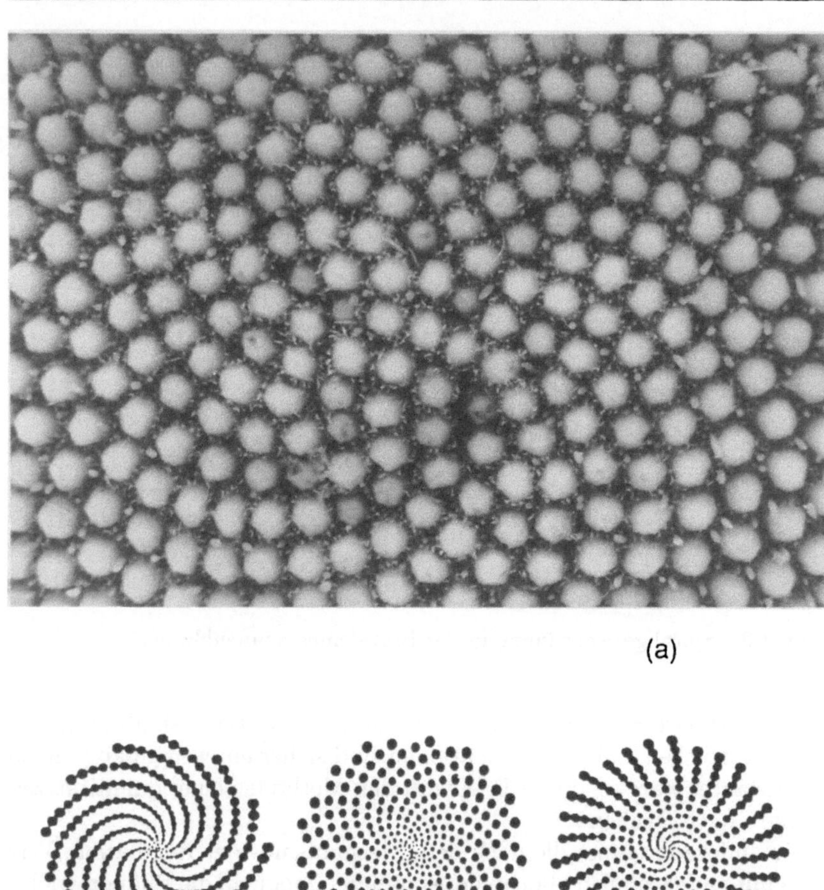

(a)

(b)   (c)   (d)

Bild 3.4 Spiralige Blattstellung in der Natur und in einer Computersimulation. **(a)** (oben) Blüte einer Golddistel. **(b-d)** Computererzeugte „Blüten". Zwei aufeinanderfolgende Blätter trennt jeweils der gewählte Divergenzwinkel. Die drei Bilder unterscheiden sich lediglich im Divergenzwinkel, der in (c) der Goldene Winkel 137.5°, in (b) 136.5° und in (d) 138.0° ist. Ein Vergleich mit (a) oder Bild 3.3 überzeugt, daß die Natur den Goldenen Winkel recht genau einhält.

hinreichend abgeklungen ist. Die räumliche Struktur des Musters wird demnach vor allem durch das raum-zeitliche Verhalten der hemmenden Wirkung bestimmt (vgl. Kap. 13).

Speziell im Falle der Blattstellung ist noch die zylindrische Geometrie zu berücksichtigen. Neue Blätter oder Blüten können nur im sogenannten meristematischen Ring (Bildungsgewebe) am unteren Rand der wachsenden Sproßspitze angelegt werden. Es wird immer so sein, daß die ersten beiden Blätter einander gegenüberstehen, denn so weicht das zweite der hemmenden Wirkung des ersten am besten aus. Für das dritte wird aber nun wichtig, wie stark der relative hemmende Einfluß der beiden ersten Blätter ist. Ist der Einfluß des ersten schon abgeklungen, so wird die optimale Position möglichst weit entfernt vom zweiten liegen, also über dem ersten. Unter solchen Bedingungen stellt sich die zweizeilige Blattanordnung ein – der Divergenzwinkel ist 180°. Klingt dagegen die Hemmung nur langsam ab, so muß das dritte Blatt eine Winkelposition zwischen den beiden ersten Blättern finden, wobei die Entscheidung, auf welcher Seite das Blatt gebildet wird, zufällig ist, also gleichviele links- wie rechtsdrehende Schrauben entstehen. Das vierte Blatt hätte sich schließlich von drei Vorgängern fernzuhalten.

Man könnte meinen, daß dabei je nach Stärke der Wechselwirkungen beliebige Divergenzwinkel zwischen 90° und 180° zustandekommen; in der Natur sind aber fast ausschließlich die Winkel 90°, 137.5° und 180° (und nur gelegentlich einige weitere) realisiert. Wir haben es darum als Forderung an ein akzeptables Modell angesehen, daß es bei Variation der Parameter eben nicht kontinuierlich alle Winkel produzieren, sondern daß es die natürlichen Proportionen deutlich auszeichnen sollte [7].

Wenn wir annehmen, daß der hemmende Einfluß eines Blattes exponentiell mit der Zeit abnimmt (d. h. daß die Abnahme proportional zur jeweils noch vorhandenen Menge ist) und der Zeitabstand zwischen der Entwicklung zweier Blätter konstant ist, verhalten sich die hemmenden Wirkungen der jeweils letzten Blätter zueinander nach

$$H_3 : H_2 = H_2 : H_1,$$

wobei H_n die hemmende Wirkung des n-ten Blattes bei der Bildung eines neuen Blattes ist[1]. Betrachten wir nun die abstoßende Wirkung von drei bereits gebildeten Blättern auf das neu entstehende vierte Blatt. Die

---

[1] Das Verhältnis $e^{-at}/e^{-a(t+\tau)} = e^{a\tau}$ ist nämlich unabhängig von t, wobei τ die (konstante!) Zeit zwischen der Ausbildung zweier Blätter ist, und a ein Parameter, der die Lebensdauer der Hemmung beschreibt.

abstoßende Wirkung von Blatt eins spielt bei der Entstehung von Blatt vier noch eine Rolle, zumal diese beiden Blätter recht nahe beieinander stehen (vgl. Bild 3.5). Davor gebildete Blätter werden hingegen kaum Einfluß auf das neue Blatt haben, da inzwischen ihre hemmende Wirkung stark abgeklungen und außerdem der Abstand recht groß ist.

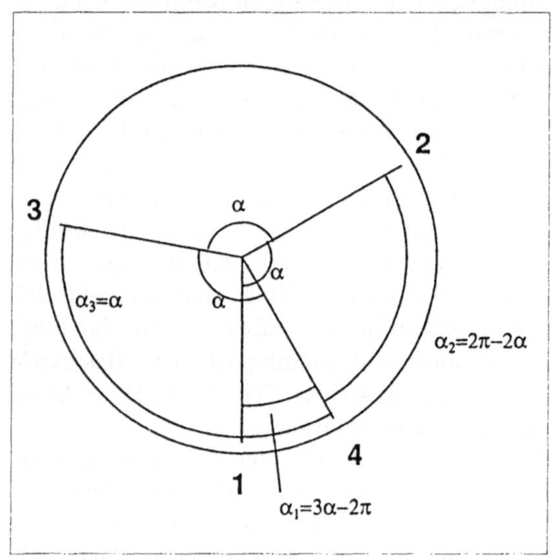

Bild 3.5
Vier aufeinanderfolgende Blätter mit konstantem Divergenzwinkel von ca. 130° (vgl. Text).

Nach einer Übergangszeit wird der Winkel zwischen aufeinanderfolgenden Blättern konstant sein (Äquidistanzregel). Welcher Winkel wird die Blätter nun voneinander trennen? Je größer die hemmende Wirkung H_1, H_2 bzw. H_3 ist, desto größer sollte auch der Winkel zwischen dem neu zu bildenden vierten Blatt und Blatt eins, zwei bzw. drei sein. Für den Abstand von Blatt vier zu Blatt drei schreiben wir α_3, für den Abstand von Blatt vier zu Blatt zwei α_2 und entsprechend α_1 für den Abstand zu Blatt eins. Analog zu obiger Gleichung erhalten wir

$$\alpha_3 : \alpha_2 = \alpha_2 : \alpha_1.$$

Aufgrund der Äquidistanz können wir α_1 und α_2 mit Hilfe des Divergenzwinkels α formulieren (Bild 3.5):

$$\alpha_1 = 3\alpha - 2\pi,$$
$$\alpha_2 = 2\pi - 2\alpha \quad \text{und}$$
$$\alpha_3 = \alpha,$$

wobei zu beachten ist, daß durch die Zylindergeometrie α_2 nicht einfach gleich 2α ist, da immer der kürzeste Abstand auf dem Zylinder entscheidend ist: Hier also $2\pi - 2\alpha$, da α sicherlich größer als $90° = \pi/2$ ist; entsprechendes gilt für α_1. Nach Einsetzen und Auflösen der Gleichung nach α erhält man die quadratische Gleichung

$$\alpha^2 - 6\alpha\pi + (2\pi)^2 = 0,$$

so daß sich als Divergenzwinkel

$$\alpha = (3 - \sqrt{5}) \cdot \pi = (1 - g) \cdot 2\pi,$$

also der Goldene Winkel ergibt. Diese schematische Rechnung ersetzt natürlich nicht genauere und dadurch kompliziertere Modelle, da sie eine phänomenologische Beobachtung, die Äquidistanz (in Ort und Zeit) als Voraussetzung benutzt und deshalb nichts über den Mechanismus Blattstellung aussagen kann. Sie besticht aber durch ihre Einfachheit und vermittelt die zugrundeliegende Idee.

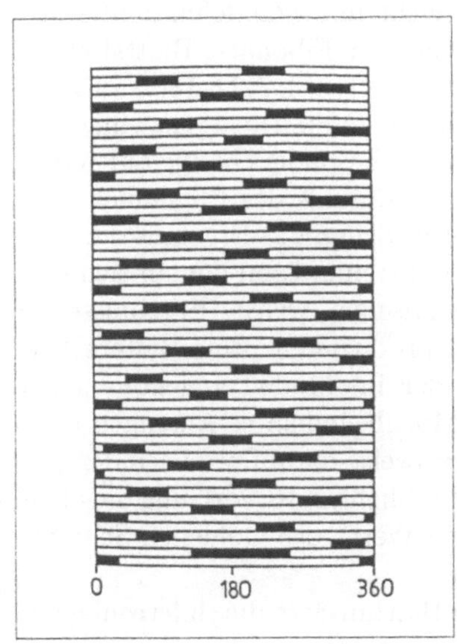

Bild 3.6
Simulation d. Blattstellung auf einem abgerollten Zylinder. Das erste Blatt liegt ganz unten. Im oberen Teil des Bildes ist der Winkelabstand zwischen je zwei Blättern der Goldene Winkel; man erkennt links- u. rechtsdrehende Spiralen (nach [8]).

Grundlage des exakteren Modells ist ein Iterationsschema, nach dem ein neues Blatt auf dem jeweils nächsten Niveau entsteht, wenn der inhibitorische Einfluß der darunterliegenden Blätter unter einen kritischen

Wert gesunken ist [8]. Bild 3.6 zeigt die Anordnung der Blätter auf einem abgerollten Zylinder. Das erste Blatt liegt auf dem ersten Niveau ganz unten, das zweite ihm gegenüber im Winkelabstand von 180°. Sehr bald stellt sich als stationärer Winkelabstand der Goldene Winkel ein. Der stationäre Winkelabstand hängt von zwei Modellparametern ab, der Reichweite und der Lebensdauer des inhibitorischen Einflusses. Ist die Zeitdauer der hemmenden Wirkung gering, so ist bei der Ausbildung eines neuen Blattes nur noch wenig von der hemmenden Wirkung der vorherigen Blätter vorhanden. Die räumliche Abstoßung bewirkt dann, daß sich die zweizeilige Blattanordnung einstellt. Bei hinreichend langer Lebensdauer des Inhibitors ist seine räumliche Reichweite hingegen entscheidend für den ausgebildeten Divergenzwinkel; ist sie klein, so erlaubt dies der Pflanze die Ausbildung von Blättern in geringerem Winkelabstand. So ist außer dem Goldenen Winkel auch noch $\alpha = 99.5°$ möglich – ein Divergenzwinkel, der gelegentlich bei Kakteen beobachtet werden kann. In Bild 3.7 sind die auftretenden Blattstellungen in Abhängigkeit von den beiden Parametern „Lebensdauer" und „Reichweite" des Inhibitors aufgetragen. Es gibt drei Bereiche mit wohldefinierten stationären Winkeln: 180°, 137.5° entsprechend der Fibonacci-Blattstellung und 99.5° entsprechend Spiralen aus der Reihe $1, 3, 4, 7, 11, 18, \ldots$. Dieses „Phasendiagramm" zeigt, daß das Modell genau die Divergenzwinkel als stationäre Lösungen besitzt, die in der Natur besonders häufig auftreten.

Dennoch sind wir von einem echten Verständnis des Phänomens der Blattstellung noch ein gutes Stück entfernt. Schon das Ergebnis der Modellrechnung ist nicht sonderlich transparent; man kann den an sich einfachen Gleichungen nicht ohne weiteres ansehen, welche Ergebnisse sie bei numerischer Auswertung schließlich produzieren. Eine weitere Unklarheit ist die der materiellen Natur der im Modell angenommenen Wechselwirkungen; allerdings gibt das Modell, indem es Aussagen über Lebensdauern und Reichweiten macht, Hinweise darauf, wo nach den postulierten Substanzen zu suchen ist. Und schließlich ist vorläufig die oben diskutierte Frage nach dem „biologischen Wert" des Goldenen Schnitts noch immer offen.

Ein „physikalischeres Modell", in dem Blattansätze durch ferromagnetische Tropfen auf einer Flüssigkeit in einem Magnetfeld experimentell simuliert werden, wurde kürzlich vorgestellt [9]. Sowohl die experimentellen Befunde als auch entsprechende Modellrechnungen heben ebenfalls die Bedeutung des Goldenen Schnitts für Selbstorganisationsprozesse dieser Art hervor.

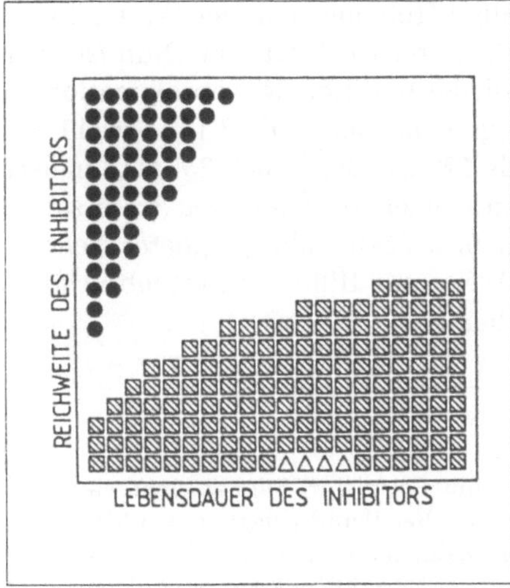

Bild 3.7
Stationäre Divergenzwinkel in
Abhängigkeit von Lebensdauer
und räumlicher Reichweite der
inhibitorischen Wirkung [8]:
180° (Kreise), 137.5° (Quadrate)
und 99.5° (Dreiecke).

Der Goldene Schnitt als irrationalste Zahl

Der Goldene Schnitt ist eine ganz besondere Proportion. In der Archi-
tektur – im Altertum vielleicht unbewußt, in der Renaissance und etwa
bei Le Corbusier wohlüberlegt – wurde er als ästhetisches Gegengewicht
zu den überwiegend genutzten rationalen Verhältnissen eingesetzt.

Der Goldene Schnitt erfüllt die Relation der „stetigen Teilung": „Das
Ganze verhält sich zum größeren Teil, wie der größere zum kleineren
Teil":

$$1 : g = g : (1 - g).$$

Dies läßt sich als quadratische Gleichung $g^2 + g - 1 = 0$ formulieren und
führt auf den Zahlenwert des Goldenen Schnittes

$$g = (\sqrt{5} - 1)/2 = 0.618033989\ldots.$$

Was ist an dieser Zahl das Besondere? Heute würden wir sagen: Die
Zahl g ist die irrationalste aller Zahlen. Um dieser Aussage einen Sinn
zu geben, müssen wir etwas ausholen und diskutieren, wie gut oder wie
schlecht sich eine gegebene Zahl durch rationale Zahlen, also Brüche,
approximieren läßt. Denken wir etwa an die Dezimaldarstellung, so ist
klar, daß wir an jede Zahl beliebig nahe herankommen, wenn wir nur hinreichend hohe Nenner zulassen. Schreiben wir $\pi \approx 3.14 = 314/100$, so

ist diese Näherung für π um allenfalls $1/100$ ungenau; der Wert 3.14159 stellt die Zahl π mit einer Genauigkeit von 10^{-5} dar usw. Nun ist aber die Dezimaldarstellung keineswegs die beste rationale Approximation an eine gegebene Zahl. Schon $22/7$ liegt näher an π als 3.14, obwohl der verwendete Nenner 7 viel kleiner als 100 ist; der Bruch $355/113$ nähert π bereits mit einer Genauigkeit von einigen 10^{-7} an. Der Schlüssel zu derart guten Approximationen liegt in der Auswahl geeigneter Nenner. Man erhält diese in sehr einfacher Weise mit Hilfe der Kettenbruchdarstellung, die wir kurz skizzieren wollen [10].

Die Kettenbruchzerlegung:

Es sei eine beliebige Zahl gegeben, zum Beispiel π. Sie hat einen ganzzahligen Anteil und einen Rest, der zwischen 0 und 1 liegt: $\pi = 3 + \text{Rest}$. Der Kehrwert dieses Restes ist eine Zahl, die größer als 1 ist. Sie läßt sich also wiederum zerlegen in einen ganzzahligen Anteil und einen Rest: $\pi = 3 + \frac{1}{7 + \text{Rest}}$. Mit letzterem Rest können wir ebenso verfahren und erhalten schließlich

$$\pi = 3 + \cfrac{1}{7 + \cfrac{1}{15 + \cfrac{1}{1 + \cfrac{1}{\dots}}}}.$$

Die optimale Näherung für π sind dann die Zahlen, die wir erhalten, wenn wir diese Kettenbruchentwicklung abbrechen. Das sind mit rasch wachsender Genauigkeit die Zahlen 3, $22/7$, $333/106$, $355/113$, ... Kein Bruch p/q mit einem Nenner q, der kleiner als 113 ist, liegt näher an π als $355/113$.

Brechen wir den Kettenbruch an der n-ten Stelle ab, so erhalten wir die n-te Kettenbruchapproximation für eine Zahl x,

$$x_n = a_0 + \cfrac{1}{a_1 + \cfrac{1}{a_2 + \cfrac{1}{\dots + \cfrac{1}{a_n}}}} = p_n/q_n,$$

mit ganzen Zahlen p_n und q_n. Die Güte dieser Näherung ergibt sich aus einem Satz von Liouville, dessen Inhalt einfach zu formulieren ist: Der

Abstand zwischen der Zahl x und ihrer n-ten Approximation läßt sich abschätzen als:

$$|x - x_n| < \frac{1}{a_{n+1} \cdot q_n^2},$$

und es gibt keinen Bruch mit einem kleineren Nenner als q_n, der näher bei x liegt als x_n. Die Ungleichung zeigt, daß man mit wachsendem Nenner tatsächlich sehr schnell an jede irrationale Zahl herankommt, wenn man sich auf die Folge der Kettenbruchapproximation konzentriert. Sie deutet außerdem darauf hin, daß diese Folge besonders rasch gegen ihren Grenzwert strebt, wenn die Zahlen a_n der Kettenbruchentwicklung groß sind. Umgekehrt bedeutet dies, das eine Approximation durch rationale Zahlen um so schlechter sein wird, je kleiner die a_n sind. Da die kleinstmöglichen Werte $a_n = 1$ sind, erwarten wir die schlechteste Konvergenz für die Zahl, deren Kettenbruchdarstellung aus lauter Einsen besteht. Diese Zahl ist aber (nach Wegstreichen der ersten 1) exakt der Goldene Schnitt! Denn die quadratische Gleichung für g läßt sich als $g(1 + g) = 1$ schreiben, woraus sich unmittelbar ergibt

$$g = \frac{1}{1+g} = \cfrac{1}{1 + \cfrac{1}{1+g}} = \dots = \cfrac{1}{1 + \cfrac{1}{1 + \cfrac{1}{1 + \cfrac{1}{\dots}}}}.$$

In diesem Sinne der Approximation durch rationale Zahlen mit Hilfe von Kettenbrüchen ist g die irrationalste aller Zahlen. Damit ist sie als Gegenpol zu den rationalen Zahlen und Verhältnissen zu verstehen. Die Verhältnisse 1 : 1 und 1 : g stehen für extremale Konsonanz und Dissonanz, für Rationalität und Irrationalität oder wie immer man die gegensätzlichen Prinzipien nennen will. Je nach Kontext mag das eine oder das andere einem System Vor- oder auch Nachteile verschaffen. Bei den Blattstellungen ist vor allem auffällig, daß fast ausschließlich diese beiden extremen Möglichkeiten rationalen beziehungsweise irrationalen Verhaltens ausgebildet sind. Es gibt – sogar in der Entwicklung einzelner Pflanzen – Übergänge von einem Extrem ins andere, etwa von der 180°- in die 137.5°-Blattstellung; aber es lassen sich äußerst selten Blattanordnungen mit Winkeln zwischen 180° und dem Goldenen Winkel finden.

Literatur

[1] J. Kepler (1982) Weltharmonik. Übers. M. Caspar, Oldenbourg, München

[2] P. H. Richter und H.-J. Scholz (1987) Der Goldene Schnitt in der Natur. In: B.-O. Küppers (Hrsg.) Ordnung aus dem Chaos. Piper-Verlag, München

[3] D. v. Denffer, F. Ehrendorfer, K. Mägdefrau und H. Ziegler (1978) Straßburger: Lehrbuch der Botanik, Fischer-Verlag, Stuttgart, New York

[4] A. Beutelsbacher und B. Petri (1988) Der Goldene Schnitt. BI Wissenschafts-Verlag, Mannheim

[5] I. Adler (1974) A model of contact pressure in phyllotaxis. J. Theor. Biol. **45** 1

[6] A. M. Turing (1952) The chemical basis of morphogenesis. Phil. Trans. R. Soc. London B **237** 37

[7] P. H. Richter und R. Schranner (1978) Leaf arrangement: geometry, morphology, and classification. Naturwissenschaften **65** 319

[8] H.-J. Scholz (1985) Phyllotactic iterations. Ber. d. Bunsengesellschaft für Physikal. Chem. **89** 699

[9] S. Douady und Y. Couder (1992) Phyllotaxis as a physically self-organized growth process. Phys. Rev. Lett. **68** 2098

[10] G. H. Hardy und E. M. Wright (1958) Einführung in die Zahlentheorie. Oldenbourg, München

Kapitel 4

Die Natur schlägt Wellen

Spiralwellen organisieren die Entwicklung sozialer Amöben

Florian Siegert und Oliver Steinbock

Lebenswichtig für Organismen ist ihre Fähigkeit, Informationen über die Außenwelt zu empfangen und zu verarbeiten. Dies gilt für den ganzen Organismus wie auch für jede einzelne Zelle in einem vielzelligen Verband. Während der Entwicklung, also der Morphogenese, müssen Zellen vielfältige Informationen austauschen, die den Aufbau der entstehenden Gewebe und die Funktion der einzelnen Zellen festlegen. Hierbei ist es notwendig, daß die Signale sowohl in der zeitlichen Abfolge als auch in der räumlichen Verteilung aufeinander abgestimmt sind. Im fertigen Organismus schließlich müssen Zellen miteinander kommunizieren, um ein koordiniertes Verhalten sicherzustellen. Benachbarte Zellen kommunizieren mittels spezieller Verbindungskanäle, die das Cytoplasma verschiedener Zellen miteinander verbinden, oder über in der Zelloberfläche verankerte Moleküle, die durch spezifische Rezeptoren erkannt werden. Zellen oder Zellgruppen, die weit voneinander entfernt sind, kommunizieren über Hormone, die mit dem Blutstrom und durch Diffusion an ihren Zielort gelangen. Diese Signalmoleküle werden von vielen Zellen produziert und ausgeschieden und in den Zielzellen von spezifischen extra- oder intrazellulären Rezeptoren erkannt. Die Bindung des Signalmoleküls an den Rezeptor löst dann die entsprechende Antwort in der stimulierten Zelle aus. Da Hormone beim Transport über große Entfernungen stark verdünnt werden, müssen sie schon bei äußerst geringen Konzentrationen wirksam sein.

Schleimpilze als Modellsystem

Ein Kommunikationssystem vom hormonellen Typ liegt bei *Dictyostelium discoideum* vor [1]. Es dient hier dazu, das Verhalten Hunderttausender solitär lebender Amöben zu koordinieren. *Dictyostelium* wird dem Reich der Pilze und dort der Abteilung Schleimpilze zugeordnet, die entwicklungsgeschichtlich sehr alt und einfach gebaut sind. Das Kommunikationssystem von *Dictyostelium* kann als Vorläufer der wesentlich komplexeren, hormonellen Kommunikation höherer Lebenwesen gesehen werden, da die Signalübertragungswege auf molekularer Ebene sehr ähnlich sind. Wegen seines einfachen Lebenszyklus (Bild 4.1) ist *Dictyostelium* zur Untersuchung komplexer biologischer Vorgänge wie Zell-Zell-Kommunikation, biologischer Oszillationen, Zelldifferenzierung und zwei- bzw. dreidimensionaler Musterbildung besonders geeignet.

Dictyostelium-Pilze findet man in unseren Wäldern häufig in verrottendem Laub, sind jedoch meist zu klein, um mit bloßem Auge erkannt werden zu können. Der Lebenszyklus dieser sozialen Amöben ist durch zwei ganz unterschiedliche Phasen charakterisiert, die einander abwechseln: ein vegetatives Stadium, in dem die Zellen unabhängig voneinander als Einzelzellen leben, und ein vielzelliges Stadium, in dem die Zellen sich differenzieren und einen Fruchtkörper bilden. Im vegetativen Stadium ernähren sich die Amöben, die etwa so groß wie weiße Blutkörperchen sind (Durchmesser $10\mu m$), von Bakterien in der Streuschicht des Waldbodens. Die Vermehrung erfolgt durch Zweiteilung. Ist an einer Stelle der Bakterienrasen durch das Wachstum der Zellpopulation vollständig aufgefressen, beginnt die vielzellige Entwicklungsphase. Dazu versammeln sich etwa hunderttausend Einzelzellen in einem Zellhaufen, aus dem nach einigen komplizierten Transformationen ein etwa 1-2 mm großer, aus Stiel und Sporenkopf bestehender Fruchtkörper entsteht (Bild 4.1). Zu Beginn der vielzelligen Entwicklung sind alle Amöben gleich. Im Verlauf der Fruchtkörperbildung differenzieren sie in zwei gänzlich verschiedene Zelltypen, die zum einen den Stiel und zum anderen die Sporen im Sporenkopf bilden. Durch den Stiel wird der Sporenkopf so hoch über den Waldboden erhoben, daß die Sporen ein völlig neues Biotop erreichen. Hier können Wind, Regentropfen oder vorbeistreifende Insekten die Sporen über – aus der Sicht der Einzelzelle – riesige Distanzen in neue Nahrungsgebiete verbreiten. Die Sporen keimen wiederum zu Amöben, und der Entwicklungszyklus beginnt von neuem.

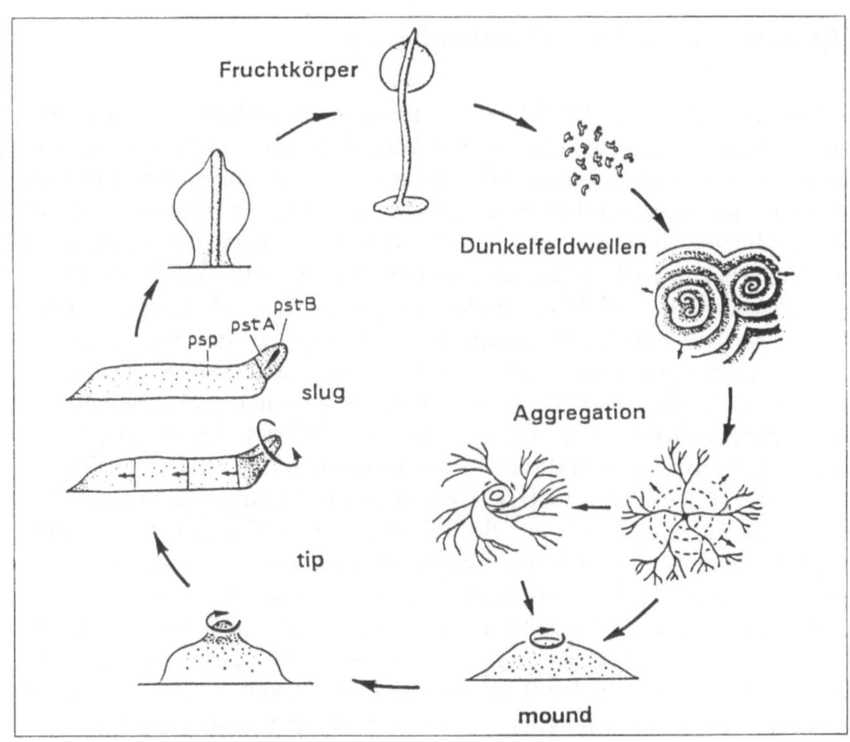

Bild 4.1 Lebenszyklus des Schleimpilzes *Dictyostelium discoideum*. Die Pfeile zeigen die Ausbreitungsrichtung des Signals. Die Punktierung ab dem *mound*-Stadium markiert die Verteilung der *prestalk*-Zellen. psp: *prespore*-Zellen, pstA u. pstB: *prestalk*-Zellen.

Da nur die Zellen im Sporenkopf eine Chance zur Verbreitung erhalten, Zellen hingegen, die den Stiel bilden, absterben, werden die Schleimpilze oft als soziale Amöben bezeichnet. Tatsächlich führt dieser Verbreitungsmechanismus vorübergehend zu einer Verringerung der Zellzahl, da etwa dreißig Prozent der Zellen für die Stielbildung verbraucht werden. Die Stielzellen „opfern" sich sozusagen für die Sporenzellen, um deren Verbreitungschance zu verbessern [2]. Aus diesem Verhalten ergeben sich viele interessante Fragestellungen. Auf welcher Grundlage entscheidet sich, ob eine Zelle zu einer Stiel- oder Sporenzelle wird? Wann beginnt dieser Differenzierungsprozeß? Welche Signale steuern den eigenartigen Entwicklungszyklus?

Spiralförmige Signalausbreitung

Da *Dictyostelium* an der Schwelle vom ein- zum vielzelligen Lebewesen steht, eignet sich dieser Organismus besonders gut, um Fragen der biologischen Selbstorganisation zu untersuchen. Zum einen existieren die Amöben als eigenständige Einzelzellen, zum anderen werden sie durch einen übergeordneten Kontrollmechanismus gesteuert, der völlig neue, für Vielzeller typische Systemeigenschaften hervorruft. Von besonderem Interesse ist dabei das Kommunikationssystem, das so komplexe Verhaltensweisen ermöglicht. Während der Anfangsphase des Entwicklungszyklus, in der die Zellen auf zentrale Aggregationspunkte zuwandern, kann man das Kommunikationssystem unter geeigneten experimentellen Bedingungen beobachten. Dabei zeigt sich, daß sich das Aggregationssignal in Form von Spiralwellen oder konzentrischen Ringen ausbreitet (vgl. Bild 4.2, Tafel 5 u. [1]). Besonders die Spiralwellen weisen verschiedene Eigenschaften auf, die für eine ganze Klasse von Systemen typisch sind, die sogenannten *erregbaren Systeme* (vgl. Kap. 12): Wie bereits an anderer Stelle erwähnt, werden Systeme als *erregbare Medien* bezeichnet, die nach Störung durch einen geeigneten Stimulus aus der Ruhephase vorübergehend in einen angeregten Zustand übergehen, um anschließend wieder in den Ruhezustand zurückzukehren. Erst nach einer gewissen „Refraktärzeit" kann das System wieder voll stimuliert werden. In solchen dynamischen Systemen breiten sich Störungen in Form von Wellen über das Medium aus [3]. Aufeinandertreffende Wellen löschen sich aufgrund der Refraktärzeit aus, und Wellenfronten wandern über viel größere Distanzen, als durch reine Diffusionsvorgänge erklärt werden kann.

Langwierige biochemische Untersuchungen zeigten, daß das Signalmolekül der Amöben zyklisches Adenosinmonophosphat (cAMP) ist [2]. Zu Beginn der Aggregation beginnen einige Zellen periodisch cAMP abzugeben. Wahrscheinlich sind es die am längsten unter Nahrungsmangel leidenden Zellen, die für diese initielle Störung verantwortlich sind und die Spiralwellen auslösen. Die umliegenden Amöben erkennen das cAMP über Oberflächenrezeptoren und beginnen ihrerseits mit der Sekretion von cAMP. So wird das diffundierende cAMP-Signal ständig verstärkt und kann über große Entfernungen weitergeleitet werden. Maßgeblich hierfür ist eine autokatalytische Rückkopplung, die sich in der Stimulation der cAMP-Produktion durch Bindung von cAMP an den

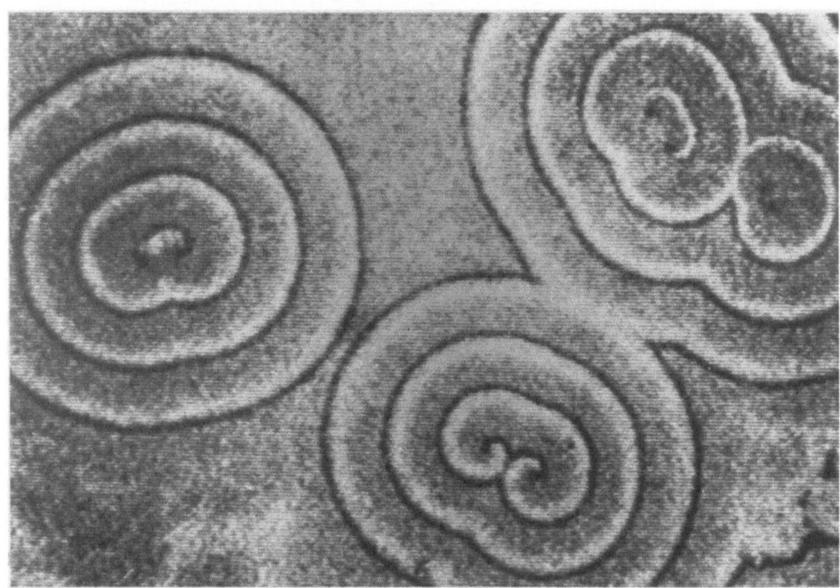

Bild 4.2 Spiralwellen von *Dictyostelium discoideum*, wie sie während der Aggregationsphase unter Dunkelfeldbedingungen zu beobachten sind.

cAMP-Rezeptor manifestiert. Gleichzeitig kommt es aber auch zu einer Desensitivierung des Rezeptors, d. h. der Rezeptor reagiert bei zunehmender cAMP-Anbindung nicht mehr so empfindlich, was auf die Signalausbreitung hemmend wirkt. Dieses Wechselspiel aktivierender und hemmender Prozesse führt dazu, daß sich auf dem Substrat verteilte *Dictyostelium*-Zellen wie ein erregbares Medium verhalten, in dem sich das cAMP-Signal in Form von Wellen ausbreitet. Nach einer Stimulation mit cAMP beginnen die auf dem Substrat verstreuten Amöben also selbst cAMP zu produzieren und gleichzeitig auf das Aggregationszentrum zuzuwandern. Die Front einer sich ausbreitenden cAMP-Welle bietet den Zellen für ein bis zwei Minuten einen chemischen Gradienten, an dem sie sich in Richtung Zentrum orientieren. Solange die cAMP-Konzentration in der Welle ansteigt, bewegen sich die Zellen in Richtung höherer cAMP-Konzentration. Dieser Bewegungsvorgang, bei dem die Zellen ihre Pseudopodien („Scheinfüßchen") in Richtung steigender cAMP-Konzentration ausstrecken, wird als chemotaktisch bezeichnet. Die Zellen bleiben stehen, sowie das Maximum der Welle vorüber gezogen ist und die cAMP-Konzentration wieder fällt. Bis zur Ankunft der nächsten Wellenfront bewegen sich die Zellen nur noch langsam und strecken Pseudopodien in alle Richtungen aus. Dieses Verhalten weist auf einen Adaptationsprozeß hin, der die chemotaktische Bewegung bei sinkender cAMP-Konzentration beendet. Die Hemmung der chemotaktischen Bewegung gewährleistet, daß die Zellen sich nur in Richtung Zentrum bewegen und nicht etwa der vorüberziehenden Welle „hinterherlaufen" – ganz ähnlich wie die Hemmung der cAMP-Produktion sicherstellt, daß sich die cAMP-Wellen vom Zentrum weg ausbreiten. Die chemotaktische Bewegung ist Grundlage der makroskopisch sichtbaren Spiralmuster. Die hellen und dunklen Banden der Spiralmuster werden durch die unterschiedlichen Lichtbrechungseigenschaften sich bewegender und ruhender Zellen verursacht (Bild 4.2).

Simulation der Rezeptordynamik

1987 veröffentlichten Goldbeter und Martiel ein Modell zur Beschreibung der im *Dictyostelium*-System experimentell beobachteten cAMP-Oszillationen und cAMP-Signalverstärkung [4]. Ausgangspunkt dieses Modells ist ein biochemischer Reaktionsmechanismus, dessen wesentliche Komponenten schematisch in Bild 4.3 dargestellt sind. Auf der Außenseite der Plasmamembran jeder *Dictyostelium*-Zelle befinden sich cAMP-Rezeptoren, die in zwei verschiedenen Konformationen R und D vorliegen. Die beiden Formen des Rezeptors können ineinander übergehen, wobei die Konformation D dem unsensitiven Zustand entspricht. Bindet extrazelluläres cAMP an einen Rezeptor der Konformation R, so kann der entstandene Komplex ein wichtiges Enzym, die Adenylatcyclase, zur Produktion neuer cAMP-Moleküle im Zellinnern anregen. Dieses zusätzliche cAMP wird aus Adenosintriphosphat (ATP), einem wichtigen Energielieferanten vieler Stoffwechselprozesse, gebildet. Durch Transportvorgänge gelangt ein Teil des neu entstandenen cAMP in den extrazellulären Raum, wodurch es hier zu einer Erhöhung der cAMP-Konzentration kommt.

Andere Enzyme, die als Phosphodiesterasen (PD) bezeichnet werden, bewirken die Umwandlung der cAMP-Moleküle in Adenosinmonophosphat (5'-AMP) und führen somit zu einer Verringerung der cAMP-Konzentration. Das Zusammenspiel verstärkender und hemmender Prozesse

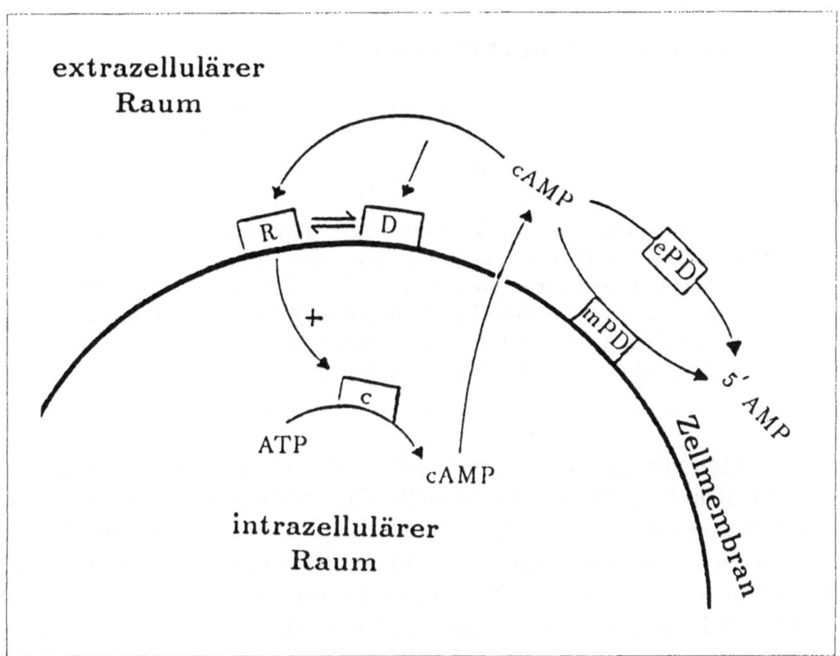

Bild 4.3   Die biochemischen Grundlagen zeitlicher cAMP-Oszillationen bei *Dictyostelium* (nach [4], Erläuterungen im Text).

wurde nun von Martiel und Goldbeter in Gestalt eines mathematischen Modells formuliert. Die Übersetzung biochemischer Reaktionsgleichungen in gewöhnliche Differentialgleichungen basiert auf der Tatsache, daß die Abnahme Δc einer Konzentration c in der Zeit Δt bei Reaktionen erster Ordnung – proportional zur Substanzkonzentration c selbst ist. Der für die jeweilige Reaktion charakteristische Proportionalitätsfaktor wird als Geschwindigkeitskonstante bezeichnet. Bei zunehmender Verkürzung der Zeitschritte Δt geht der Ausdruck $\frac{\Delta c}{\Delta t}$ in die zeitliche Ableitung $\frac{dc}{dt}$ über, und wir erhalten eine gewöhnliche Differentialgleichung. Im Falle des Martiel-Goldbeter-Modells handelt es sich um ein System von neun Differentialgleichungen, die untereinander gekoppelt sind. Verschiedene Vereinfachungen erlauben es aber, die Beschreibung der Systemdynamik auf zwei wesentliche Variablen und somit zwei Differentialgleichungen zu reduzieren:

Das vereinfachte Martiel-Goldbeter-Modell

$$\frac{d\gamma}{dt} = f(\gamma, \rho),$$

$$\frac{d\rho}{dt} = g(\gamma, \rho).$$

Die zeitlich veränderlichen Variablen $\gamma(t)$ und $\rho(t)$ beschreiben die extrazelluläre cAMP-Konzentration bzw. den speziellen Anteil der vorhandenen Rezeptoren, welche die Adenylatcyclase zur cAMP-Produktion anregen können. Die Funktionen f und g charakterisieren die wesentlichen Eigenschaften von cAMP-Produktion und Abbau im *Dictyostelium*-System sowie die Desensitivierung des Rezeptors.

Das Differentialgleichungspaar stellt somit den eigentlichen Kern des ursprünglich sehr komplexen Modells dar. Numerische Lösungen des Gleichungssystems zeigen, daß in Abhängigkeit von bestimmten Parametern der Funktionen f und g sowohl oszillierendes als auch erregbares Verhalten auftreten kann. Unter erregbar versteht man hier die charakteristische Antwort des Systems auf eine kleine cAMP-Zugabe, die zur schnellen autokatalytischen Produktion neuen cAMPs führt. Diese wird durch die Desensitivierung der aktiven Rezeptoren (ρ) begrenzt, und das System kehrt in den Ausgangszustand vor der Störung zurück. Die externe cAMP-Konzentration γ wird daher auch als schnelle autokatalytische Variable und ρ als langsame Kontrollvariable bezeichnet. Die numerischen Ergebnisse zeigen eine gute Übereinstimmung mit den Experimenten – so können die Perioden (ca. zehn Minuten) und cAMP-Konzentrationsänderungen (bis zu hundertfach) gut vom Modell reproduziert werden.

Modellierung der Schleimpilzaggregation

Das vorgestellte Martiel-Goldbeter-Modell beschreibt die Dynamik der Schleimpilzamöben für räumlich homogene Medien wie sie in gut gerührten Zellkulturen realisiert sind. Zur Modellierung raumzeitlicher Vorgänge (z. B. während der Aggregationsphase) müssen Transportvorgänge berücksichtigt werden, die lokale Prozesse miteinander koppeln. Für den

Schleimpilz *Dictyostelium* existieren im wesentlichen zwei derartige Transportmechanismen: die Diffusion[1] des cAMP im extrazellulären Bereich und die chemotaktische Bewegung der Amöben selbst.

Das erweiterte Martiel-Goldbeter-Modell

1989 erweiterten Tyson et al. das Martiel-Goldbeter-Modell um einen Diffusionsterm $D\Delta\gamma$ für die Variable γ (extrazelluläre cAMP-Konzentration) und untersuchten numerische Lösungen des resultierenden partiellen Differentialgleichungssystems auf einer zweidimensionalen Fläche [5]:

$$\frac{\partial \gamma}{\partial t} = D\Delta\gamma + f(\gamma, \rho),$$

$$\frac{\partial \rho}{\partial t} = g(\gamma, \rho).$$

Die numerischen Berechnungen obiger Gleichungen zeigen die Ausbreitung von cAMP-Konzentrationswellen, die unter bestimmten Bedingungen die Form rotierender Spiralen oder expandierender Kreismuster haben und somit die charakteristischen Dunkelfeldstrukturen der Aggregationsphase wiedergeben (Bild 4.4).

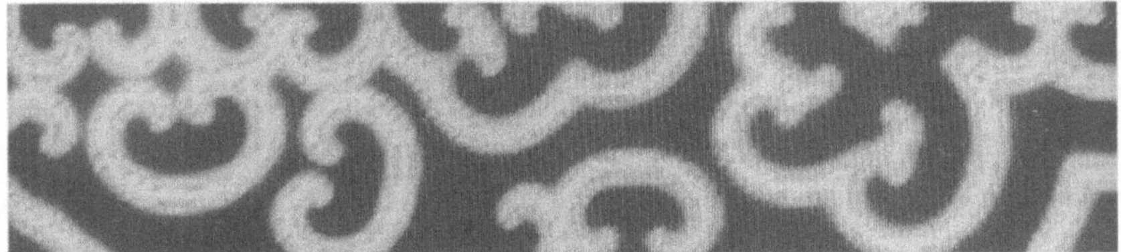

Bild 4.4 Simulation der cAMP-Signalausbreitung eines um die Diffusion von extrazellulärem cAMP erweiterten Modells (nach [5]).

Dieses Gleichungssystem gehört zu einer wichtigen Klasse partieller Differentialgleichungen, die als Reaktions-Diffusions-Gleichungen bezeichnet werden. Es ist formal mit gewissen Modellen chemischer Systeme, wie dem Oregonator-Modell der Belousov-Zhabotinsky (BZ)-Reaktion

---

[1] Entsprechend dem zweiten Fickschen Gesetz der Diffusion gilt $\frac{\partial \gamma}{\partial t} = D\Delta\gamma$. Δ wird als Laplaceoperator bezeichnet, und D ist der Diffusionskoeffizient von γ.

eng verwandt (vgl. Kap. 12). Die Vernachlässigung der Zellbewegung ist in erster Näherung durch die vergleichsweise um ein Vielfaches höhere Geschwindigkeit der cAMP-Wellen gerechtfertigt. Die Zellbewegung wird in diesem Reaktions-Diffusions-Ansatz vielmehr als bloße Wirkung der zugrundeliegenden Kontrolle durch die Signalwellen angesehen.

Dynamik der vielzelligen Entwicklungsphase

Im Verlauf der Aggregation bilden die Amöben Zell-Zell-Kontakte und wandern in Strömen auf das Aggregationszentrum zu. Die Grenzen der Aggregationsterritorien bilden sich dort, wo Wellen verschiedener Zentren aufeinandertreffen. Nach etwa vier Stunden haben sich alle Zellen eines Aggregationsfeldes im Zentrum versammelt. Das Aggregat erhebt sich langsam in die Luft und bildet am höchsten Punkt eine spezifische Struktur, die sogenannte *tip* (deutsch: Spitze).

Die postaggregative Entwicklung von *Dictyostelium* zeigt verschiedene Eigenschaften der Embryonalentwicklung höherer Lebewesen in vereinfachter Form. Aus der ursprünglichen Population gleichartiger Zellen differenzieren sich zwei verschiedene Zelltypen. Das sind zum einen die sogenannten *prestalk*-Zellen, Vorläuferzellen des Stiels (engl.: stalk) und zum anderen *prespore*-Zellen, Vorläuferzellen der Sporen (engl.: spore), die im Verlauf der weiteren Entwicklung den Stiel bzw. die Sporen des Fruchtkörpers bilden. Morphologisch lassen sich diese Zellen schon früh anhand der unterschiedlichen Anzahl intrazellulärer Vesikel (bläschenförmige Organellen) unterscheiden. Diese Eigenschaft wird ausgenutzt, um mit spezifischen Farbstoffen die zukünftigen Stielzellen sichtbar zu machen.

Als nächstes verwandelt sich das Aggregat in eine wurmartige Gestalt, den sogenannten *slug*. Das *slug*-Stadium ermöglicht es dem Aggregat, sich als Ganzes zu bewegen und einen für die Fruchtkörperbildung günstigen Ort an der Oberfläche der Laubschicht aufzusuchen. An der Spitze des *slug* wird eine Schleimhülle produziert, die namensgebend für die ganze Familie der Schleimpilze ist. Die Schleimhülle erleichtert das koordinierte Verhalten der etwa hunderttausend Einzelzellen und wird während der *slug*-Wanderung beständig zurückgelassen. Im *slug* bilden die beiden Zelltypen entlang der Körperachse ein einfaches Differenzierungsmuster (Bild 4.1). Die vorderen 20% des *slug* bestehen aus *prestalk-*

Zellen, der verbleibende Rest aus *prespore*-Zellen. Die Proportionen beider Zelltypen bleiben konstant. Wird dieses Muster gestört, z. B. durch Zerschneiden des *slug*, können die Zellen das ursprüngliche Proportionsverhältnis durch Umdifferenzierung wieder herstellen.

Sobald sich Zellströme ausbilden, läßt sich die Signalausbreitung nicht mehr direkt beobachten. Um zu klären, ob cAMP-Spiralwellen, autonome Oszillationen und Chemotaxis auch im *slug*-Stadium vorhanden sind, untersuchten wir die Bewegung von markierten Einzelzellen. Dieser Umweg wurde gewählt, da cAMP beim heutigen Stand der Technik in den vielzelligen Stadien nicht direkt gemessen werden kann. Grundlage dieser Experimente bildete die Hypothese, daß einer periodischen Zellbewegung auch periodische Signale zugrunde liegen sollten. Die in der frühen Aggregationsphase sichtbare Ausbreitung von Spiralwellen führt dazu, daß die Amöben im Aggregationsfeld durch jede neue cAMP-Welle zu einem chemotaktischen Bewegungsschritt stimuliert werden. Sichtbarer Beweis dieser periodischen Zellbewegung sind die hellen und dunklen Bandenmuster (vgl. Bild 4.2). Periodisch auftretende, chemotaktische Zellbewegung ist also ein guter Indikator für ein auf chemischen Wellen beruhendes Kommunikationssystem.

Bewegungsanalyse mit digitaler Bildverarbeitung

Die Bewegungsanalyse fluoreszenzmarkierter Einzelzellen ergab, daß Zellen in der *prespore*-Zone eines *slug* sich periodisch bewegen, d. h. die Bewegungsrate dieser Zellen in regelmäßigen Abständen zu- und wieder abnimmt. Zudem zeigen die Amöben Verhaltensweisen, wie sie für chemotaktische Bewegungsvorgänge typisch sind. In Phasen langsamer Zellbewegung strecken die Amöben Pseudopodien in verschiedene Richtungen aus, so als ob sie versuchten, einen chemischen Gradienten zu erkennen [6]. In Phasen schneller Zellbewegung weisen sie dagegen immer eine in Bewegungsrichtung des *slug* liegende, ausgestreckte Zellform auf. Beide Ergebnisse sind starke Indizien dafür, daß das chemische Signalsystem auch in der vielzelligen Entwicklungsphase beibehalten wird.

Möglich wurden diese Messungen durch die neue Technik der digitalen Bildverarbeitung, mit deren Hilfe wir einzelne Amöben automatisch über einen längeren Zeitraum verfolgen und ihre Zellformänderungen als Funktion der Zeit analysieren können. Die Analyse fluoreszenzmarkier-

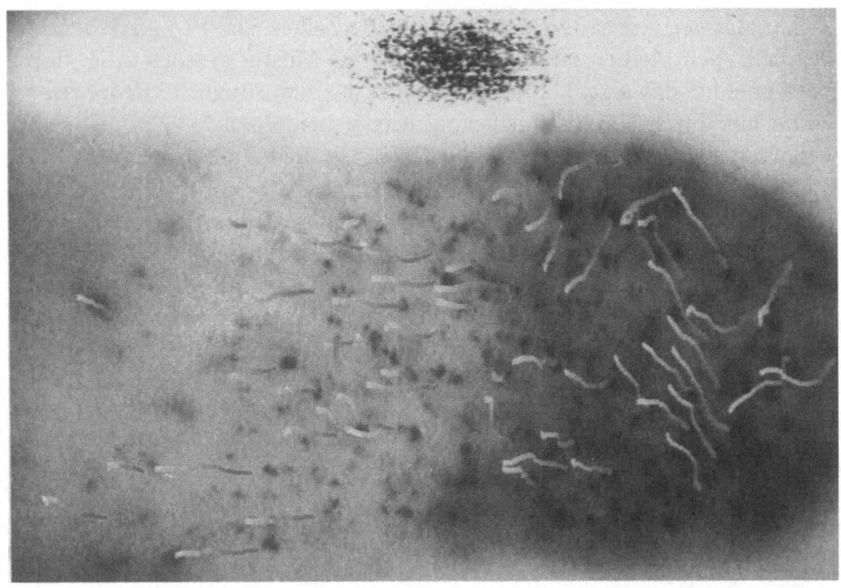

Bild 4.5　Zellbewegungsspuren in der vorderen Hälfte (rechts) eines *slug*.

ter Zellen hat jedoch den Nachteil, daß sich nur wenige Zellen gleichzeitig untersuchen lassen. Daher entwickelten wir andere Methoden, die die Bewegungsanalyse ganzer Zellpopulationen erlauben. Diese Experimente lieferten unerwartete Erhebnisse [7]. *Prestalk-* und *prespore*-Zellen bewegen sich im *slug* überraschenderweise in völlig unterschiedliche Richtungen. Zellen in der *prespore*-Zone wandern, wie wir schon von den Fluoreszenzmessungen wußten, geradeaus in Bewegungsrichtung des *slug*. Im Gegensatz dazu bewegen sich die *prestalk*-Zellen senkrecht zur Bewegungsrichtung des *slug*, d. h. sie rotieren in der *slug*-Spitze (Bilder 4.1 u. 4.5). In Bild 4.5 sind die Bewegungsspuren über einen Zeitraum von 60 Sekunden aufgezeichnet und als Linien dargestellt. Die Zellen in der hell erscheinenden *prespore*-Zone bewegen sich geradeaus in gleicher Richtung wie der *slug* (von links nach rechts). Die Zellen in der *prestalk*-Zone (dunkler Teil) bewegen sich immer in einem Winkel zur Längsachse des *slug*, d. h. sie rotieren in der *tip*. Wie sollten wir diesen Befund verstehen?

Da sich chemotaktisch bewegende Zellen in Richtung höherer Stimulanskonzentration orientieren, sind Zellbewegung und Signalausbreitung gegenläufig. Aus diesem Grund ließen die experimentellen Analysen der

Zellbewegung für die Ausbreitung des Signals nur eine Interpretation zu: Am Übergang zur *prespore*-Zone wandelt sich eine dreidimensionale Spiralwelle in eine ebene Wellenfront um. Die Spiralwelle sollte sich um ein unerregbares Zentrum entlang der Spitze des *slug* drehen und so die beobachtete rotierende Zellbewegung hervorrufen. Der in der *prespore*-Zone beobachteten periodischen Zellbewegung sollten Wellenfronten zugrunde liegen, die sich im zylinderförmigen *slug* von vorne nach hinten ausbreiten. Im Übergangsbereich zwischen *prestalk*- und *prespore*-Zone sollte sich unserer Voraussage nach die Spiralwelle in eine ebene Wellenfront umwandeln. Obwohl es äußerst schwierig war, sich diesen Übergang plastisch vorzustellen, ließ die Bewegungsanalyse keine überzeugendere Schlußfolgerung zu. Wir nahmen an, daß eine geringere Erregbarkeit der *prespore*-Zellen die Ursache dieses eigenartigen Phänomens sein könnte. Diese Annahme wird durch verschiedene experimentelle Befunde bestärkt. Auch die Morphologie des *slug* verdeutlicht, daß beide Zelltypen unterschiedliche Eigenschaften haben müssen, da die Spitze des *slug* einen etwa fünfmal kleineren Durchmesser als der eigentliche *slug* hat.

Unsere Bewegungsanalyse legte nahe, daß der *slug* ein dreidimensionales, erregbares System ist, in dem es Regionen verschiedener Erregbarkeit gibt. Dem unterschiedlichen Verhalten von *prestalk*- und *prespore*-Zellen liegt wahrscheinlich eine unterschiedliche Erregbarkeit der beiden Zelltypen zugrunde. Die *prestalk*-Zellen sind demnach schneller erregbar und dominieren aufgrund der daraus folgenden höheren Oszillationsfrequenz die *prespore*-Zellen. Die *slug*-Spitze ähnelt in dieser Hinsicht einem Aggregationszentrum, das den Rest des *slug* kontrolliert.

Simulation der Signalausbreitung in Slugs

Trotz dieser einleuchtenden Erklärung des beobachteten Bewegungsmusters blieb unsere Interpretation weitgehend spekulativ und wir suchten nach Möglichkeiten zur Untermauerung unserer Hypothese. Die überraschend guten Ergebnisse des Martiel-Goldbeter-Modells und seiner räumlichen Erweiterung in zwei Dimensionen ermutigten uns zur numerischen Simulation der Wellenausbreitung in dreidimensionalen *slugs*. Da der Kern der existierenden Schleimpilz-Modelle ein komplexes Reaktions-Diffusions-System partieller Differentialgleichungen ist, entschlossen wir uns – zur Verkürzung der Rechendauer – ein in den kinetischen Funktionen f und g stark vereinfachtes Gleichungssystem zu verwenden [8]. Dieser Schritt ist gerechtfertigt, da unsere Problemstellung nicht mit der quantitativen Analyse von Wellenprofilen, Amplituden oder exakten Perioden verknüpft ist, sondern in der Überprüfung qualitativer Eigenschaften erregbarer bzw. oszillatorischer Reaktions-Diffusions-Systeme besteht.

Zur Modellierung der Geometrie von *Dictyostelium-slugs* verwendeten wir einen länglichen Zylinder, der in einem rechteckigen Kasten eingebettet ist. Die Punkte innerhalb des Zylinders gehorchen einer erregbaren Kinetik, die im Zusammenwirken mit der Diffusion der schnellen Variablen Wellenausbreitung ermöglicht. Die den Zylinder umgebenden Punkte weisen eine unerregbare Kinetik auf. Obwohl cAMP in dieses Gebiet hinein diffundieren kann, wird es außerhalb des Zylinders nicht autokatalytisch vermehrt und modelliert somit die Schleimhülle des *slug*.

Als Anfangsbedingung unserer Simulationsversuche diente die einfachste Form einer dreidimensionalen Spiralwelle, welche mit konstanter Periode stabil um die zentrale Längsachse des Zylinders rotiert. Ein solches Wellenmuster wird wissenschaftlich als *scroll wave* bezeichnet. Der Leser kann sich ihre Geometrie leicht durch ein zusammengerolltes Blatt Papier veranschaulichen, das in der direkten Aufsicht eine zweidimensionale Spirale ergeben muß. Die Drehachse einer dreidimensionalen Spiralwelle wird als Filament bezeichnet und kann in komplexeren Strukturen einem Korkenzieher ähnlich eine gerade Linie umwinden oder sogar kreisförmig geschlossen sein (*scroll ring*). Derartige Wellenstrukturen sind aus der chemischen Belousov-Zhabotinsky-Reaktion gut bekannt und ihre dynamischen Eigenschaften ansatzweise charakterisiert.

Erregbarkeitssprünge verursachen Bewegungsmuster

In der von uns formulierten Hypothese zur Erklärung des Zellbewegungsmusters in *Dictyostelium-slugs* wird der Übergang von einer rotierenden *scroll wave* in planare Wellenfronten durch eine sprunghafte Änderung der dynamischen Eigenschaften des Systems zwischen *prestalk*- und *prespore*-Bereich erklärt. Der eigentliche Test dieser Hypothese besteht somit in der Veränderung eines der dynamischen Parameter unseres Modells im „hinteren" *prespore*-Bereich des Zylinders und der Beobachtung der dadurch ausgelösten Veränderungen. Als *prespore*-Bereich wird hier-

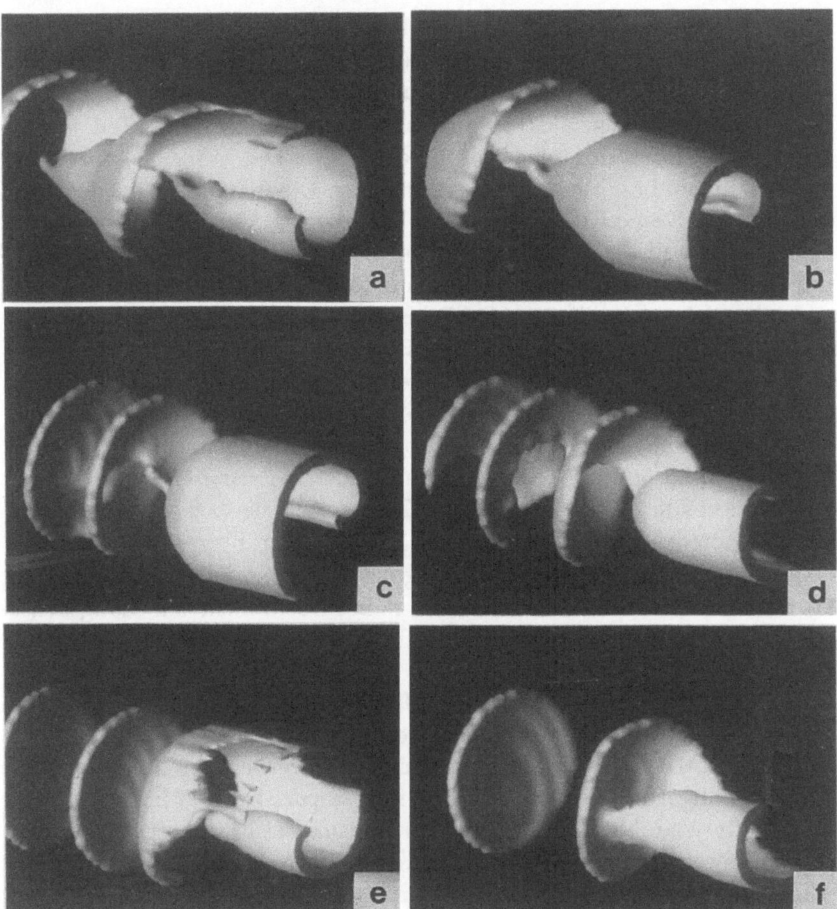

Bild 4.6 Simulation der Wellenausbreitung in *slugs*. In horizontaler Richtung sind je zwei verschiedene Zeitpunkte dargestellt, von oben nach unten (a,c,e bzw. b,d,f) wird die Größe des Erregbarkeitssprungs erhöht.

bei, in Anlehnung an die Verteilung der beiden Zelltypen im *slug*, ein 80 % des Gesamtvolumens ausmachender Teil des Zylinders verstanden. Somit teilt sich der gesamte erregbare Bereich in zwei hintereinander liegende Zylinder, die sich in ihren dynamischen Eigenschaften oder – kurz gesagt – in ihrer Erregbarkeit unterscheiden. Bild 4.6 zeigt in horizontaler Richtung die numerisch berechnete Wellenstruktur zu zwei ver-

schiedenen Zeitpunkten nach Einstellung des „Erregbarkeitssprunges".
Von oben nach unten wird die Größe des Erregbarkeitssprungs variiert
(ab,cd,ef). Die rechten Seiten der Strukturen in jedem Einzelbild entsprechen dem dynamisch aktiveren *prestalk*-Bereich, der linke Teil jeweils
der *prespore*-Zone mit niedriger Erregbarkeit. Die Wellen kennzeichen
die Abschnitte hoher cAMP-Konzentration. Die Sequenz zeigt deutlich,
daß sich durch eine Erniedrigung der Erregbarkeit die stabile *scroll wave*
beim Eintritt in die *prespore*-Zone verdreht (*twisted scroll wave*) (a,b).
Ein etwas größerer Erregbarkeitssprung führt zu einer stärkeren Verdrehung der *twisted scroll wave* (c,d), bis sich bei einem noch größeren Erregbarkeitssprung ganz deutlich planare Wellenfronten abtrennen (e,f).
In allen drei Fällen erreicht das System nach Einführung des Erregbarkeitssprunges einen regelmäßigen und dynamisch stabilen Zustand, der
mit unserer obigen Hypothese hervorragend übereinstimmt (vgl. auch
Bild 4.7). Während die *scroll wave* im vorderen *prestalk*-Bereich nahezu
unverändert um die Längsachse des Zylinders rotiert, zeigt die schmale
Grenzregion der beiden Bereiche eine komplexere raumzeitliche Entwicklung, auf die hier nicht näher eingegangen werden kann. Die planaren
Fronten des *prespore*-Bereiches sind nahezu senkrecht zur Längsachse
orientiert und breiten sich gegenläufig zur *slug*-Bewegung nach rechts
aus (e,f).

Die im Experiment beobachtete Rotation der Amöben im vorderen
Teil des *slug* kann also wirklich durch eine rotierende Erregungswelle
erhöhter cAMP-Konzentration hervorgerufen werden, die durch eine relative Verringerung der Erregbarkeit im *prespore*-Bereich in ebene Wellen zerfällt. Man beachte, daß ihre Ausbreitungsrichtung gegenläufig zur
Gesamtbewegung des *slug* ist und daher die vorwärts gerichtete, periodische Zellbewegung im eigentlichen Körper des *slug* erklärt. Eine genauere
Betrachtung des *prespore*-Bereiches zeigt eine leicht konvexe Form der
einzelnen Wellenfronten, die zu einer Fokussierung der chemotaktischen
Zellbewegung auf die Längsachse und damit zur Stabilisierung der zy-
lindrischen Form des *slug* führt.

Unsere Computersimulationen legen nahe, daß Spiralwellen nicht nur
die Aggregation, sondern auch die vielzellige Entwicklung und hier besonders das *slug*-Stadium organisieren. Das komplizierte System aus zwei-
und dreidimensionalen Wellen dient dazu, das Verhalten Hunderttausender Einzelzellen zu kontrollieren. Der biologische Sinn liegt darin, daß in
Form des *slug* viele Zellen gemeinsam einen günstigen Ort zur Fruchtkörperbildung und damit zur Verbreitung der Sporen aufsuchen können.

Bild 4.7 Simulation der Wellenausbreitung in *slugs* (vgl. Bild 4.6). Gezeigt ist die Vergrößerung einer als *twisted scroll wave* bezeichneten dynamischen Struktur aus dem in Bild 4.6 gezeigten Verlauf.

Die *prespore*-Zellen im *slug* orientieren ihre chemotaktische Aktivität an den von der Spitze kommenden planaren Wellenfronten. Indem sie koordiniert in Richtung der Signalquelle wandern, sind sie für die Bewegung des gesamten *slug* verantwortlich. In Form der *tip* tragen sie ihren eigenen Signalgeber mit sich. Die rotierenden *prestalk*-Zellen in der Spitze dienen den *prespore*-Zellen als Signalgeber und tragen wahrscheinlich selbst nicht zur Bewegung des *slug* bei.

Ausblick

Die vorgestellten experimentellen und numerischen Untersuchungen von *Dictyostelium-slugs* stellen wahrscheinlich die erste Erklärung kollektiver, selbstorganisierter Bewegung eines vielzelligen Organismus dar. Es ist zu hoffen, daß weitere Eigenschaften der *slug*-Wanderung durch die konsequente Weiterführung des Reaktions-Diffusions-Ansatzes verstanden werden können. Als Beispiel sei die phototaktische Reaktion des *slug* erwähnt. Wir wissen, daß es unter Lichteinwirkung lokal zur Veränderung der Ammoniumkonzentration kommen kann, und es wurde gezeigt, daß Ammonium das Verhalten der Zellen sowohl in der frühen Aggregationsphase als auch während der Fruchtkörperbildung beeinflußt. Könnte nicht eine Lichtquelle zusätzliche Erregbarkeitsgradienten im *slug* erzeugen, die die Rotationsachse der *scroll wave* und somit den Winkel der planaren Wellenfronten im *prespore*-Bereich verändert? Eine solche Reaktion der Wellenmuster würde zwangsläufig die Bewegungsrichtung des *slug* verändern und ein (negatives oder positives) phototaktisches Verhalten auslösen. Desweiteren ist die Wechselwirkung zwischen der lokalen cAMP-Dynamik und der Aktivierung spezifischer Gene der *Dictyostelium*-Zellen von überaus großem Interesse.

Daß die bei *Dictyostelium* beobachteten Phänomene keinen kuriosen Spezialfall darstellen, zeigt der Vergleich mit einem völlig anderen System. Es besteht nämlich eine erstaunliche Analogie zwischen der Ausbreitung von Spiralwellen während der *Dictyostelium*-Aggregation und Spiralwellen des chemischen Oszillatorsystems der Belousov-Zhabotinsky-Reaktion (vgl. Kap. 12). Die Grundlagen der räumlichen Musterbildung in der BZ-Reaktion, d. h. die Ausbreitung von Planar- und Spiralwellen, wurden in den letzten Jahren experimentell und theoretisch untersucht. Es konnte gezeigt werden, daß gleiche Prinzipien die Ausbreitung der Dunkelfeldwellen bei *Dictyostelium* steuern [9]. Kürzlich wurden dreidimensionale Spiralwellen in der BZ-Reaktion beobachtet; in agargefüllten Glasröhrchen wandeln sich dreidimensionale Spiralwellen entlang eines Gradienten, der die Erregbarkeit des Systems verändert, zuerst in verdrehte Spiralwellen (*twisted scroll waves*) und dann in planare Wellen um [10]. Diese Beobachtungen stimmen gut mit unserer Hypothese der Signalausbreitung in *slugs* überein. Die Befunde im BZ-System, die unmittelbar die Wellenausbreitung zeigen, beweisen, daß die geforderte Umwandlung von Spiral- in Planarwellen in einem erregbaren System prinzipiell möglich ist.

Interdisziplinäre Zusammenarbeit und die Kombination von Experiment und Computersimulation haben in dem hier geschilderten Fall unser Verständnis komplizierter biologischer Sachverhalte erheblich verbessert. Aufgrund biologischer Experimente wurden Vorraussagen getroffen, die anhand von Computersimulationen bestätigt werden konnten. Nun sind wir in der Lage, die numerischen Ergebnisse der Simulation als Grundlage für neue Experimente zu verwenden und somit theoretische Vorhersagen am lebenden System zu überprüfen.

Literaturverzeichnis

[1] P. N. Devreotes (1989) *Dictyostelium discoideum*: A model system for cell-cell interactions in development. Science **245** 1054

[2] J. T. Bonner (1988) Lockstoffe sozialer Amöben. In: Biologie des Sozialverhaltens. Spektrum der Wissenschaft: Verständliche Forschung, Heidelberg

[3] A. T. Winfree (1987) When Time Breaks Down. Princeton University Press, Princeton, NJ

[4] A. Goldbeter und J. Martiel (1987) A model based on receptor desensitization for cyclic AMP signaling in *Dictyostelium* cells. Biophys. J. **52** 807

[5] J. J. Tyson, K. A. Alexander, V. S. Manoranjan und J. D. Murray (1989) Spiral waves of cyclic AMP in a model of slime mould aggregation. Physica D **34** 193

[6] F. Siegert und C. J. Weijer (1993) The role of periodic signals in the morphogenesis of *Dictyostelium discoideum*. In: L. Rensing (Hrsg.) Oscillations and Morphogenesis. Marcel Dekker, New York

[7] F. Siegert und C. J. Weijer (1992) Three-dimensional scroll waves organize *Dictyostelium* slugs. Proc. Natl. Acad. Sci. USA **89** 6433

[8] O. Steinbock, F. Siegert, S. C. Müller und C. J. Weijer (1993) Three-dimensional waves of excitation during *Dictyostelium* morphogenesis. Proc. Natl. Acad. Sci. USA **90** 7332

[9] P. Foerster, S. C. Müller und B. Hess (1990) Curvature and spiral geometry in aggregation patterns of *Dictyostelium discoideum*. Development **109** 11

[10] T. Yamaguchi und S. C. Müller (1991) Front geometries of chemical waves under anisotrophic conditions. Physica D **49** 40

Kapitel 5

Das Sein bestimmt das Gestaltsein

Wachstumsbedingungen entscheiden über Sporenmuster eines Schimmelpilzes

Andreas Deutsch

Wohl jeder ist schon einmal während eines Waldspazierganges auf Hexenringe gestoßen, zumeist ringförmig angeordnete Fruchtkörper von Ständerpilzen. Die Ringe können einige Meter Durchmesser erreichen und sind nicht zu verwechseln mit den eher kleinflächigen Sporenmustern des Schlauchpilzes *Neurospora crassa* (Bild 5.1). Lange bekannt sind die konzentrischen Sporenringe dieses Pilzes – das periodische räumliche Muster spiegelt den von einer inneren Uhr vorgegebenen zeitlichen Rhythmus exakt wider. Die eigene Uhr verhilft dem Pilz zu einer gewissen Unabhängigkeit, da er mit ihrer Hilfe viele lebenswichtige Prozesse ohne zeitliche Signale aus seiner Umwelt steuern kann.

Für viele Prozesse benötigen Organismen hingegen ein möglichst genaues „Bild" ihrer Umgebung. Deshalb stehen Lebewesen über mehr oder weniger spezifische Rezeptoren fortwährend mit der „Außenwelt" in Verbindung. So können Umweltreize zum Auslöser intrazellulärer Prozesse werden, und komplexe Anpassungsphänomene wie Wärmeregulation werden durch diese Form der Kommunikation zwischen Organismus und Umwelt überhaupt erst möglich. In den letzten Jahren ist nun ein weiterer Gesichtspunkt in den Mittelpunkt des Interesses gerückt: Die Veränderung der Umwelt kann bei bestimmten Organismen zu einem Wandel in der Gestalt führen. *Neurospora crassa* ist hierfür ein Beispiel. Verschiedene Muster lassen sich bei diesem Pilz – ohne genetische Manipulation – durch bloße Variation der Lebensbedingungen induzieren;

die Entwicklung kann experimentell leicht durch Nährmittelentzug oder
Temperaturerhöhung beeinflußt werden [1]. Die Muster sind sichtbarer
Ausdruck eines komplexen Wechselspiels morphogenetischer Prozesse,
deren Untersuchung Licht vor allem auf Kopplungsmechanismen zentra-
ler entwicklungsbiologischer Prozesse wirft.

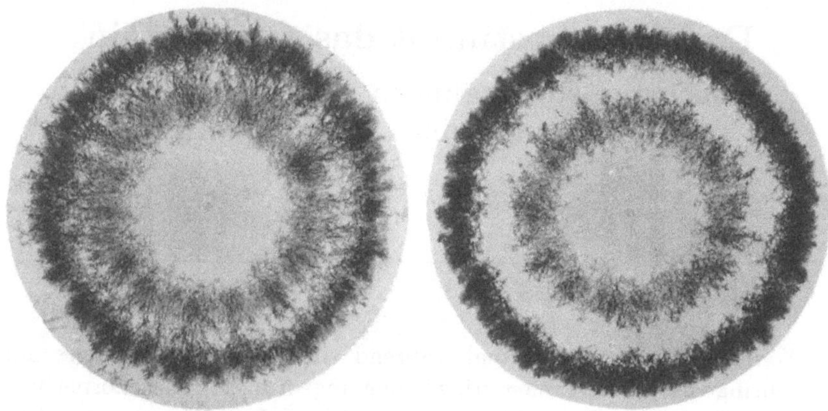

Bild 5.1   Konzentrische Sporenmuster von *Neurospora crassa*. Die Wachstumsbedingungen beeinflussen die Strukturbildung: Verringerung der Agarkonzentration (rechts) hat ein deutlicher ausgeprägtes Ringmuster zur Folge.

Neurospora crassa - kleiner Pilz ganz groß

Der deutsche Name der Gattung *Neurospora* ist Roter Brot- oder Bäcker-
schimmel. Er rührt daher, daß einige ihrer Vertreter – es gibt insgesamt
zehn *Neurospora*-Arten – in der Vergangenheit bevorzugt Bäckereien
heimsuchten. Hingegen ist *Neurospora crassa* heute ein gern und häufig
gesehener Gast in biologischen Labors auf der ganzen Welt, in denen
Forscher bemüht sind, den biochemischen und genetischen Geheimnis-
sen der Entwicklungsbiologie auf die Spur zu kommen. *Neurospora* ist im
Labor äußerst beliebt, denn der Pilz ist einfach und billig in Nährmedium
zu halten und zählt zu den am besten charakterisierten eukaryontischen
Lebewesen. Es gibt sogar eine Zeitschrift, die ausschließlich diesem Pilz

gewidmet ist[1].

Neurospora crassa's Geschichte begann im Jahre 1924 in der Nähe von New Orleans, als der kleine Pilz zufällig auf einer Ladung Rohrzuckerbagasse entdeckt wurde. Damals konnte er noch nicht ahnen, daß er Anlaß zu – nicht nur die Genetik revolutionierenden – Entdeckungen und Stammvater von heute bereits über sechstausend bekannten Mutanten werden würde [2]. So gelang 1941 bei *Neurospora* die erste Isolation biochemischer Mutanten überhaupt durch Beadle und Tatum [3], welche maßgeblich zur explosiven Entwicklung der biochemischen Genetik und Molekularbiologie beigetragen hat.

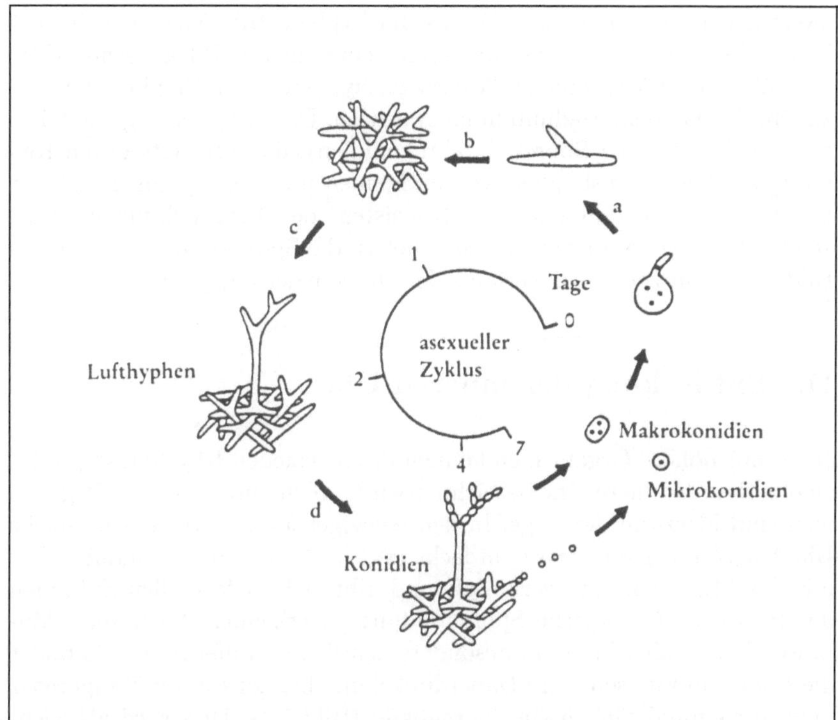

Bild 5.2   Asexueller Entwicklungszyklus von *Neurospora crassa*. (a) Keimung von Makrokonidien, (b) Myzelentwicklung, (c) Differenzierung zu Lufthyphen, (d) Differenzierung zu Makrokonidien (nach [4]).

---

[1] *Neurospora* Newsletter, Herausgeger: Universität von Kansas City, USA.

In der freien Natur fühlt sich *Neurospora* auf abgebrannter und modernder Vegetation der Tropen und Subtropen am wohlsten. Übrigens ist *Neurospora* nicht näher mit dem berühmten Schleimpilz *Dictyostelium* verwandt, über dessen Entwicklung in diesem Buch an anderer Stelle berichtet wird (vgl. Kap. 4). *Neurospora crassa* kann sich sexuell vermehren, was uns aber hier nicht weiter kümmern soll, da die uns interessierenden Sporenmuster im Verlauf der asexuellen Entwicklung des Pilzes entstehen (Bild 5.2). Der asexuelle Entwicklungszyklus umfaßt Wachstumsphasen der Hyphen (Pilzfäden) und Phasen der Differenzierung (Sporulation). Im typischen Fall wächst *Neurospora crassa* in einer mit Nährmedium gefüllten Agarschale. Nach einer Wachstums- und Verzweigungsphase sogenannter Wachstumshyphen (Bild 5.3) ausschließlich innerhalb des Substrats, die zur Bildung eines dichten Pilzgeflechtes (Myzel) führt (Bild 5.4), können Wachstumshyphen zu Lufthyphen differenzieren, die aus dem Medium hinauswachsen. Durch Sprossung entstehen aus den Lufthyphen Sporen (Makrokonidien), die ihrerseits durch Keimung zu Wachstumshyphen werden können und den Zyklus damit von neuem starten. Da die gallertige Konsistenz des Agarmediums die Pilzstrukturen gewissermaßen einfriert, liefern die Sporenmuster ein exaktes Bild des raum-zeitlichen Verlaufs der Differenzierungsprozesse.

Die Entdeckung der inneren Uhr

Nicht nur höhere Organismen können ihren „eigenen Rhythmus" produzieren, der als innere Uhr bezeichnet wird. Auch einige niedere Organismen sind hierzu in der Lage. In den sechziger Jahren wurde eine solche Uhr bei *Neurospora crassa* entdeckt (vgl. [5]). Die Uhr ist unmittelbar mit der Musterbildung verknüpft und gibt sich in fast allen Stämmen des Pilzes als periodische Sporenbildung zu erkennen; bestimmte Mutanten haben allerdings ein besonders deutliches „Zifferblatt". So bildet die *band*-Mutante selbst im Dauerdunkel und bei konstanter Temperatur ungefähr einmal täglich ein Sporenband (Bild 5.1). Dies wird als wichtiges Indiz für den circadianen Charakter der Rhythmik gewertet (lat. circa: ungefähr, dies: Tag). Äußere periodisch variierende Einflüsse auf die Sporulation – wie eine durch regelmäßige Tag-Nacht-Wechsel verursachte Licht-Dunkel-Rhythmik – sind durch den Versuchsaufbau ausgeschlossen. Deshalb muß der Antrieb für die Sporenbildung von innen

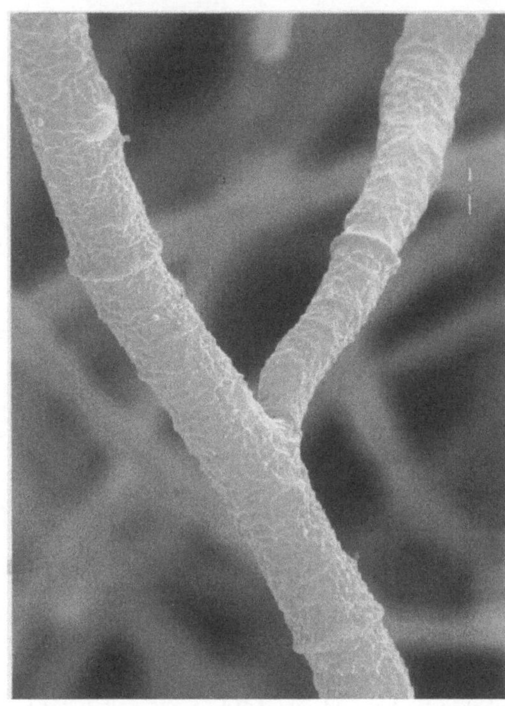

Bild 5.3
Verzweigung einer
Wachstumshyphe
(Durchmesser ca. $2\mu m$,
rasterelektronenmikroskop.
Aufnahme).

heraus (endogen) erfolgen.

Auch der Mensch besitzt (mindestens) eine innere Uhr. Jeder Transatlantikflug macht die innere Uhr mit den Folgen des Jet-Lag bewußt. Dieses Phänomen zeigt deutlich, daß es beim Menschen eine endogene Rhythmik gibt, die eine Weile benötigt, um sich auf eine durch den Wechsel der Zeitzonen verursachte Verschiebung der äußeren Periodik (Tag-Nacht-Wechsel) einzustellen. Experimente zur inneren Rhythmik beim Menschen und anderen höheren Organismen sind naturgemäß schwierig. Man ist daher auf Erkenntnisse angewiesen, die aus Versuchen mit Organismen stammen, die leichter handhabbar sind, wie z. B. *Neurospora crassa*. Wichtiger Grund für die Beliebtheit gerade dieses Pilzes ist die gute „Sichtbarkeit" der Zeiger seiner Uhr, die sich aus den täglich gebildeten Sporenbändern zusammensetzen. Darüber hinaus läßt sich die „innere Uhrzeit" (Phase) leicht manipulieren: Mit einem kurzen Lichtblitz oder durch „Hitzeschock" kann sie verstellt werden [1].

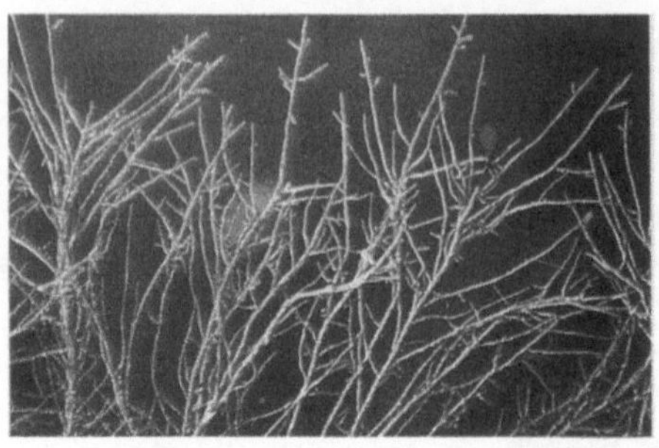

Bild 5.4
Ausschnitt aus der Wachstumsfront von *Neurospora crassa*
(lichtmikroskopische Aufnahme,
Vergrößerung ca. 100x).

Ein Pilz mustert die Welt

Erst im Jahr 1981 wurde bei *Neurospora* eine Brücke von der Uhrfor-
schung zur Musterbildung geschlagen. In diesem Jahr erschien eine Arbeit von Winfree und Twaddle, die den Einfluß der inneren Uhr auf die
Musterbildung analysierte [6]. *Neurospora* kann über Ringmuster hinaus weitere reizvolle Muster ausbilden, die es in ihrer Schönheit durchaus mit denen von *Dictyostelium* aufnehmen (vgl. Kap. 4). Durch bloße
Veränderung des Wachstumsmediums – zum Beispiel Nährstoffentzug –
kann zwischen verschiedenen „Entwicklungslinien" hin- und hergeschal-
tet werden, was sich in unterschiedlichen Musterbildungen ausdrückt.
Die Muster können als Wege betrachtet werden, auf denen der Pilz einen ihm zur Verfügung stehenden Raum „erobert". Dabei ist die Hetero-
genität des Raumes insbesondere durch die Gegenwart anderer Hyphen
und Sporen bedingt.

Die Myzelgestalt, also die dreidimensionale Wachstums- bzw. Verzweigungsstruktur des Hyphenensembles, ist folglich ein „ökologisches Muster": Die genaue Struktur ist nicht von einem genetischen Programm
festgelegt, sondern resultiert aus dem Wechselspiel von wachsendem Pilz
und Umwelt. Ebenfalls abhängig von ihrer Umwelt ist nicht nur die Musterbildung vieler anderer niederer Organismen wie Bakterien oder Algen (vgl. Kap. 6 u. 7), sondern auch höherer Organismen, zum Beispiel
Bäumen.

Die Musterbildung bei *Neurospora* läßt sich als Spiel auffassen. Die
Figuren im Spiel sind Pilzhyphen und -sporen. Spielfläche ist die mit
Nährmedium gefüllte Petrischale, auf der Hyphen und Sporen ihre Muster entfalten. Hyphen und Sporen spielen zwar gegeneinander, indem
sie um beschränkte Nahrungsressourcen kämpfen und sogar Hemmstoffe

abgeben, die die Entwicklung in ihrer Umgebung zum Erliegen bringen können. Trotzdem gibt es am Ende des Spieles weder Gewinner noch Verlierer, sondern nur Muster.

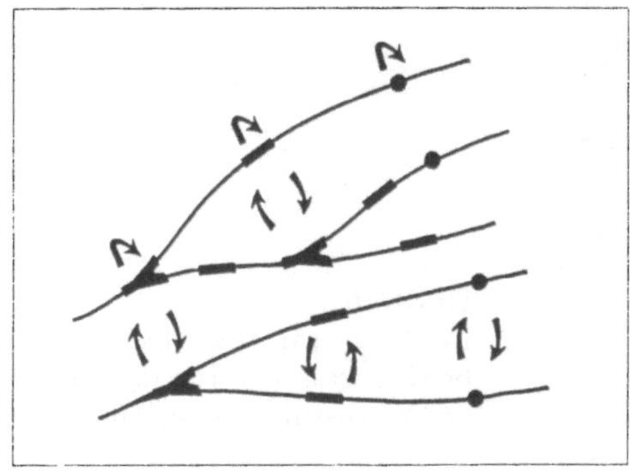

Bild 5.5
Schema synergistischer Wechselwirkungen von Wachstums- (-), Verzweigungs- (Y) und Differenzierungsprozessen (.).

Ähnlich wie zum Beispiel beim Schach hat die Wahl der richtigen Eröffnung entscheidende Bedeutung für den weiteren Spielverlauf. In unserem Musterspiel betrifft die Eröffnung vor allem die Auswahl der Animpfpositionen und des Wachstumsmediums. Das Problem des Spieles ist, daß wir die Regeln, nach denen der Pilz spielt, nicht im einzelnen kennen, da über synergistische Zusammenhänge der vegetativen und differenzierten Systemkomponenten (Hyphen und Sporen) nur wenig bekannt ist (Bild 5.5). Trotzdem gibt es verschiedene Möglichkeiten der Spielanalyse: man kann dem Pilz bei seinem Spiel einfach zuschauen und aus dem Spielresultat (d. h. den Mustern) eventuell Rückschlüsse auf die Regeln ziehen, oder aber man startet ein künstliches Spiel. Der erste Fall bedeutet biologisches Experimentieren, der zweite beschreibt die Simulation mit einem mathematischen Modell. Für beides werden wir Beispiele kennenlernen. Vielleicht gewinnt der Leser Lust, einige der im folgenden beschriebenen Partien nachzuspielen oder sogar neue zu erfinden.

Rezepte für ein erfolgreiches Musterspiel

Wir experimentieren ausschließlich mit dem Kreuzungstyp A – bei niederen Organismen wie Pilzen spricht man nicht von Geschlechtern – der *band*-Mutante von *Neurospora crassa*. Es ist entscheidend, daß nur Mitglieder eines Kreuzungstyps (A oder a) zum Zuge kommen, um sexuelle

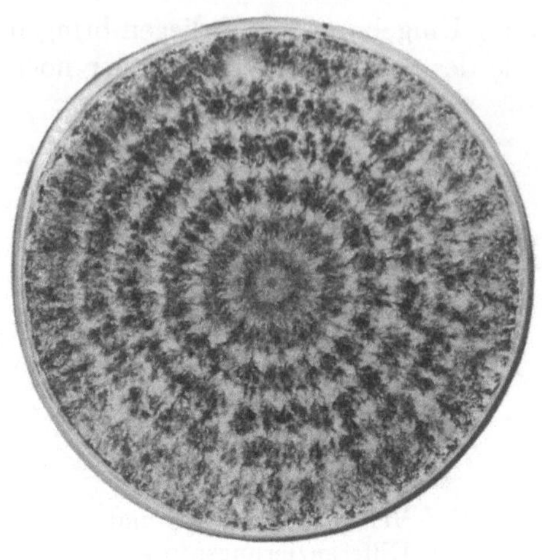

Bild 5.6
Ein hoher pH-Wert (hier 9.5)
bewirkt starke Verminderung
der Wachstumsgeschwindigkeit.

Entwicklungsprozesse auszuschließen. Ein Dunkelraum, ein paar Kulturröhrchen, eine Reihe großer Glas- und kleinerer Plastikpetrischalen sowie Korkbohrer gehören zur Grundausstattung, um das Musterspiel erfolgreich spielen zu können.

Die Entstehung der Sporenverteilung beobachten wir in Glaspetrischalen, die das Substrat für die Entfaltung des Pilzes – bestehend aus Nährmedium und Agar – enthalten (vgl. [7] zu den genauen Versuchsbedingungen). Das Substrat birgt – gleichmäßig verteilt – bereits zu Beginn die gesamte Futterration, die dem Pilz bei seiner Eroberung der Petrischale zur Verfügung steht. Die Kost besteht aus Zuckern, Salzen und Vitaminen. Es wird sich zeigen, daß die Konzentration der Salze, die als Mix – kurz „Vogelsalze" genannt – gereicht werden, besonderen Einfluß auf die Musterwerdung hat.

Es lassen sich leicht große Mengen von Sporen gewinnen, wie sie zur Herstellung von Flüssigkulturen benötigt werden. Auf den Flüssigkulturen bildet sich ein dichter Myzelrasen, aus dem man mit einem Korkbohrer die Inokulate aussticht, das sind winzige Myzelstückchen zum Animpfen auf der Glaspetrischale. Ihre genaue Position bestimmt die Anfangsbedingungen unseres Spieles. Der Wechsel vom Dauerlicht ins Dauerdunkel nach dem Animpfen synchronisiert die Hyphen des Inokulats. Nach drei bis vier Tagen hat die Kultur die Petrischale ausgewachsen. Das Spielergebnis kann nunmehr ausgewertet werden.

Bild 5.7
Radiäre Zonierungen
entstehen bei Erhöhung der
„Vogelsalz"-Konzentration
im Wachstumsmedium.

Experimentelle Spielergebnisse

Ausgangspunkt der im folgenden geschilderten Versuche war die Frage,
zu welchen Musterbildungen *Neurospora crassa* überhaupt in der Lage
ist. Zu diesem Zweck testeten wir eine Fülle verschiedener Spieleröffnun-
gen. Insbesondere variierten wir die Zusammensetzung des Wachstumsmediums sowie die Position der Inokulate.

Einfachster Fall – gewissermaßen der Standard – ist das Wachstum
von einem Punktinokulat in der Mitte der Petrischale. In diesem Fall
entstehen konzentrische Ringe nacheinander in einem sequentiellen (dia-
chronen) Prozeß. Die Ringe bestehen – wie wir bereits wissen – aus Lufthyphen und Sporen und können als Zeiger eines circadianen Rhythmus
gedeutet werden. Die „Schärfe" der Ringe läßt sich durch die Agarkonzentration beeinflussen. Je geringer die Agarkonzentration, umso klarer
ist die Bänderung und umso kürzer ist die relative Dauer der Sporulation
pro Zyklus (Bild 5.1). Die Gründe hierfür sind nicht bekannt; vielleicht
spielt eine mechanische Induktion der Sporenbildung durch Kontakt mit
Agarkörnern eine Rolle [7]. Übrigens reagieren auch Bakterienkulturen
mit verschiedenen Mustern auf Unterschiede in der gegebenen Agarkonzentration (vgl. Kap. 6).

Die Dynamik der konzentrischen Ringbildung ist durch die Wachstumsgeschwindigkeit und die Periodenlänge der inneren Uhr bestimmt.
Durch Erhöhung des pH-Wertes läßt sich die Wachstumsgeschwindigkeit

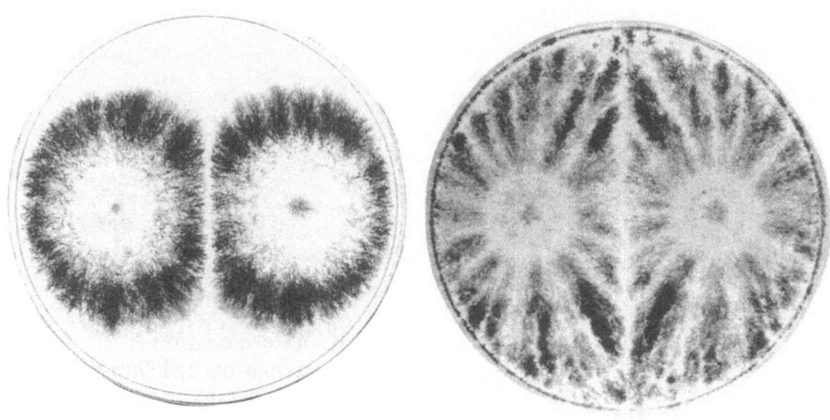

Bild 5.8 „Inhibitionsmuster": Die Kulturen unterscheiden sich in der Agar-
und „Vogelsalz"-Konzentration im Wachstumsmedium (rechts: dreifache Salz-
und ein Drittel der Agarkonzentration).

gezielt vermindern (Bild 5.6). Dabei bleibt die Periodenlänge fast unverändert, ein Indiz dafür, daß der pH-Wert nur geringen Einfluß auf
den Mechanismus der inneren Uhr besitzt.

Bei schrittweiser Erhöhung der „Vogelsalz"-Konzentration kommt es
zu einer Überraschung: Es erscheint im Hintergrund der Ringe ein stern-
förmiges Muster als radiale Zonierung. Erniedrigt man gleichzeitig die
Agarkonzentration, so verschwindet das konzentrische Ringmuster fast
vollständig (Bild 5.7). Radiale Zonierungen markieren Streifen erhöhter
Sporendichte (vom Inokulationszentrum in Wachstumsrichtung), die syn-
chron entstehen.

Offensichtlich ist die Sporenmusterbildung abhängig von Wechselwirkungen benachbarter Hyphen. Gibt es Konkurrenz, z. B. um Ressourcen
oder Überwachsen benachbarter Myzelien? Einen Weg zur Untersuchung
von Wechselwirkungen bietet die Wahl mehrerer Inokulationszentren.
Bei zwei Inokulationszentren entstehen – abhängig von der Inokulatent-
fernung (die ausschließlich über die Phase bei der Begegnung entscheidet) und der Zusammensetzung des Mediums – unterschiedliche „Inhibitionsmuster"; in keinem Fall kommt es zu einem Überwachsen. Geringe
Abstände der Inokulate haben die Bildung eines einheitlichen Myzels zur
Folge, während bei zunehmender Entfernung Inhibitionsphänomene auf-

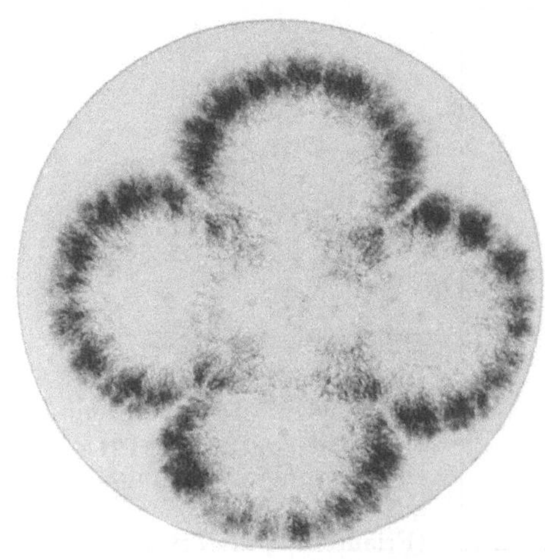

Bild 5.9
"Inhibitionsmuster" mit
neun Animpfpunkten.

treten, d. h. in der Begegnungszone werden weniger vegetative Hyphen
und keine Sporen gebildet (Bild 5.8). Die bereits beschriebenen Wirkungen der Veränderung von Agar- bzw. „Vogelsalz"-Konzentration zeigen
sich auch in diesen Experimenten. Das Ergebnis eines Experiments mit
neun Inokulaten ist in Bild 5.9 zu sehen.

Mustersimulation mit einem Zellulären Automaten

Das Modell, das wir hier skizzieren, dient zur Simulation einer Situation, wie sie für die Musterbildung von *Neurospora crassa* typisch ist: Ein
Zellulärer Automat simuliert Wachstum, Verzweigung und Differenzierung entlang einer ringförmigen Wachstumsfront. Die Idee des Modells
ist einfach: Komplexes Systemverhalten (d. h. Sporenmusterbildung)
wird mit dem Verhalten und den „Interaktionsregeln" der Elementar-
teile (Komponenten) in Beziehung gesetzt; die Komponenten sind im
Neurospora-System die Hyphen und Sporen. Typische Zelluläre Automaten sind auf einem zweidimensionalen quadratischen Gitter definiert
(vgl. Kap. 2). Auf dem Gitter bestimmen die Anfangsbedingungen eine
räumliche Verteilung von „Zellen", die sich in einem von endlich vielen diskreten Zuständen befinden (z. B. 0 oder 1). Ferner besteht eine
Nachbarschaftsbeziehung. Das Herz des Automaten ist die Definition

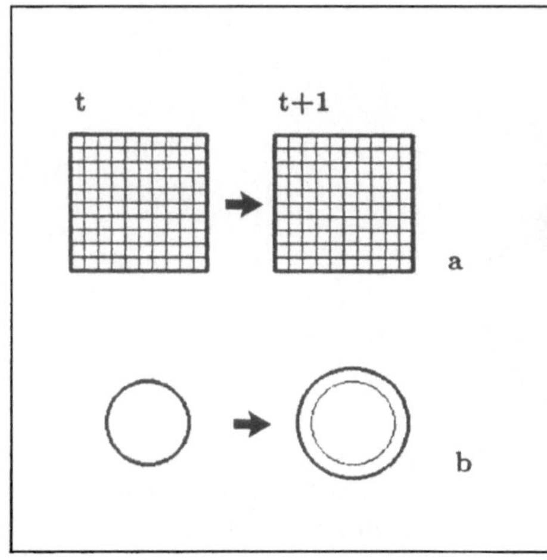

Bild 5.10
Unterschied zwischen einem „klassischen" Automaten mit fester Gittergeometrie (**a**) u. einem Zellulären Automaten auf einer „Gitterfolge" (**b**) (Erläuterung im Text).

geeigneter Interaktionsregeln, deren sukzessive Anwendung die zeitliche Entwicklung des Automaten bestimmt.

Die Besonderheit des Automaten, der die Grundlage für die hier gezeigten Simulationen bildet, besteht in der Berücksichtigung der sich kontinuierlich verlängernden Wachstumsfront der radial wachsenden *Neurospora*-Kultur. Der Automat ist auf einer Folge von „Gittern" definiert, wobei ein Gitter jeweils einer Wachstumsfront im biologischen System entspricht (vgl. Bilder 5.10 u. 5.11). Es lassen sich auch für dieses Modell geeignete *Nachbarschaften* definieren (Bild 5.11). Es gibt im Modell einen „vegetativen" sowie einen „differenzierten" *Zustand*. Die sukzessiv konstruierte Folge der Gitter entspricht dann den wandernden Wachstumsfronten vegetativer Hyphen, der Wachstumshyphen, im biologischen System (Bild 5.12).

Automatensimulationen sind ein hervorragendes Werkzeug, um „räumliche Konsequenzen" wohlbekannter elementarer biologischer Verhaltensweisen der Systemkomponenten (Hyphen und Sporen) zu untersuchen, da diese Kenntnis als Basis zur geeigneten Definition von Verzweigungs- und Differenzierungsregeln genutzt werden kann. Der vorgeschlagene Automat erlaubt in einfacher Weise das Testen von Hypothesen durch Wahl unterschiedlicher *Regeln*, die auf Aktivator-Inhibitor-Schemata aufbauen [10]. Die Bedeutung solcher Mechanismen für die biologische Musterbildung ist besonders von Gierer und Meinhardt betont worden [11].

Eine Hypothese führt zu einer bemerkenswerten Ähnlichkeit von Simu-

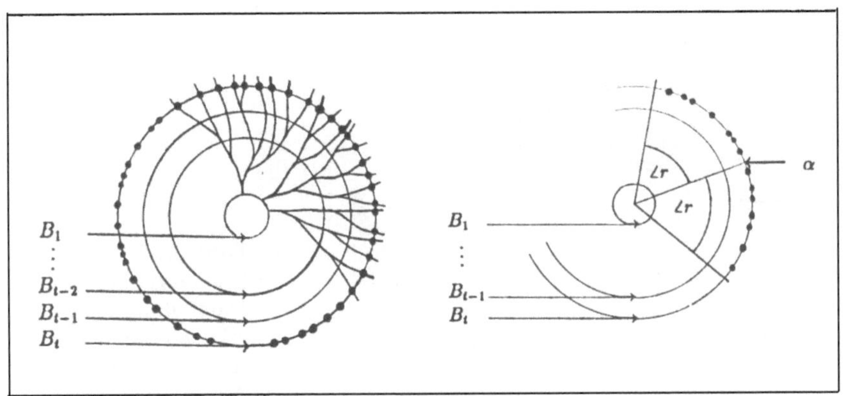

Bild 5.11   Links: Gitterfolge des Zellulären Automaten, wie sie den Wachstumsfronten eines Pilzmyzels entspricht (nur Teile sind angedeutet). B_1 entspricht den Zellen des Inokulats; rechts: Nachbarschaftsbeziehung, die Nachbarn einer Zelle α sind durch Punkte markiert.

lation und Pilzmuster (vgl. Bild 5.13 u. [12]). Diese Hypothese geht davon aus, daß wachsende Hyphen in jedem Zeitschritt eine Entscheidung zwischen zwei Alternativen treffen: Entweder üben sie durch Exkretion von Morphogenen aktivierende bzw. inhibierende Wirkung auf ihre Umgebung aus oder sie differenzieren. Der kombinierte Einfluß von Aktivator und Inhibitor in einer bestimmten Hyphe wird durch den „morphogenetischen Wert" beschrieben, ein für jede Hyphe charakteristischer Parameter. Differenzierung einer Hyphe wird dann induziert, wenn ihr morphogenetischer Wert unter eine Schwelle fällt. Diese Annahme korrespondiert mit der biologischen Beobachtung, daß Sporulation durch Streß induziert werden kann – z. B. durch Hunger, was einem niedrigen

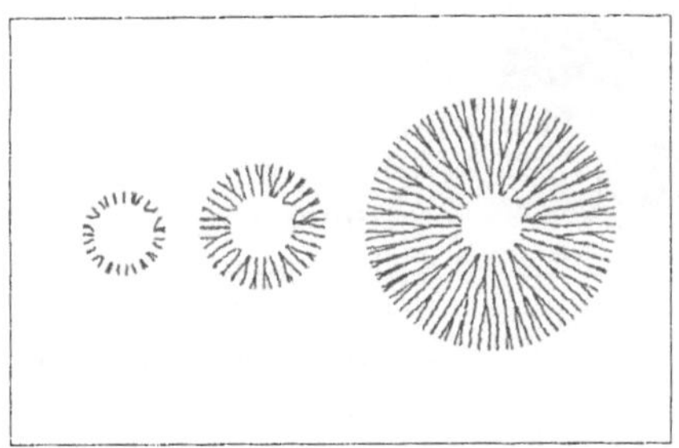

Bild 5.12
Simulation: Die Gitterfolge definiert ein mikroskop. Muster. Zeitliche Entwicklung „vegetativer Zustände" (von links).

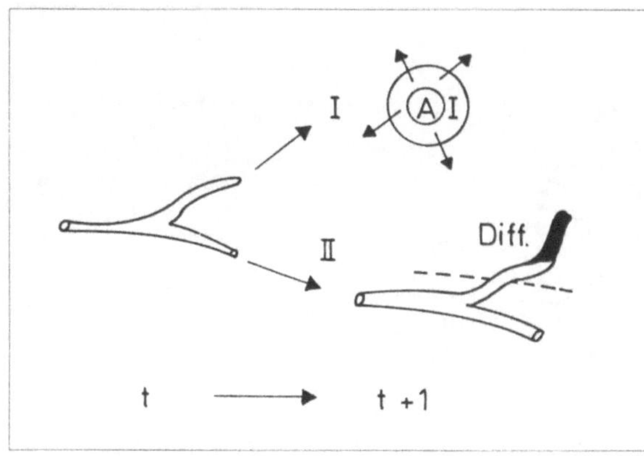

Bild 5.13
Schematische
Darstellung der
*Aktivator-Inhibitor-
Regel* des Zellulären
Automaten.

morphogenetischen Wert im Modell entspricht. Bild 5.14 zeigt die Entstehung eines sternförmigen Zonierungsmusters in einer Simulation, die auf genau diesen Voraussetzungen beruht.

Neben radialen Zonierungen können qualitativ unterschiedliche Muster als Resultat von Regeln erscheinen, die auf einer endogenen circadianen Rhythmik beruhen. Konzentrische Ringe und Spiralen lassen sich dabei durch bloße Veränderung der Anfangsbedingungen von derselben Regel ableiten (Bild 5.15). Die Anfangsbedingung betrifft die „Phasen" der Hyphen des Inokulatringes. Die Phase definiert die „relative Uhrzeit" einer Hyphe bezüglich des circadianen Rhythmus. Im Experiment können unterschiedliche Phasen der Inokulathyphen durch Licht-Dunkel-

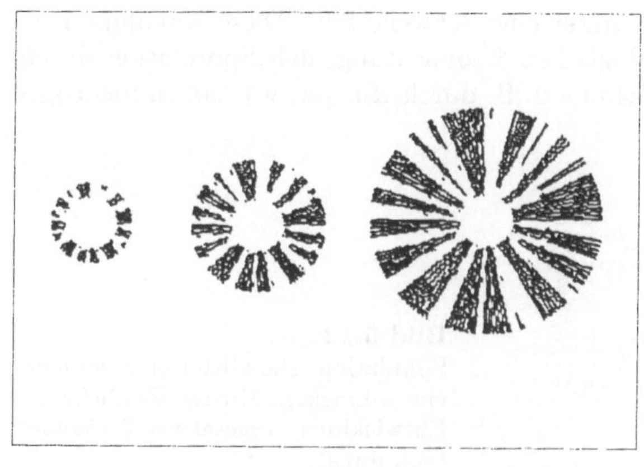

Bild 5.14
Computersimulation:
Zeitliche Entwicklung
(von l.) einer radiären
Zonierung.

Wechsel zu entsprechenden Zeiten eingestellt werden. Konzentrische Ringe entstehen in der Simulation, wenn immer die Phasen der Inokulatzellen identisch sind (Bild 5.15a). Unterschiede der Anfangsphasen sind notwendig, aber nicht hinreichend für die Bildung von Spiralmustern. In der in Bild 5.15b gezeigten Simulation wurde als Anfangsbedingung eine Phasenverteilung gemäß eines Gradienten gewählt. Die „graduellen Unterschiede" müssen im Verlaufe des weiteren Wachstums erhalten bleiben und dürfen nicht durch Synchronisierungseffekte verwischt werden. Genau dieses könnte bei *Neurospora* der Fall sein, da bei dem Pilz unter – der simulierten Situation ähnlichen – experimentellen Bedingungen nie Spiralen beobachtet werden konnten [7]. Selbst wenn die Inokulatphasen völlig zufällig verteilt sind, kann sich ein fast konzentrisches Ringmuster als Resultat von Synchronisationseffekten entwickeln (vgl. Bild 5.15c).

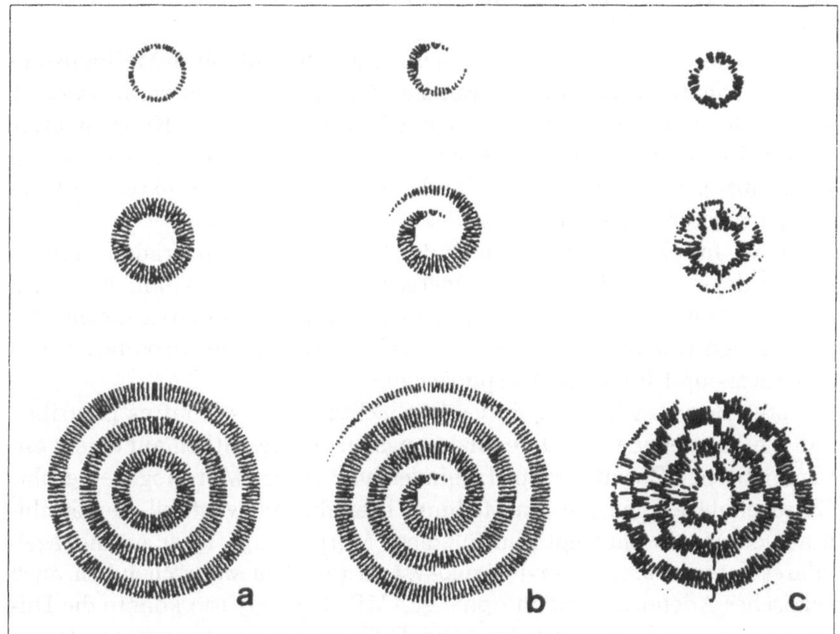

Bild 5.15 Computersimulationen. Die *Regel* beruht auf der circadianen Rhythmik. Zeitliche Entwicklung der Strukturbildung (von oben nach unten). Unterschiedliche Anfangsbedingungen führen zu konzentrischen Ringen **(a)**, Spiralbildung **(b)** oder quasi-konzentrischen Ringen **(c)**.

Modell und Experiment

Zugegebenermaßen ist der vorgeschlagene Automat ziemlich abstrakt. Trotzdem hat das Modell dazu beigetragen, das *Neurospora*-System von einer neuen Warte aus zu betrachten. Während die zugrundeliegende molekulare Natur der Hyphendifferenzierung vergleichsweise gut verstanden ist, beleuchtet das Modell besonders die Bedeutung der Hypheninteraktionen für die Bildung von Differenzierungsmustern. Es ist bei *Neurospora crassa* wohlbekannt, daß Differenzierung durch untershiedliche Mechanismen induziert werden kann, insbesondere durch endogene (circadiane Rhythmik) und exogene Prozesse (z. B. Hunger oder Hitzeschock). Daher war es wichtig, auch im Modell für unterschiedliche Mechanismen Sorge zu tragen. Die Simulationen bestätigen, daß ein System von Oszillatoren, die in den Hyphen manifest sind, zu konzentrischen Ringmustern führen können.

Ein anderer Prozeß, der auf einem Aktivator-Inhibitor-Mechanismus beruht, könnte für die Bildung radialer Zonierungsmuster verantwortlich sein. In den biologischen Experimenten ist die „Vogelsalz"-Konzentration für die Entstehung entweder konzentrischer Ringe oder radialer Zonierungsmuster ausschlaggebend: Die bloße Änderung eines externen Kontrollparameters (Konzentration der „Vogelsalze") schaltet den vorherrschenden Induktionsmechanismus des Pilzes von einem prädeterminierten (endogenen) auf einen epigenetischen Mechanismus um. Eventuell hemmen hohe „Vogelsalz"-Konzentrationen den Sporulationszeiger der circadianen Uhr und bewirken gleichzeitig eine erhöhte Produktion von Aktivator- und Inhibitor-Morphogenen.

Unter Berücksichtigung dieser Beobachtungen erscheint es plausibel, daß die Entstehung der Differenzierungsmuster wesentlich auf einem antagonistischen Zusammenspiel (mindestens) zweier Morphogene beruht. Extrazelluläre Agenzien (im Medium) beeinflussen eventuell die Sensibilität von Membranrezeptoren für diese Morphogene. Über ein intrazelluläres (*second-messenger-*) Signalsystem (an dem wahrscheinlich auch zyklisches Adenosinmonophosphat (cAMP) beteiligt ist) könnte die Differenzierung induziert werden. Die Differenzierungssequenz wiederum könnte über ein weiteres Signalsystem die Exkretion der Morphogene ins Medium bewirken (Bild 5.16). Für eine Reihe von Teilprozessen gibt es bereits experimentelle Belege. Die Verifikation insbesondere des postulierten Zusammenspiels dieser Prozesse bleibt hingegen Gegenstand

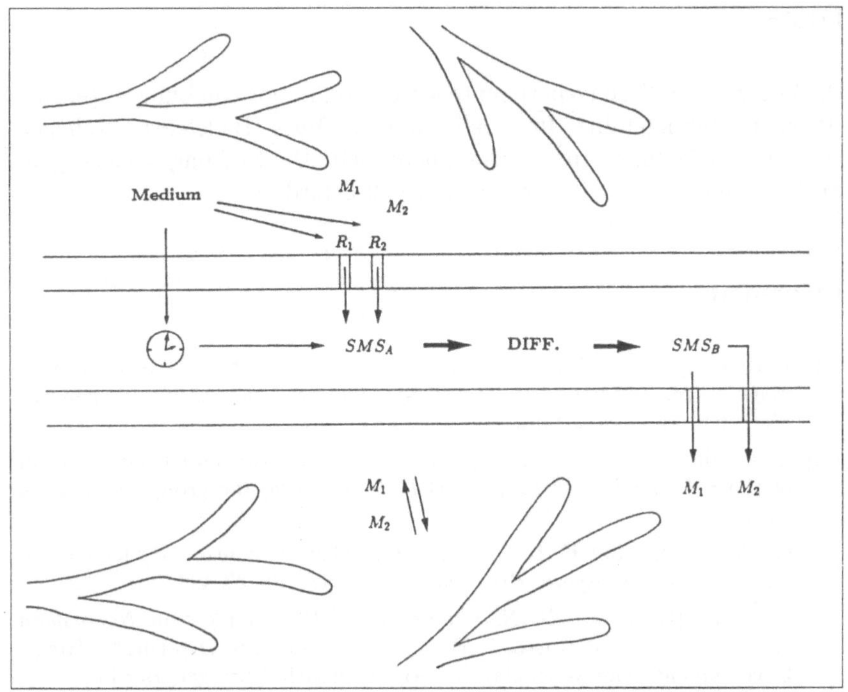

Bild 5.16 Hypothese zur Entstehung von Sporenmustern. M_1, M_2: Morphogene; R_1, R_2: Rezeptoren für Morphogene; SMS_A, SMS_B: *second-messenger-Systeme* (Erläuterungen im Text).

zukünftiger Forschungen.

Wichtige Eigenschaft Zellulärer Automaten ist, daß die zeitliche Dynamik eines Gitterelements vollständig durch das Systemverhalten in einer lokalen Umgebung desselben Gitters bestimmt ist. In dem hier vorgestellten Zellulären Automaten wurde die Nachbarschaftsidee auf eine Folge benachbarter Gitter erweitert. Wachstumsfronten von *Neurospora crassa* sind nur eine mögliche Anwendung derartiger Gitterstrukturen. Andere Beispiele finden sich in allen Systemen, in denen Wachstum, Verzweigung (bzw. Teilung) und Differenzierung miteinander verwoben sind, wie z. B. in der Embryogenese von Wirbeltieren oder bei der Entwicklung von Zellgeweben.

Dank

Die hier vorgestellten Experimente wurden im Labor von Ludger Rensing (Bremen) durchgeführt. Ihm und Andreas Dress (Bielefeld) herzlichen Dank für viele Jahre guter Zusammenarbeit. Die Stiftung Volkswagenwerk (Hannover) hat die Arbeit finanziell gefördert.

Literatur

[1] L. Rensing (1993) Morphogenesis of periodic conidiation patterns in *Neurospora crassa*. In: L. Rensing (Hrsg.) Oscillations and Morphogenesis. Marcel Dekker, New York

[2] C. L. Shear und B. O. Dodge (1927) Life histories and heterothallism of the red bread-mold fungi of the *Monilia sitophila* group. Journal of Agricultural Research **24** 1019

[3] G. W. Beadle und E. L. Tatum (1941) Genetic control of biochemical reactions in *Neurospora*. Proc. Nat. Acad. Sci. US **27** 499

[4] V. E. A. Russo und N. N. Pandit (1992) Development in *Neurospora crassa*. In: V. E. A. Russo, S. Brody, D. Cove und S. Ottolenghi (Hrsg.) Development. The Molecular Genetic Approach. Springer, Berlin

[5] J. F. Feldman und J. C. Dunlap (1983) *Neurospora crassa*: A unique system for studying circadian rhythms. Photochem. Photobiol. Rev. **7** 319

[6] A. T. Winfree und G. M. Twaddle (1981) The *Neurospora* mycelium as a two-dimensional continuum of coupled circadian clocks. In: T. A. Burton (Hrsg.) Mathematical Biology. Pergamon, New York

[7] A. Deutsch (1993) Das Experiment: Sporenmusterbildung beim Schlauchpilz *Neurospora crassa*. Biologie in unserer Zeit. **23** 259

[8] A. T. Winfree (1971) Polymorphic pattern formation in the fungus *Nectria*. J. Theor. Biol. **38** 363

[9] A. Deutsch, A. Dress und L. Rensing (1993) Formation of differentiation patterns in the ascomycete *Neurospora crassa*. Mech. of Dev. **44** 17

[10] D. A. Young (1984) A local activator-inhibitor model of vertebrate skin patterns. Mathem. Biosciences **72** 51

[11] A. Gierer und H. Meinhardt (1972) A theory of biological pattern formation. Kybernetik **12** 30

[12] A. Deutsch (1993) A novel cellular automaton approach to pattern formation by filamentous fungi. In: L. Rensing (Hrsg.) Oscillations and Morphogenesis. Marcel Dekker, New York

Kapitel 6

Ordnung in Kolonien

Bakterien schließen sich zu bizarren Formationen zusammen

Eshel Ben-Jacob, Ofer Shochet und Adam Tenenbaum

Ist die Vielfalt der Muster in der Natur Resultat verschiedener Ursachen und Effekte? Oder läßt sich ein einheitliches Bild zeichnen, in dem belebte wie unbelebte Systeme dieselben Prinzipien teilen? Erst im letzten Jahrzehnt beginnen sich zufriedenstellende Antworten auf diese Fragen herauszukristallisieren (vgl. Kap. 11 sowie [1, 2]). Die größte Herausforderung stellt für einen Wissenschaftler die Untersuchung lebender Systeme dar. Breiten Raum beansprucht dabei die Suche nach Regulations- und Kontrollprinzipien der Kommunikation, der entscheidenden Voraussetzung von Leben auf zellulärem und multizellulärem Niveau (vgl. Kap. 4 u. [3, 4]). Wie in jedem neuen Forschungsgebiet besteht eine erste Hürde in der Formulierung von Problemen, welche einfach genug sind, um mit Aussicht auf Erfolg gelöst zu werden.

Zum Studium bieten sich Bakterien an, die gemeinhin als niedere Lebensform angesehen werden. Nur gelegentlich findet man Bakterien als „Singles" vor; zumeist treten diese Mikroorganismen hingegen in riesiger Anzahl als Kolonien in Erscheinung, so bei der Fixierung von Stickstoff in Wurzelknöllchen, als Plaques bei der Zahnsteinbildung oder bei Abbauvorgängen in Böden und Abwasserschlämmen. Erst in jüngster Zeit wurde gezeigt, daß Bakterien dabei Leistungen vollbringen, die man eigentlich nur höheren Organismen zugetraut hatte [3]. Auf einige dieser Fähigkeiten, die sich in äußerst komplexen Musterbildungen ausdrücken, wollen wir im folgenden aufmerksam machen.

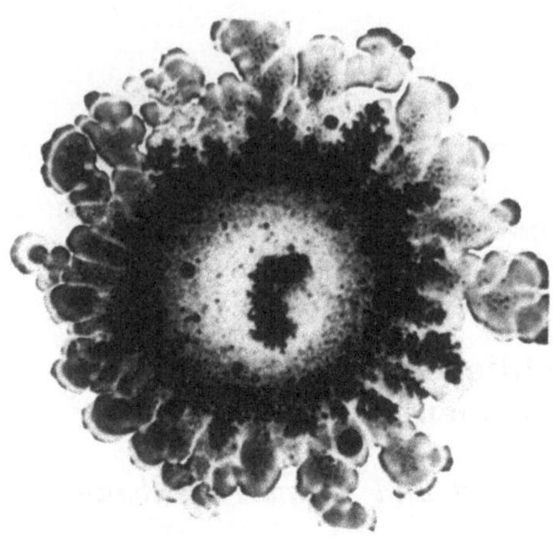

Bild 6.1
Muster von *Bacillus subtilis*.
Blick auf die Gesamtkolonie.

Muster an der Grenze belebter und unbelebter Natur

Die Ähnlichkeit mancher Bakterienmuster mit unbelebten Strukturen
ist verblüffend. Gerade der Vergleich der Muster beider Welten, der belebten und der unbelebten, ermöglicht es uns, gemeinsame Prinzipien,
aber auch Unterschiede ihrer Bildung zu extrahieren. Im Falle der Bakterienkolonie sind die Systembausteine selbst lebende Systeme, wobei
jedes für sich sein eigenes (manchmal egoistisches) Interesse und innere
Freiheitsgrade besitzt. Gleichzeitig erfordert allerdings die Adaptation
der Kolonie an widrige Umweltbedingungen Selbstorganisation auf allen Ebenen – und dies läßt sich nur durch kooperatives Verhalten der
Bakterien bewerkstelligen. Man kann das System als Wechselspiel zwischen mikroskopischer (dem einzelnen Bakterium) und makroskopischer
Ebene (der Kolonie) interpretieren, das schließlich zu den beobachteten
Mustern führt. Dabei haben widrige Wachstumsbedingungen sowohl ei-
ne komplexere globale Struktur als auch einen höheren mikroskopischen
Organisationsgrad zur Folge.

Um all dies zu bewerkstelligen, besitzen Bakterien ein reiches Repertoire hochentwickelter Kommunikationssysteme [5-9]: von direktem
Zell-Zell-Kontakt, welcher physikalische und chemische Wechselwirkungen ermöglicht, über indirekte physikalisch-chemische Wechselwirkungen
durch auf der Agaroberfläche hinterlassene Markierungen und chemische (chemotaktische) Signale bis zu genetischer Kommunikation durch

Austausch genetischen Materials, zum Beispiel von DNA-Bruchstücken. Diese einzigartigen Kommunikationsmöglichkeiten erlauben es dem Bakterium, sowohl Akteur als auch Zuschauer im Theater der Musterbildung zu sein. In der unbelebten Welt sind wir an die Partikel-Wellen-Dualität längst gewöhnt. Hingegen haben die Bakterien eine Partikel-Feld-Dualität entwickelt: Jedes Bakterium ist ein bewegliches Partikel, das um sich herum chemische und physikalische Felder erzeugen kann, die wiederum das Verhalten des Bakteriums beeinflussen. Eine weitere Komplexitätsstufe der Bakterien ist ihre Fähigkeit zu vererbbaren genetischen Veränderungen (Mutationen), die durch die Wachstumsbedingungen ausgelöst werden [1, 2]. So kann man durch Verschlechterung der Lebensbedingungen Mutationen erzeugen. Die derart „gezüchteten" Mutanten verfügen unter Umständen über noch komplexere Kommunikationsstrategien als der nichtmutierte, ursprüngliche Bakterientyp.

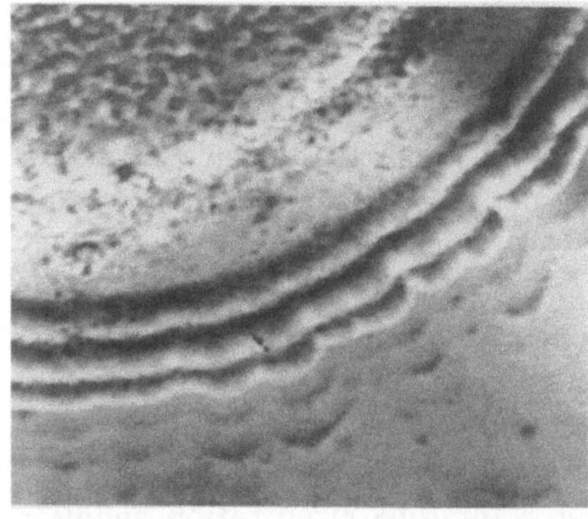

Bild 6.2
Dreidimensionale Wachstumswellen
(Ausschnitt aus d. Wachstumsfront).

Bakterienmuster im Labor

Im Labor wachsen Bakterienkolonien typischerweise auf Substraten mit hohen Nährstoff- bzw. ausgewogenen Agarkonzentrationen. Unter derart „freundlichen Bedingungen" bilden die Kolonien einfache (weitgehend strukturlose) kompakte Muster mit mehr oder weniger glattem Rand (Bilder 6.1-2). So gut haben es die Bakterien in der freien Natur allerdings nicht. Dort weht ein viel schärferer Wind, und es herrschen zumeist

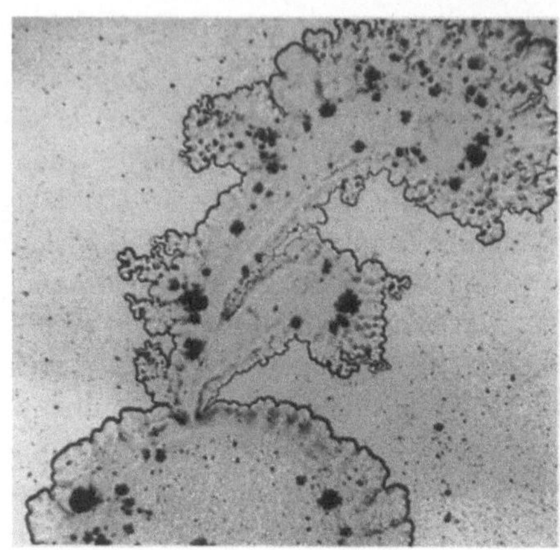

Bild 6.3
Stark zerklüftetes Muster bei
niedriger Nährstoffkonzentration.

widrige Umweltbedingungen für diese kleinen Lebewesen. Was mag passieren, wenn wir versuchen, eine solch „feindliche Situation" im Experiment nachzuahmen – zum Beispiel, indem wir die Bakterien hungern lassen bzw. nur wenig Nahrung geben oder den Bakterien eine härtere Substratoberfläche durch Erhöhung der Agarkonzentration anbieten? Die Vermehrungsrate der Bakterien, welche die Wachstumsrate der Kolonie bestimmt, ist direkt abhängig von der für das einzelne Bakterium verfügbaren Nahrung. Letztere ist nun begrenzt durch die Diffusion der Nährstoffe zur Kolonie. So scheint das Wachstum der Bakterienkolonie ähnlich dem diffusionsbegrenzten Wachstum unbelebter Systeme zu sein (vgl. Kap. 11). Deshalb würde man erwarten, daß wenn immer Bakterienkolonien auf Agar mit niedriger Nährstoffkonzentration gehalten werden, also diffusionsbegrenzt wachsen, sich anstelle des kompakten Wachstums viele Verzweigungen einstellen. Dadurch würde der Kolonie das Erreichen diffundierender Nahrungspartikel wesentlich erleichtert.

Wir wollen uns ein Muster-Theaterstück genauer ansehen und haben uns für einen Stamm des Bakteriums mit wissenschaftlichem Namen *Bacillus subtilis* entschieden. Das Bakterium ist stäbchenförmig und wird auch „Heubazillus" genannt, da es aus Heuaufgüssen angereichert und isoliert werden kann. Die Bakterienkolonien werden in Petrischalen, die eine dünne Schicht Substrat enthalten, kultiviert. Die Wachstumsbedingungen variieren von extremer Nährstoffknappheit (0.1 Gramm Pepton pro Liter) bis zu äußerst nährstoffreichen Konzentrationen (von 10 g/l), sowie von weichem (ca. 1% Agarkonzentration) bis zu sehr hartem Substrat (4%). Wachsen die Kolonien in nährstoffreichem Substrat, entstehen – wie erwartet – einfache, kompakte Muster. Überraschenderweise zeigen sich aber bei nährstoffarmem Substrat, also feindlichen Bedingungen, unerwartete Muster, nämlich kompakte Muster mit einem zerklüfteten Rand und nicht die eigentlich erwarteten Verzweigungsstrukturen (Bild 6.3). Wahrscheinlich hat das Bakterium – über Generationen unter freundlichen Bedingungen lebend – schlicht verlernt, sich durch die Taktik der Verzweigungsbildung feindlichen Bedingungen zu widersetzen. Im Hinblick auf ein besseres Verständnis der beobachteten Phänomene wollen wir versuchen, ein einfaches Modell zu entwickeln.

Bakterien als Partikel ohne Verständigung

Mit dem im folgenden beschriebenen Modell wollen wir die Effekte von diffusionsbegrenztem Wachstum (vgl. Kap. 11) auf die Musterbildung einer Bakterienkolonie untersuchen. Wir werden sehen, daß es sich bei dem Modell um einen Zellulären Automaten handelt. Solche Automaten haben sich auch in vielen anderen Systemen als Werkzeug zur Modellierung komplexer Musterbildung bewährt (vgl. Kap. 2, 5 u. 9). Die einzige biologische Komponente in unserem Modell ist die Vermehrung der Bakterien. Ansonsten sind die Bakterien zu kommunikationslosen „Partikeln" degradiert; jegliche Bewegung ist den Partikeln untersagt. Lassen Sie uns schauen, wie weit wir mit diesem Ansatz kommen.

Die Nährstoffkonzentration erfüllt eine lineare Diffusionsgleichung, die zur Lösung auf einem Gitter diskretisiert wird. Da die Größe eines einzelnen Bakteriums – auf eine zweidimensionale Fläche projiziert – ungefähr $1\mu m^2$ ist, die von der Kolonie überwachsene Fläche aber in der Größenordnung von $10^9 \mu m^2$ liegt, ist es völlig unmöglich, einzelne Bakterien zu verfolgen. Stattdessen betrachten wir mesoskopische Einheiten, die wir „Zellen" nennen. Jede dieser Zellen konsumiert Nahrung mit einer bestimmten Rate. Hat die von einer Zelle vertilgte Nahrungsmenge eine vorgegebene Schwelle überschritten, so teilt sich die betreffende Zelle; die dabei neu entstehende Zelle besetzt eine der nächsten Nachbarpositionen, wobei die genaue Position dem Zufall überlassen bleibt. Sind schon alle Nachbarpositionen belegt, teilt sich die Zelle eben nicht. Der Einfachheit halber wird die Zellgröße gleich der Diskretisierungsgröße des Gitters, auf dem wir die Diffusionsgleichung lösen, angenommen.

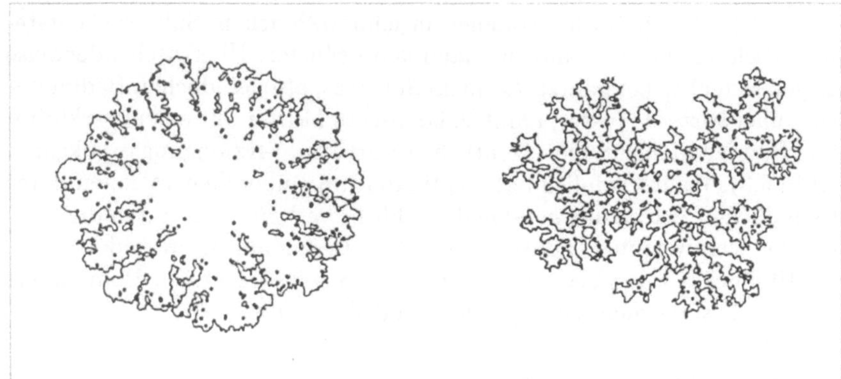

Bild 6.4 Simulation d. Diffusions-Wachstums-Modells. L.: hohe Nahrungskonzentration u. niedriger Nahrungskonsum; r.: bei geringer Konzentration u.
hoher Konsumrate kommt es zu starker Zerklüftung der Grenzflächen.

Das Modell hat neben der Diskretisierungsgröße nur drei Parameter: die
anfängliche Nahrungskonzentration, die *Nahrungskonsumrate* der Bakterien und den *Nahrungsschwellwert*, bei dessen Erreichen eine Zelle
sich teilt. Dieses einfache Modell erfordert keine besondere Rechnerka-
pazität und kann auf jedem Personalcomputer simuliert werden. Simulationen zeigen in der Tat die Bildung kompakter Muster mit zerklüfteten
Rändern (Bild 6.4) – Vermehrung und Nahrungsdiffusion genügen also
bereits, um Muster zu erzeugen.

Die Mustervielfalt der Bakterien ist unerschöpflich

Natürlich ist diese „Taktik nicht interagierender Partikel", falls man dabei überhaupt von Taktik sprechen will, für eine Bakterie völlig unzurei-
chend, um mit feindlichen Umweltverhältnissen fertig zu werden. Welche
effektiveren Strategien sind denkbar? Lohnt es sich etwa für die Bakterien, mobil zu sein oder ihre Vermehrungsgewohnheiten zu verändern?
 Auf der Suche nach Antworten auf diese Fragen, haben wir unzählige
Experimente mit *Bacillus subtilis* durchgeführt, indem wir die Wachstumsbedingungen über einen weiten Bereich variierten. Hin und wieder
bildeten sich völlig unerwartet spektakuläre Muster, insbesondere auch
Verzweigungsstrukturen. Die Bakterien scheinen klug genug zu sein, um

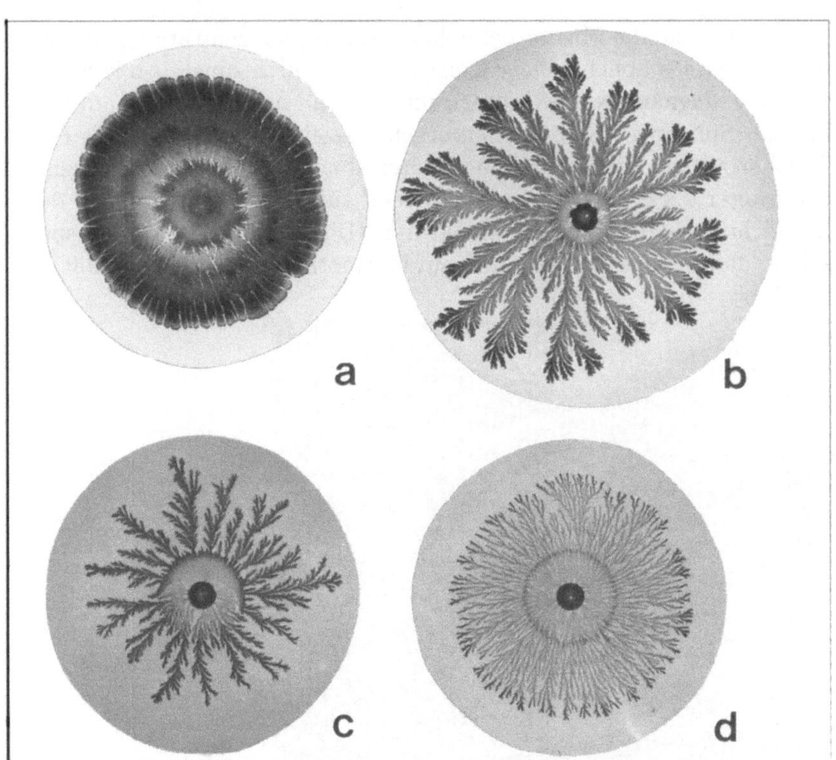

Bild 6.5   Musterbildung mit Spitzenverzweigung. (a), (b), (c) u. (d) entstanden bei 2.0% Agar- u. 5g/l, 2g/l, 0.5g/l bzw. 0.25g/l Peptonkonzentration.

neue Strategien durch genetische Veränderungen erwerben zu können.

Dazu kombinieren sie drei taktische Komponenten: Zufallsbewegung in einer klar begrenzten Umgebung, funktionale, also qualitative Veränderung der Wachstumsrate, die wir aber hier nicht weiter untersuchen wollen, und direkte Kommunikation. Letztere wird durch die frappierende Ähnlichkeit der Verzweigungsstrukturen von Bakterien mit unbelebten Systemen nahegelegt. Vor diesem Hintergrund erscheint nämlich eine physikalische Analogie bakterieller Kommunikation zur Oberflächenspannung bzw. -kinetik in physikalischen Systemen möglich. Dabei sind die Verzweigungsmuster von recht unterschiedlicher Gestalt. In Bild 6.5 zeigen wir einige der beobachteten Formen.

Generell sind die Muster bei hoher Nahrungskonzentration kompakter und werden bei abnehmender Konzentration durch zunehmende *Spitzenverzweigung* immer verzweigter (fraktal). Den Mustertyp, der hauptsächlich aus Spitzenverzweigung hervorgeht, bezeichnet man auch als Phase T. Überraschenderweise tritt bei weiter abnehmender Peptonkonzentration (unter 0.4 g/l) ein neues Phänomen auf: Die Kolonien bilden deutlich sichtbare konzentrische Strukturen (Bild 6.5d). Wir werden später sehen, daß sich dieses Verhalten auf Chemotaxis zurückführen läßt.

Bild 6.6
Dreidimensionales Muster: Wallbildung bei hoher Agarkonzentration.

Wie schon gesagt, bewegen sich die Bakterien innerhalb einer klar begrenzten Hülle wirr (zufällig) durcheinander. Die Hülle besteht aus – von den Bakterien abgesonderten – Chemikalien und Flüssigkeit, welche die Bakterien aus dem Agar „gesogen" haben. Durch Kollisionen der Bakterien mit der Hülle wird sie langsam voran getrieben. Bei sehr niedrigen Peptonkonzentrationen ist die Bakteriendichte äußerst gering – die durchschnittliche Entfernung zwischen den Bakterien beträgt ein Vielfaches ihrer individuellen Größe. In diesem Bereich erscheinen die Bakterien länger (bis zu $5\mu m$ lang) und die Bewegung macht einen geordneteren Eindruck. Erhöht man die Agarkonzentration, so entsteht eine Grenzschicht hoher Bakteriendichte an den vordersten Spitzen der wachsenden Verzweigungen. In diesem Konzentrationsbereich haben die Kolonien auch eine ausgeprägte Struktur in die dritte Dimension (Bild 6.6).

Zum *neuen Verständnis* von Musterbildung an Grenzflächen in unbelebten Systemen hat ganz entscheidend die Erforschung der Rolle von Anisotropie beigetragen (vgl. Kap. 11). Anisotropie ist zum Beispiel bei Kristallbildung Voraussetzung, um anstelle einer Kaskade von Verzweigungen, die zu lappenartigen Ausfransungen der Wachstumsfront führt, dendritische Muster zu erhalten. Deshalb wäre ein interessanter Test der Ähnlichkeit bakterieller Musterbildung mit unbelebten Systemen die Einführung einer Anisotropie in das Bakteriensystem. Kann diese die Bakterien zu dendritischem Wachstum animieren?

Wir erzeugten eine Anisotropie, indem wir den Agar mit gerilltem Plexiglas „stempelten". Bereits sechs Rillen auf dem Plexiglas führen zu so phantastischen Mustern, wie sie in Bild 6.7 (a, b u. c) gezeigt sind und stark an Schneeflocken erinnern. Koloniemuster in der Art von Kristallen ergeben sich, wenn auf dem Plexiglas ein quadratisches Gitter eingraviert wird (Bilder 6.7 d, e u. f). Die Resultate lassen vermuten, daß lokale Störungen eine entscheidende Rolle bei der Entstehung der Koloniemuster spielen. Die Riefen im Agar brechen die Symmetrie in der Bewegung nur einiger weniger Bakterien in ihrer Nähe. Diese winzige Asymmetrie (oder lokale Anisotropie) reicht schon als Störung aus, um dendritisches Wachstum zu induzieren. Wir wollen nun zeigen, welche dramatischen Auswirkungen die Einführung lokaler Kommunikation in das bereits beschriebene *interaktionslose* Modell hat. Wir gewähren deshalb den Zellen eine Reihe von Freiräumen. Insbesondere dürfen sie sich nun innerhalb eines klar umgrenzten – aus Segmenten bestehenden – Raumes (der *Bakterienhülle*) bewegen, die Zellen werden somit zu *Wanderern*. Ein Segment der Hülle bewegt sich, nachdem es mit vorgegebener Häufigkeit (N_c) von Wanderern „getroffen" wurde. Dieser Zählprozeß führt zu einem primitiven Gedächtnis und ermöglicht eine Art lokaler Kommunikation. Ferner wird ein Wanderer unbeweglich, wenn er nach einer ebenfalls vorgegebenen Zeit keine ausreichende Nahrung gefunden hat. In erster Näherung ist N_c ein Maß für die Agarkonzentration; ist der Agar härter, so sind zur Verschiebung der Hülle eine höhere Anzahl von Kollisionen erforderlich.

Die Abhängigkeit der Muster von vorgegebenen Kontrollparametern läßt sich hervorragend in einem „Morphologiediagramm" dokumentieren [1, 2]. Ein typisches Morphologiediagramm, das aus Simulationen des beschriebenen Modells entstand, zeigt Bild 6.8. In diesem Bild ist P

Bild 6.7　Muster, die durch eine künstliche Anisotropie (Rillung der Agaroberfläche) hervorgerufen werden. „Bakterien-Kristalle" (links), „Bakterien-Schneeflocken" (rechts).

ein Maß für die Nahrungskonzentration. Wie im experimentellen System sind die Muster für hohe Nahrungskonzentrationen kompakt. Mit abnehmender Nahrungskonzentration tritt eine Verzweigungsstruktur immer deutlicher zu Tage. Einen ähnlichen Effekt bewirkt die Zunahme der Agarkonzentration.

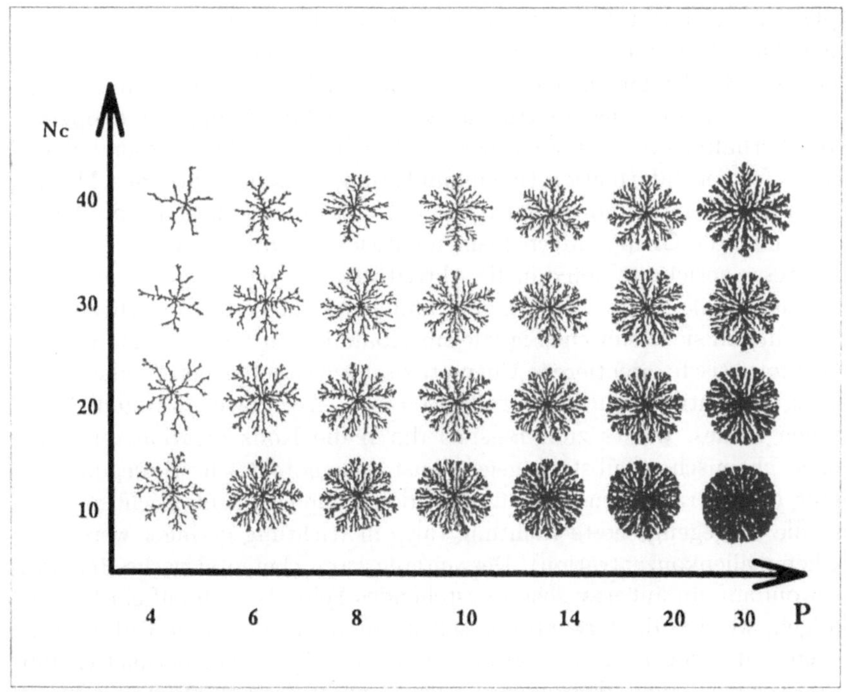

Bild 6.8   Morphologiediagramm des „kommunizierenden Wanderer-Modells". Anfängliche Anzahl *Wanderer*: 20. Im späten Stadium des Wachstums ist die Anzahl *Wanderer* ca. 10^5. P u. N_c sind Maße für die Nährstoff- bzw. Agarkonzentration zu Beginn der Simulation (Erläuterung im Text).

Chemische Signale und Musterbildung

Haben wir nun eine zufriedenstellende Erklärung für die von den Bakterien gebildeten Verzweigungsmuster gefunden? Zum Teil ja, denn das aus dem Modell gewonnene Bild 6.8 zeigt bereits charakteristische Eigenschaften realer Bakterienmuster. Aber es gibt auch wesentliche qualitative Unterschiede. Der wohl dramatischste zeigt sich im Experiment in der Bildung konzentrischer Muster mit schmalen radialen Verzweigungen, wenn wir nur die Peptonkonzentration genügend verringern (unter 0.4 g/l). Hingegen entstehen für entsprechende Parameter im Modell fraktale Strukturen.

Worin mag dies begründet sein? Ist eine klügere Strategie als die simple Verzweigungstaktik, die sich aus der lokalen Kommunikation ergibt, denkbar? Versetzen Sie sich mal für einen Moment in die Lage einer Gruppe Siedler auf unerschlossenem, feindlichem Terrain. Um mit diesen Lebensbedingungen fertig zu werden, muß die Gruppe zu kooperativen Verhaltensweisen finden. Dieses Verhalten schließt insbesondere den Transfer von Information (Kommunikation) zwischen einzelnen Mitgliedern der Gruppe und der Gruppe als Ganzem (Regulation) ein. Außerdem muß die Gruppe Mechanismen entwickeln, um gegen das Gruppeninteresse gerichtete individuelle Aktivitäten auszugleichen (Kontrolle).

Bakterienkolonien scheinen ganz ähnliche Fähigkeiten erworben zu haben, indem sie chemische Signale zur Kommunikation einsetzen und sich chemotaktisch orientieren. Chemotaxis bezeichnet generell eine Bewegung als Antwort auf den Gradienten eines irgendwie gearteten chemischen Feldes, wie es zum Beispiel durch die Konzentrationsverteilung einer chemischen Substanz gegeben ist. Chemotaktische Bewegung entlang eines Gradienten verläuft entweder in die Gradientenrichtung oder in die entgegengesetzte Richtung (also in Richtung geringer werdender Chemikalienkonzentration). Desweiteren kann chemotaktische Reaktion sowohl auf ein äußeres, schon bestehendes Feld als auch auf ein Feld erfolgen, welches die Organismen selbst aufbauen. Letzterer Fall wird als chemotaktische Kommunikation bezeichnet [7]. Paradebeispiel chemotaktischer Kommunikation ist der Schleimpilz *Dictyostelium discoideum* (vgl. Kap. 4).

Wir wollen nun unser Modell durch eine einfache Version chemotaktischer Kommunikation erweitern. Zu diesem Zweck führen wir ein „Pheromon", also eine „Kommunikationschemikalie" ein. Jedes der unbeweg-

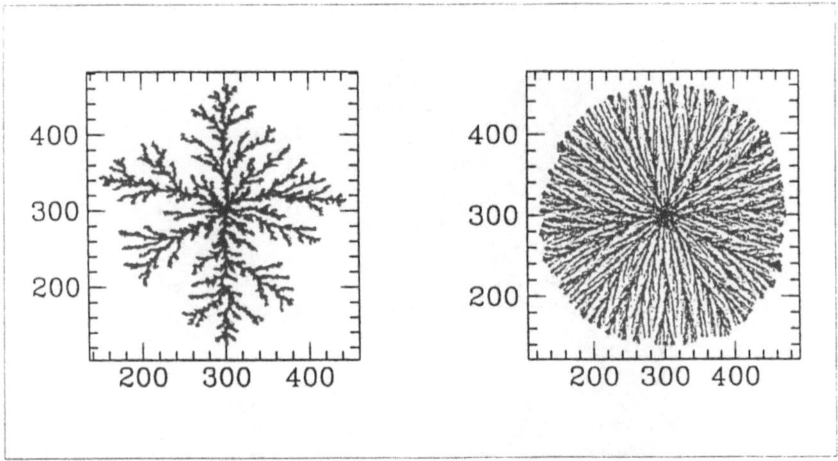

Bild 6.9 Die Auswirkung von Chemotaxis in der Simulation. Musterbildung ohne (links) und mit chemotaktischem Signalsystem.

lich gewordenen, also fast verhungerten Bakterien soll dieses „Pheromon" produzieren. Dies ist eine Taktik der Bakterien zu ihrem Schutz. Infolgedessen führt das chemische Signal zur Flucht von sich in der Nähe aufhaltenden (noch beweglichen) Bakterien. Andere Bakterien empfangen das Signal und antworten entsprechend. Welche Auswirkungen hat dieser Prozeß auf die Bewegung der Bakterien? Ganz deutlich ändert sich das Verhalten von einer bloßen Zufallsbewegung zu einer Bewegung, die eine ausgeprägte Tendenz in Richtung des Gradienten aufweist. Dabei ist die Wahrscheinlichkeit, daß ein Wanderer sich in eine bestimmte Richtung bewegt, proportional zum Gradienten der Pheromonkonzentration in diese Richtung. Die aktiven Bakterien konsumieren dabei das Pheromon und tun dies aus rein „defensivem Interesse", um eine Chemikalie aus dem Weg zu räumen, die ihre freie Bewegung behindert.

Überraschenderweise stellt sich heraus, daß die egoistischen Pheromonsignale bei widrigen Lebensbedingungen dem Interesse der ganzen Kolonie dienen können. Die Auswirkung der Chemotaxis auf die Musterbildung ist in Bild 6.9 gezeigt, dem das beschriebene, noch sehr vereinfachte Modell zugrunde liegt. Das Muster ist sehr dicht mit schmalen radial orientierten Verzweigungen und einer konzentrischen glatten Hülle – ganz ähnlich den im Experiment beobachteten Bakterienmustern.

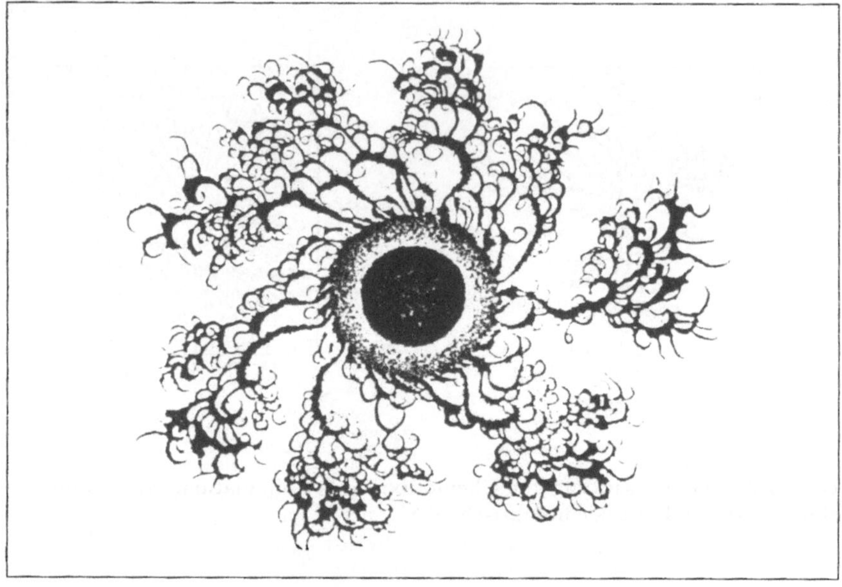

Bild 6.10 Chirale Musterbildung.

Chirale Musterbildung

Nehmen wir einmal an, wir geben den Bakterien wenig Nahrung, gleichzeitig aber viel Bewegungsspielraum durch Verringerung der Agarkonzentration. Ist dann das Bakterium in der Lage, die zusätzlichen Freiräume, sprich Bewegungsmöglichkeiten, zu nutzen? Die Antwort ist ja, die Bakterien entwickeln sich unter diesen Bedingungen vorrangig durch *chirales Wachstum*. Die entstehenden chiralen Muster bestehen aus dünnen Verzweigungen, die alle dieselbe Drehrichtung besitzen (Bild 6.10). Dieser Wachstumstyp (Phase C genannt) hat etwas ganz Besonderes an sich: er ist vererbbar. Chirale Asymmetrie begegnet uns auf allen Ebenen in der Natur – bei subatomaren Partikeln und Molekülen (DNA, Milchsäure) genauso wie beim Menschen – und scheint eine wichtige Rolle in der Evolution lebender Systeme gespielt zu haben [10, 11]. Vor diesem Hintergrund überrascht es nicht mehr, daß auch Bakterien chirale Eigenschaften besitzen.

Mikroskopische Beobachtungen zeigen, daß die Kolonie während des chiralen Wachstums aus sich langsam bewegenden Bakterien besteht. Die einzelnen Bakterien sind dabei länger als diejenigen beim Verzweigungswachstum und besitzen fadenförmige Gestalt ohne chirale Struktur. Die mikroskopische Dynamik ist durch langsames Schwärmen der langen Bakterien bestimmt. Im Gegensatz zum bloßen Verzweigungswachstum (vgl. Tafel 6) ist die Bewegung aber viel koordinierter. Die Bakterien scheinen sich entlang paralleler Wege zu verfolgen.

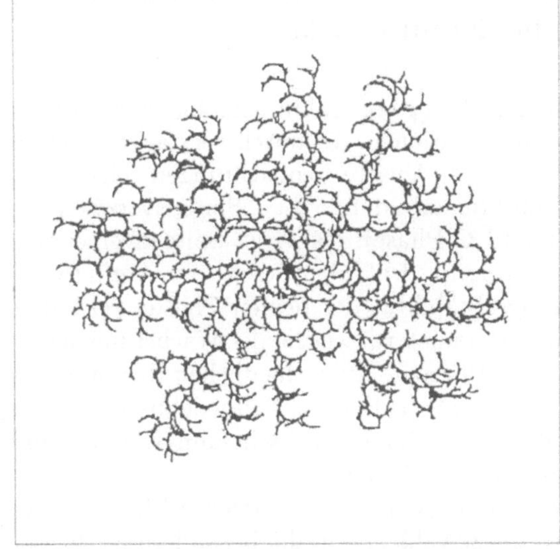

Bild 6.11
Simulation einer chiralen
Musterbildung.

Chirales Wachstum stellt sich als äußerst anspruchsvolle Taktik heraus. Kann man diesen Wachstumstyp vielleicht mit unserem Modell simulieren, oder müssen wir das Modell ein weiteres Mal erweitern? In Phase C haben die Bakterien eine wohl definierte Orientierung. Die Bakterien sind nicht mehr länger nur Zufallswanderer. Sie zeigen keine seitliche Bewegung, sondern nur Vorwärts- und Rückwärtsbewegung mit einer leichten Drehung. Ferner gibt es auch starke Interaktionen zwischen den Bakterien, da die Bakterien sich im Experiment gegenseitig anzuziehen scheinen und sich eng aneinander vorbeibewegen. Es erscheint daher geeigneter, sie als *Gleiter* anstatt als *Wanderer* zu bezeichnen. Wir haben bereits auf die Partikel-Feld-Dualität der Bakterien hingewiesen. In Phase C ist das Bakterium nun nicht mehr länger ein punktförmiges, sondern vielmehr ein orientiertes Partikel. In Bild 6.11 ist eine Simulati-

on zu sehen, die auf einem Modell beruht, wie wir es hier skizziert haben.
Wachstum ist in diesem Fall diffusionsbedingt; es gibt keine chemotaktische Kommunikation. Die Stärke des Twists (die *Verdrehung*) ist in der
Simulation ein fester Parameter. In der experimentellen Wirklichkeit ist
der Twist hingegen durch die Wachstumsbedingungen bestimmt, was zu
der Fülle beobachteter chiraler Muster führt.

Genomkybernetik und Komplexität

Das Studium komplexer Musterbildung von Bakterienkolonien wirft auch
neues Licht auf die Rolle von Mutationen, die durch verstärkte Selekti-
onsdrucke induziert werden [13, 14]. Unsere Beobachtungen zeigen, daß
es zwei prinzipielle Arten von Musterbildung gibt – Spitzenverzweigung
und chirales Wachstum (T und C Phase). Dabei ist Spitzenverzeigung
für die kompakten Muster sowie die fraktalen Strukturen verantwortlich (vgl. Tafel 6). Die relative Stabilität der beiden Phasen verändert
sich in Abhängigkeit von den Parametern, welche die Wachstumsbedingungen beschreiben, wobei jede Phase in unterschiedlichen Regionen des
Parameterraums stabiler ist. Sowohl das Potential, in jede dieser Phasen
einzutreten, als auch die Werkzeuge für die Entscheidungsfällung sind
natürlich innerhalb der Bakterien verfügbar.

Die Kolonie besitzt also die Fähigkeit, eine bevorzugte Phase für gegebene Umweltbedingungen auszuwählen. Um die besondere Natur der
Phasenauswahl, vor allem ihre Vererbbarkeit, zu betonen und um sie
von der gewöhnlichen reversiblen phänotypischen Adaptation zu unterscheiden, bezeichnen wir sie als *Genom-Adaptation*. Besteht gegenwärtig
ein Vermögen zur Genomadaptation, so muß es sich vorher im Genom
entwickelt haben. Falls wir das Konzept Genomadaptation akzeptieren,
so ist damit sofort auch die Möglichkeit von Genomlernen impliziert.
Diese Art des Lernens ist an verschiedene Bedingungen geknüpft: die
Konfrontation der Bakterien mit wechselnden Umweltbedingungen, ein
Gedächtnis der Bakterien an Umweltveränderungen, das Vorhandensein
von Mitteln für die Problemlösung durch das Genom entsprechend der
gesammelten und verarbeiteten Information sowie Möglichkeiten zur Ge-
nomreorganisation entsprechend der gewählten Problemlösung. Das Genom kann unter diesen Voraussetzungen als kybernetische Lerneinheit
betrachtet werden.

In unbelebten Systemen, die sich im thermodynamischen Gleichgewicht befinden, sind wir an eine Betrachtung auf zwei Ebenen, der mikro- und makroskopischen, gewöhnt. Das Wechselspiel zwischen beiden Ebenen ist durch die Einführung der Entropie als zusätzliche Variable auf der makroskopischen Ebene gewährleistet. Die Entropie stellt ein Maß dafür dar, wieviele mögliche mikroskopische Zustände einem gegebenen makroskopischen Zustand entsprechen können. Deshalb kann die Entropie entweder als Grad unserer Unwissenheit über die mikroskopische Struktur (betrachtet von der makroskopischen Ebene) oder als Freiheitsgrad der Mikrodynamik für gegebene makroskopische Bedingungen (aus dem Blickwinkel der mikroskopischen Ebene) angesehen werden. Während des letzten Jahrzehnts haben wir nun gelernt, daß sich, wenn ein unbelebtes System vom Gleichgewicht weggetrieben wird, ein Wechselspiel zwischen den beiden Ebenen einstellt, welches die Selbstorganisation des gesamten Systems prägt. Das Wechselspiel kann als Balanceakt zwischen den Einschränkungen aufgefaßt werden, die beide Ebenen aufeinander ausüben. Es ist verführerisch, das Konzept der Komplexität als quantitatives Maß für dieses Wechselspiel einzuführen. Noch haben wir keine befriedigende Definition der Komplexität und es ist noch nicht einmal klar, ob eine solche *reale Variable* überhaupt existiert – real in dem Sinne, daß sich – wie im Fall der Entropie – ein Maß der Variablen definieren läßt. Weitere Erkenntnisse in diese Richtung sind von den hier vorgestellten Beobachtungen zu erwarten. Damit sollte es möglich sein, eine Brücke zwischen lebenden und unbelebten Systemen zu schlagen.

Dank

Wir danken Inna Brainis, Dany Weiss und Hermann Leibovich für technische Hilfe. Wir haben großen Nutzen aus zahlreichen Diskussionen mit Jim Shapiro, David Kessler, Herbert Levin und Peter Garik gezogen. Die Arbeiten zum „kommunizierenden Wanderer-Modell" sowie zum chiralen Wachstum sind Teil eines gemeinsamen Projekts mit Tamas Vicsek, Andreas Czirok und Inon Cohen. Die vorgestellte Arbeit wurde unterstützt durch die German-Israeli Foundation for Scientific Research and Development und durch das „Program for Alternative Thinking" an der Universität von Tel Aviv.

Literatur

[1] E. Ben-Jacob, H. Shmueli, O. Shochet und A. Tenenbaum (1992) Adaptive self-organization during growth of bacterial colonies. Physica A **187** 378

[2] E. Ben-Jacob, A. Tenenbaum, O. Shochet, O. und O. Avidan (1994) Holo-transformations of bacterial colonies and genome cybernetics. Erscheint demnächst in Physica A

[3] J. A. Shapiro (1988) Bakterien als Vielzeller. Spektrum der Wissenschaft, August, 52

[4] E. Rosenberg (Hrsg.) (1984) Myxobacteria Development and Cell Inter-actions. Springer-Verlag, New York

[5] E. O. Budrene und H. C. Berg (1991) Complex patterns formed by motile cells of *Escherichia coli*. Nature **349** 630

[6] J. O. Kessler (1985) Cooperative concentrative phenomena of swimming micro-organisms. Contemp. Phys. **26** 147

[7] J. M. Lackie (Hrsg.) (1981) Biology of the Chemotactic Response. Cam-bridge University Press

[8] H. Fujikawa und M. Matsushita (1990) Fractal growth of *Bacillus subtilis* on agar plates. J. Phys. Soc. Jap. **58** No. 11 3875

[9] E. Ben-Jacob, O. Shochet, A. Tenenbaum, A., I. Cohen, A. Czirók und T. Vicsek (1994) Communicating walkers model for cooperative patter-ning of bacterial colonies. Erscheint demnächst in Nature

[10] V. A. Avetisov, V. I. Goldanskii und V. V. Kuzmin (1991) Handedness, origin of life and evolution. Phys. Today, July, 33

[11] R. A. Hegstrom und D. K. Kondepudi (1990) Händigkeit im Universum. Spektrum der Wissenschaft, März, 56

[12] J. Cairns, J. Overbaugh und S. Miller (1988) The origin of mutants. Nature **335** 142

[13] J. E. Mittler und R. E. Lenski (1990) New data on excisions of Mu from *E. coli* MCS2 cost doubt on directed mutations hypothesis. Nature **344** 173

[14] J. A. Shapiro (1984) Observation of the formation of clones containing araB-lacZ cistron fusion. Mol. Gen. **194** 79

Kapitel 7

Hutwunder der Meere
Entstehung und Regeneration
der Gestalt einer Riesenalge

Brian C. Goodwin und Christian Brière

Die Biologie ist diejenige Naturwissenschaft, in der der Formaspekt
die größte Rolle spielt – die Vielfalt möglicher Lebensformen ist wahr-
haftig überwältigend. Die Natur ist reich an Organismen, über deren
bloße Existenz man gar nicht genug staunen kann. Würde es diese Organismen nicht geben, so könnte sich vermutlich niemand vorstellen, daß
sie überhaupt mögliche Lebensformen darstellen. Betrachten Sie zum
Beispiel die Giraffe, den Tintenfisch oder ein stechendes Insekt; oder
denken Sie an die bizarren Formen mancher Kakteen oder Palmen mit
ihren unverzweigten Stämmen und verschwenderischen Blätterkronen.
Gerade solche Organismen sind aber für den Biologen oft unerwartete
Geschenke, denn sie bieten mitunter die Möglichkeit, bestimmte biologische Probleme in besonders leicht zugänglicher Form zu studieren. So
besitzt der Tintenfisch sehr lange Nervenzellen, die sich hervorragend
für das Studium der Signalübertragung eignen. Eine äußerst erfolgreiche
Theorie des Aktionspotentials und seiner Übertragung in Nervenzellen
wurde wesentlich auf der Grundlage von Experimenten mit eben diesem
Organismus entwickelt.

Algen sind aufgrund ihres vergleichsweise einfachen Baus und des
übersichtlichen Entwicklungszyklus, der sich darüberhinaus experimentell manipulieren läßt, besonders geeignet, um ein anderes fundamentales
biologisches Problem zu studieren, die Entstehung von Form und Gestalt.
Wir stellen in diesem Kapitel die Riesenalge *Acetabularia acetabulum*

vor. Auch das nächste Kapitel (Kap. 8) greift Aspekte der Morphogenese von Algen auf. Während wir hier ein „mechano-chemisches" Modell der Morphogenese von *Acetabularia* vorstellen, stehen dort andere Modelle, inbesondere „geometrische" und „Elektro-Diffusions-Systeme" im Mittelpunkt der Betrachtung.

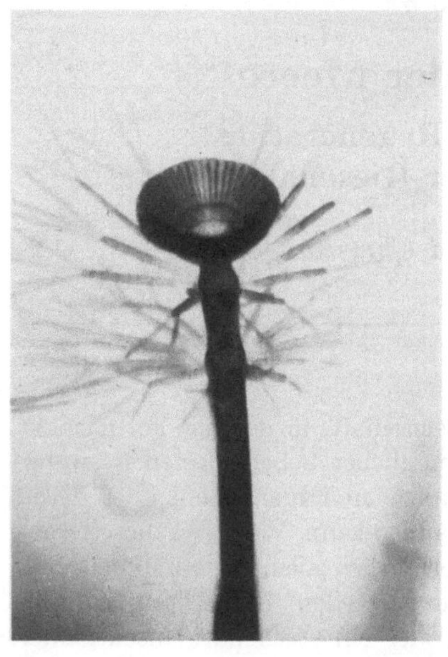

Bild 7.1
Riesenalge *Acetabularia acetabulum*
(jüngeres Entwicklungsstatum) mit
Schirm (Hut), Stiel und Wirteln.

Aus dem Leben einer Riesenalge

Auf den ersten Blick scheint die hübsche – in Bild 7.1 gezeigte – Art nicht besonders ungewöhnlich. Sie mögen vermuten, daß es sich bei dieser Gestalt um eine Pflanze handelt, deren oberer kreisförmiger Teil, der sogenannte Schirm oder Hut, aus vielen Zellen besteht und sich die weiter unten befindlichen fein verzweigten blätterartigen Strukturen, die Wirtelhaare, ebenfalls aus vielen Zellen zusammensetzen. Eine derartige Mutmaßung entpuppt sich als falsch. Es handelt sich vielmehr um die nur aus einer einzigen Zelle bestehende Riesenalge *Acetabularia acetabulum*. Die reife Alge kann eine Länge von 5 cm und mehr erreichen.

In Bild 7.1 ist der obere Teil einer jungen Alge zu sehen; Bild 7.2 zeigt die erwachsene Alge. Sie besteht aus einem basalen Teil, dem Rhizoid, das der Verankerung im Substrat dient, dem Stiel mit einer Länge zwischen 3 und 5 cm und dem wunderschön geformten Hut mit einem Durchmesser von bis zu 0.5 cm. *Acetabularia acetabulum* kommt vor allem im flachen Wasser der Mittelmeerküsten vor und ist Vertreter einer sehr alten Gruppe mariner Algen, der *Dasycladaceae*, die alle ähnlich komplexe Gestalten aus einer einzigen Zelle hervorbringen (Bild 7.3). Das Studium der Morphogenese gerade dieser Algen bietet den großen Vorteil, daß nur die morphogenetischen Eigenschaften einer Einzelzelle untersucht werden müssen. Ein Verständnis dafür, wie eine einzelne Zelle eine komplizierte Gestalt ausbildet, löst natürlich nicht das Problem, wie multizelluläre Organismen noch viel komplexere Gestaltformen entwickeln, kann aber wichtige Anhaltspunkte dafür liefern.

Bild 7.2
Erwachsene Alge *A. actabulum*
mit Schirm, Stiel und Rhizoid.

Der Entwicklungszyklus von *Acetabularia* (Bild 7.4) wird durch mit Geißeln (Flagellen) besetzte Gameten (Keimzellen) initiiert, die zu Paaren verschmelzen, welche die Zygoten bilden. Die Zygoten wachsen von einer anfänglichen Größe von ca. 50 μm zu den erwachsenen Algen heran. Das Wachstum zum adulten Zustand bedeutet somit eine ca.

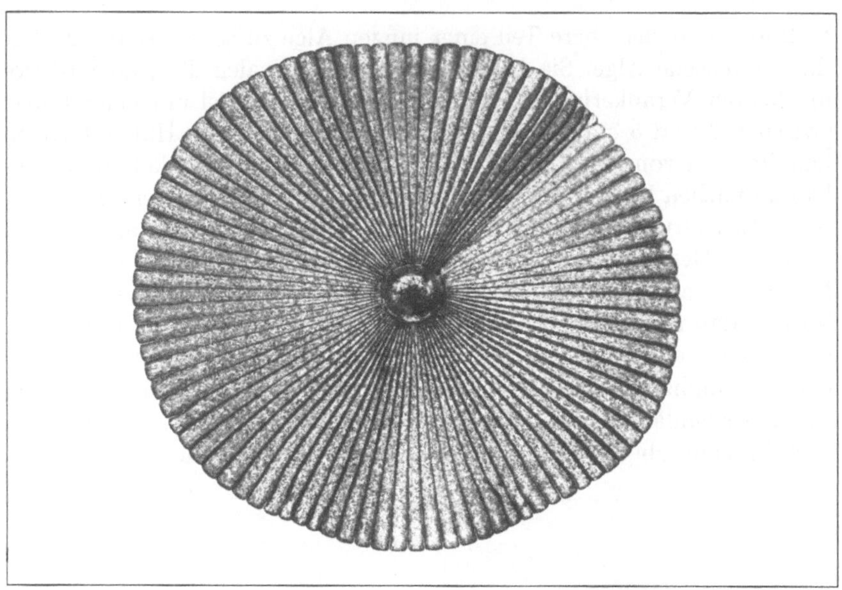

Bild 7.3   Aufsicht auf den Schirm von *Acetabularia mediterranea*.

600.000-fache Vergrößerung des Volumens [1]. Während des Wachstums verändert die Zelle ihre Gestalt in einer systematischen Weise: Zuerst bildet sich an der kugelförmigen Zygote eine Spitze, aus der schließlich der Stiel hervorgeht. Während des Stielwachstums entwickelt sich auch das Rhizoid, eine fadenförmige Struktur, die als Wurzel dient. Der Zellkern verbleibt in einer Rhizoidverzweigung, wächst aber wie die Gesamtzelle weiter. Hauptaufgabe des Kerns ist die Versorgung des Cytoplasmas mit all der genetischen Information, die für die Synthese der Proteine und anderer Biomoleküle notwendig ist, aus denen sich der Organismus aufbaut.

Hat der Stiel eine Länge von ca. 1-2 cm erreicht, was nach ungefähr einem Monat der Fall ist, flacht sich die Spitze von ihrer konischen Form ab. In der Folge bildet sich ein Ring winziger Ausbuchtungen. Diese wachsen in feine, sich verzweigende Filamente, die Haare, aus. Die ganze Ringstruktur wird Wirtel genannt. Vom Zentrum des Wirtels setzt sich das Spitzenwachstum fort; und nur zwei Tage später bildet sich ein weiterer Wirtel. Der Prozeß der Wirtelentstehung kann sich noch mehrere Male wiederholen und führt zu einer Wirtelfolge entlang des Algenstiels,

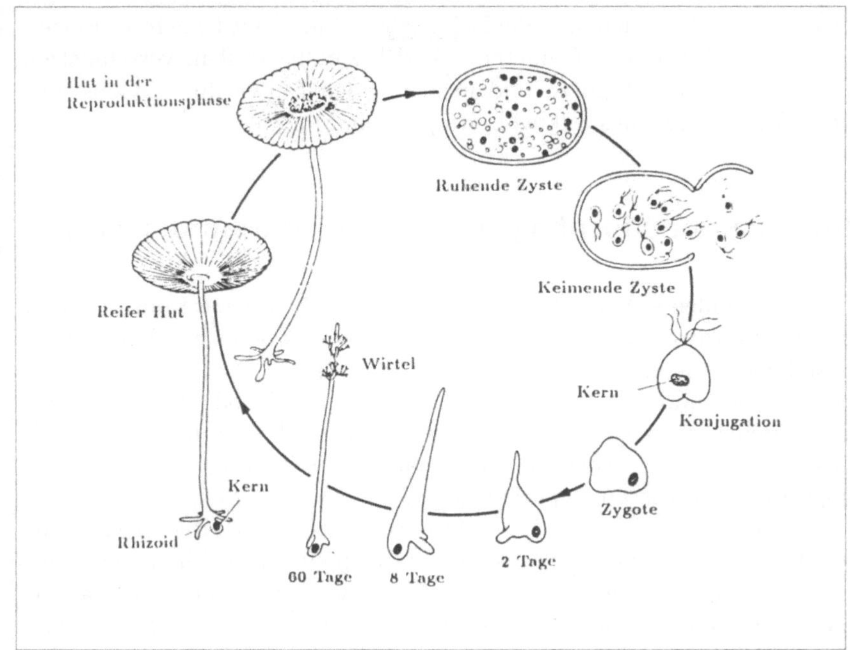

Bild 7.4   Der Lebenszyklus von *Acetabularia acetabulum*.

wobei die Anzahl der Wiederholungen variabel ist. Zum Abschluß der
Entwicklung wird an Stelle eines Wirtels ein Hut initiiert, dessen detail-
lierte Struktur man sehr gut an ausgewachsenen Algen erkennen kann
(Bild 7.2). Später wird der Stiel mit dem Ausfallen der Wirtelhaare kahl.
Die Wachstum ist nun vorüber, und die entstandene Algengestalt kann
über Monate stabil bleiben.

Die Entwicklung ist damit aber noch nicht beendet; es kommt nämlich
in der Folge zu dramatischen Veränderungen von Kern und Cytoplasma, insbesondere zu einer Reihe von Kernteilungen. Meiotische Prozesse
führen zur Reduktion der diploiden auf die haploide Chromosomenzahl.
Ergebnis sind Tausende haploider Kerne im Rhizoid, die mit Hilfe der
Cytoplasmaströmung zum Hut hinaufgespült werden. Im Hut differenzieren sich Kerne und Cytoplasma zu mit Flagellen besetzten Keimzellen, die in Zysten – kugelförmigen Schalen mit harten widerstandsfähi-
gen Wänden – eingeschlossen sind. Der Hut löst sich in der Folge unter
Enzymeinfluß langsam auf, wodurch die Zysten ins Seewasser freigesetzt

werden. Sie öffnen sich, und die Keimzellen können mit Hilfe ihrer Flagellen herausschwimmen. Gameten, die sich zufällig treffen, verschmelzen paarweise, bilden Zygoten und initiieren den Entwicklungszyklus aufs neue. Die Dauer eines Zyklus beträgt einige Monate.

Störung der Morphogenese: Regeneration der Form

Der entscheidende Vorteil von *Acetabularia acetabulum* für das Studium der Morphogenese im Labor liegt in der außergewöhnlichen Regenerationsfähigkeit dieser Art. Entfernt man nämlich den Hut einer erwachsenen Alge, so kümmert das die Alge herzlich wenig, sie bildet (regeneriert) ganz einfach einen neuen. Die Regeneration erfolgt streng schematisch in einer Folge von Schritten, die genau denen entsprechen, welche für ungestörtes Wachstum typisch sind.

Nach einem Schnitt durch den Stiel setzt sofort ein „Heilungsprozeß" ein. Es bildet sich innerhalb von vier Stunden eine neue dünne Zellwand, d. h. das plötzlich freiliegende Cytoplasma wird durch erhöhte Plasmamembranfunktion rasch geschlossen. Nach 24 Stunden ist die Gestaltform am Schnittende mehr oder weniger halbkugelartig geworden. Die neue Zellwand widersteht dabei dem Druck, der von der großen zentralen Vakuole ausgeht.

Die Regulation der Salzkonzentration in der Vakuole sorgt für den richtigen osmotischen Druck (auch Turgordruck genannt), der für die „Festigkeit" der Zelle verantwortlich ist. Ungefähr 48 Stunden nach dem Schnitt entsteht am oberen Ende der Halbkugel eine kleine Spitze. Diese wächst in die Länge. Nach weiteren 24 Stunden flacht sich die wachsende Spitze ab und eine Krone kleiner Ausbuchtungen erscheint. Diese Unebenheiten sind Vorläufer (Primordien) jener Haare, die schließlich den Wirtel ausmachen. Die geschilderte Schrittfolge nach dem Schnitt ist schematisch in Bild 7.5 gezeigt. Allerdings ist nur die Gestalt der Zellwand gezeigt. In dieser Wand eingeschlossen ist eine dünne Cytoplasmaschicht, welche mit Chloroplasten gefüllt ist, die der Alge ihre charakteristische grüne Farbe verleihen. Im Inneren (nicht im Bild sichtbar) befindet sich die große, mit Wasser, Salzen und organischen Säuren gefüllte, Vakuole.

Wie bei ungestörter Entwicklung, wiederholt sich jetzt der Wirtelbildungsprozeß etliche Male bis sich zu guter Letzt ein Hutprimordium

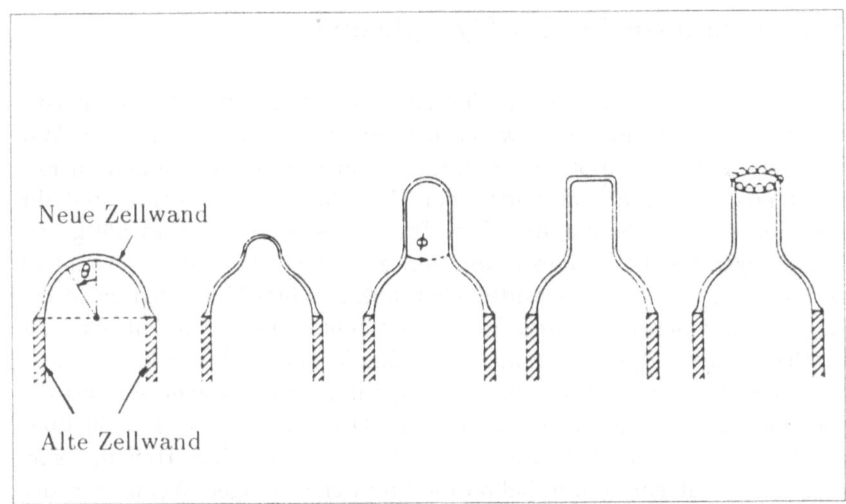

Bild 7.5 Regeneration der Form nach Entfernung der Stielspitze. Gezeigt ist die Regeneration einer neuen Zellwand oberhalb eines Schnittes durch die alte Zellwand (gestrichelt).

bildet. Das Primordium wächst zu einem Hut heran, die Haare fallen ab und die Alge sieht nun so aus, als ob sie nie ihren Kopf verloren hätte. Der beschriebene Regenerationsprozeß läßt sich beliebig oft wiederholen.

An dieser Stelle stellt sich eine interessante Frage. Was passiert, wenn sowohl Rhizoid als auch Hut entfernt werden? Ist dann das Stielsegment allein (d. h. ohne den im Rhizoid befindlichen Kern) in der Lage, einen Hut zu regenerieren? Die Antwort ist erstaunlicherweise ja, vorausgesetzt, die Zelle hatte vor Entfernung des Kerns genügend Gelegenheit, „Baumaterial" und Kopien der genetischen Information zu speichern. Das läßt sich dadurch erreichen, daß man die Zellen vor dem Schnitt einige Tage im Dunkeln beläßt. Es bildet sich dann ein ganz normaler Hut, und zwar analog zum oben beschriebenen Regenerationsprozeß im Beisein des Kerns. Hat die genetische Information für die Konstruktion der Makromoleküle erst einmal das Cytoplasma erreicht, so hat der Kern offensichtlich seine Schuldigkeit getan. Entfernt man jedoch den Hut einer kernlosen Zelle ein zweites Mal, so ist die Zelle im Gegensatz zur Situation mit Kern nicht mehr zur Regeneration in der Lage.

Selbstorganisation im Cytoplasma

Die Regenerationsexperimente deuten darauf hin, daß Selbstorganisationsprozesse im Cytoplasma wesentlich für die Musterbildung sind. Wir besitzen genügend Information, um ein mathematisches Modell zu formulieren, das die Eigenschaften der Cytoplasma-Bestandteile und ihr Zusammenwirken beschreibt. Zum Testen des Modells ist es nötig, die Gleichungen mit Hilfe eines Computers zu untersuchen, denn sie sind zu kompliziert, um sie mit traditionellen analytischen Methoden zu lösen. Es sind im wesentlichen drei Strukturelemente, die die Modellzelle ausmachen: Zellwand, Cytoplasma und Vakuole. Die Rolle der letzteren ist am leichtesten zu beschreiben: In bezug auf die Morphogenese agiert die Vakuole hauptsächlich als Druckerzeuger. Der Druck ist gleichmäßig über die Zelle verteilt, ähnlich wie der Druck im Inneren eines Ballons. Normalerweise hat ein Gummiballon die Form einer Kugel. Wenn aber der Widerstand des Gummis gegenüber Dehnung in unterschiedlichen Teilen des Ballons verschieden ist, kann er eine andere als die kugelförmige Gestalt annehmen. Wir werden noch sehen, daß ein ähnliches Phänomen auch für die Gestaltbildung von *Acetabularia* eine wichtige Rolle spielt. Die Zellwand von *Acetabularia* besteht aus einem Cellulose ähnlichen Material. Die einzige weitere Zellkomponente von Bedeutung für die Morphogenese ist das Cytoplasma. Dieses hat eine sehr komplexe Struktur, aber nur zwei für die Musterentstehung wichtige Komponenten. Die eine ist ein verwickeltes Netzwerk von Fasern, Cytoskelett genannt, das dem Cytoplasma seine mechanischen Eigenschaften Viskosität und Elastizität verleiht. Die andere ist das Calcium-Ion, das eine außerordentlich wichtige Rolle in den verschiedensten zellulären Prozessen spielt. Ein schematisches Bild des Cytoskeletts und des Calciumeinflusses auf seine Bildung zeigt Bild 7.6.

Zellen regulieren Calciumkonzentrationen sehr exakt und können selbst kleinste Konzentrationsänderungen zur Kontrolle einer großen Zahl metabolischer und mechanischer Aktivitäten einsetzen. Die mechanischen Eigenschaften einer Zelle hängen primär vom Cytoskelettzustand ab, der wiederum durch die Calciumkonzentration beeinflußt ist [2]. Umgekehrt hat die spezielle Cytoskelettbeschaffenheit, kontrahiert oder extrahiert, hart oder weich, wiederum einen Einfluß auf die cytoplasmatische Calciumkonzentration. Eine Reihe von Experimenten wurde bereits bezüglich der Effekte von Calcium auf die Morphogenese von *Acetabulara* durch-

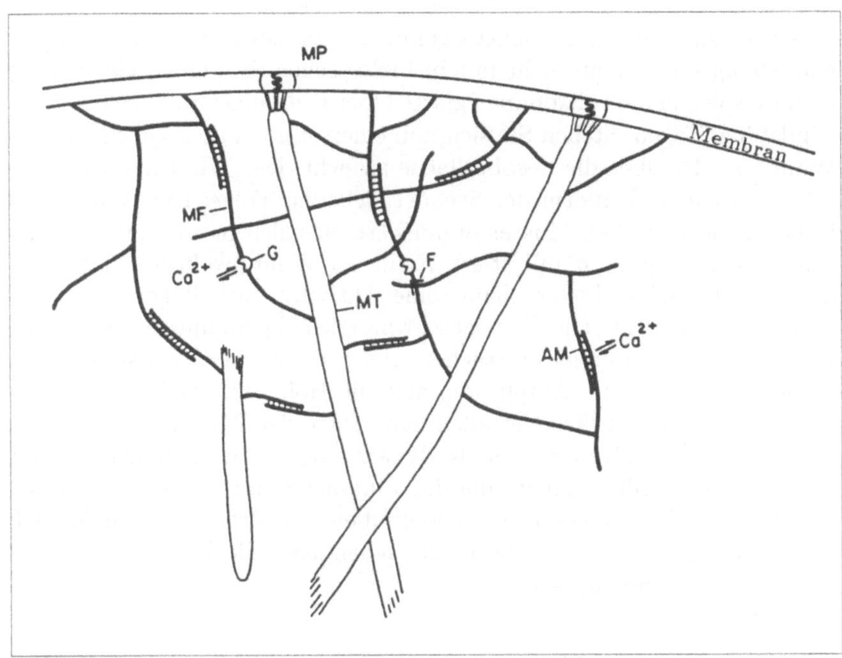

Bild 7.6   Ausschnitt aus dem Cytoskelett einer Algenzelle unterhalb der Plasmamembran. MF: Mikrofilamente (Aktin), die sich über Aktin-Myosin-Komplexe (AM) Ca^{2+}-abhängig kontrahieren können. Sie stehen noch durch weitere Filamente (F) miteinander in Verbindung. MT: Mikrotubuli, die über Membranproteine (MP) Kontakt mit der äußeren Plasmamembran haben.

geführt [3]. So wissen wir zum Beispiel, daß schon kleinste Schwankungen in der Calciumkonzentration dramatische Konsequenzen für die Gestaltbildung nach sich ziehen. Durch starkes Absenken der Ionenkonzentration in dem die Algen umgebenden Seewasser ist es möglich, die Form maßgeblich zu beeinflussen – so wird unter den geschilderten Bedingungen die Stielspitze zwiebelförmig. Schon geringe Calciumschwankungen können weitere Effekte wie zum Beispiel Wachstum ohne jegliche Wirtelbildung oder eine Veränderung des durchschnittlichen Abstands zwischen den Haaren eines Wirtels zur Folge haben [4].

Wie also reguliert die Algenzelle jene Veränderungen, die mit der Ausbeulung am konischen Stielende beginnen und der ersten Spitzenbildung der Zygote bzw. dem Regenerationsbeginn entsprechen? Die Strukturen entstehen spontan durch Selbstorganisationsprozesse. Spontane Musterentstehung findet man nicht nur in biologischen Systemen. Denken Sie zum Beispiel an die vollkommen glatte Oberfläche eines Sees nach einigen windstillen Tagen. Stellen Sie sich nun einen starken aber gleichmäßigen Wind vor, der über die Seeoberfläche streicht. Der Wind hat eine charakteristische Wellenform der Seeoberfläche zur Folge: Die Wellen sind in einem periodischen Muster organisiert, das sich in einer gleichmäßigen Wellenbewegung manifestiert. Nicht der Wind produziert allerdings dieses periodische Muster, denn seine Aktivität enthält keine entsprechende Periodizität. Die Windgeschwindigkeit bestimmt allerdings die Wellenlänge (den durchschnittlichen Abstand zwischen zwei sukzessiven Wellentälern) und die Amplitude, also die Höhe der Wellen. Die Periodizität der Seeoberfläche ist allein eine Folge der Wassereigenschaften, die sich aus den Eigenarten hydrodynamischer Felder ergeben. Es gibt mathematische Gleichungen, die das räumliche und zeitliche Verhalten dynamischer Felder dieser Art beschreiben. Diesem Verhalten ähnlich müssen die Prozesse sein, die in der lebenden Zelle Form aus „Nichtstruktur" entstehen lassen.

Selbstorganisation im Modell

Es scheint das Cytoplasma zu sein, das sich wie die Seeoberfläche verhält und unter dem Einfluß eines beständigen Windes ein periodisches Muster, Wirtel und Hut, ausbildet. Um herauszufinden, wie die Zelle dies bewerkstelligt, war es notwendig, Gleichungen abzuleiten, die die Cytoskeletteigenschaften und die Calciumregulation beschreiben, und diese dann zu koppeln [5, 6]. Wir verwenden also ein mechano-chemisches Modell [7], dessen Gleichungen sämtlich auf experimentell beobachtetem Verhalten der Zellen bzw. ihrer Komponenten beruhen. Zum Beispiel kann die Calciumkonzentration variieren und entsprechend die mechanischen Eigenschaften des Cytoskeletts. Die Gleichungen beschreiben die Entwicklung eines Feldes, da das Cytoskelett ein System mit räumlicher Ausdehnung ist und seinen Zustand von Punkt zu Punkt als Funktion der Zeit verändert. Kann dieses Feld spontan räumliche Muster generieren? Eine Stabilitätsuntersuchung der Gleichungen zeigte, daß dies in der Tat möglich ist: Periodische Veränderungen im Raum können unter bestimmten Bedingungen eintreten, und diese sind sogar stabil. Der nächste Schritt bestand darin zu untersuchen, welche Mustertypen entstehen, wenn die Feldentwicklung mit einer Gestalt beginnt, die der regenerierenden Spitze entspricht, nachdem der Hut entfernt wurde, also einer Hemisphäre (Bild 7.5). Um Feldgleichungen auf einer sich verändernden Geometrie, wie sie die wachsende Spitze darstellt, zu analysieren, ist eine äußerst komplizierte Prozedur erforderlich. Diese ist als Finite-Elemente-Methode bekannt und beschreibt die Oberfläche als ein Netzwerk finiter (endlicher) Elemente, die jeweils den Feldgleichungen des Cytoplasmas gehorchen, welche das Zusammenwirken des Cytoskelett-Calcium-Systems beschreiben.

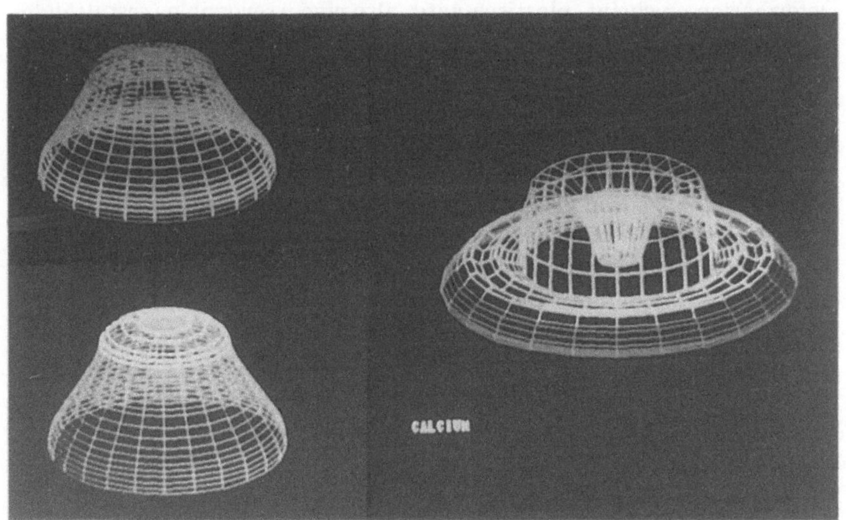

Bild 7.7   Simulation der Gestaltregeneration. Links: frühe Stadien; rechts: Ringbildung und Abflachung der Spitze.

Außerhalb des Cytoplasmas befindet sich die Zellwand. Es existieren Gleichungen, die ihr Antwortverhalten auf Veränderungen des darunterliegenden Cytoplasmas beschreiben. Diese basieren auf unserem Wissen von Eigenschaften pflanzlicher Zellwände. Im wesentlichen ist das folgende Beziehung: Die Wand wird an den Stellen weicher, an denen der Calciumpegel des Cytoplasmas steigt. Dadurch wird das Cytoplasma gestreckt. Man geht in der Simulation so vor, daß man das System mit überall identischen Parameterwerten startet, so daß die Entwicklung der Hemisphäre mit einer räumlich gleichförmigen Struktur beginnt. Es ist bekannt, daß der Calciumspiegel in Richtung des Hemisphärenpols wächst. Die Zellwand weicht deshalb an der Spitze auf, und der Druck der Vakuole führt in der Folge zu einer Ausbuchtung. Das Cytoplasma beginnt also spontan, ein Muster zu bilden. Wir erhalten das erste Anzeichen für Wachstum – eine kleine Spitze formt sich, wie sie in Bild 7.7 zu erkennen ist.

Nun gibt es noch einen weiteren Prozeß, der mit in das Modell aufgenommen werden muß. Zellwand und Cytoplasma wachsen nämlich, wenn sie genügend gedehnt werden, durch Hinzufügung neuer Elemente, so daß das, was auf den ersten Blick als bloße elastische, reversible Deformation erscheint, plastisch wird, also eine irreversible Gestaltänderung eintritt. Wird dieser Prozeß ins Modell mit einbezogen, läßt sich die Spitzenausdehnung simulieren.

Durch das Spitzenwachstum ändert sich auch die Feldgeometrie. Diese wiederum hat einen Effekt auf den Gesamtzustand. Es ist noch sehr wenig über das Verhalten solcher Felder mit sich „bewegenden Grenzen" bekannt, so daß es von großem Interesse war zu sehen, welches Verhalten das beschriebene Modell zeigt. Kann es vielleicht Gestalten generieren, die denen der regenerierenden Pflanze ähnlich sind? Es wäre zu viel, eine exakte Nachbildung zu erwarten, bevor nicht viel mehr Details des Wachstums und der Morphogenese bekannt sind. Aber vielleicht lassen sich grundlegende Aspekte des Prozesses enthüllen, die entscheidende Hinweise zur Lösung des Morphogeneseproblems liefern.

Simulation der Wirtel- und Hutbildung

Eines der Rätsel, die wir im Zusammenhang der Musterentstehung bei *Acetabularia* vorgestellt haben, war, warum sich die Spitze abflacht, bevor der Haarring produziert wird, aus dem sich der Wirtel zusammensetzt. Es stellt sich heraus, daß uns das Modell darauf eine Antwort geben kann. Während des Spitzenwachstums und der Gestaltveränderung wird ein Zeitpunkt erreicht, zu dem die maximale Calciumkonzentration nicht mehr an der Spitze, sondern mehr in Richtung der Basis liegt. Dies resultiert in einem Ring erhöhter Calciumkonzentration und einer Abflachung der Spitzenregion (Bild 7.7). Der Grund für die Abflachung ist, daß die Region maximaler Wandaufweichung von der Spitze, an der vorher die Calciumkonzentration maximal war, zu dem Ring mit erhöhter

Calciumkonzentration wandert. An den Stellen, an denen die Wand am
weichsten ist, beult sie sich unter dem Vakuolendruck auch am stärksten
aus, so daß die neue Region maximaler Zellwandkrümmung mit dem
Ring erhöhter Calciumkonzentration übereinstimmt. Das Ergebnis ist,
daß die Spitze weniger elastisch wird und sich abflacht. So erhalten wir
eine Gestalt wie in Bild 7.5 unmittelbar vor der Wirtelbildung. Dieses ist
ein wichtiges Ergebnis, aber das nächste ist gleichermaßen interessant.

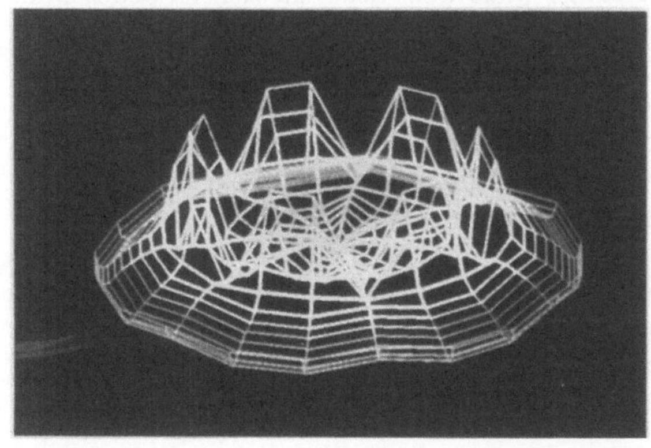

Bild 7.8
Simulation der
Gestaltregeneration.
Aufbrechen des Rings
in einzelne Ca^{2+}-
Konzentrationsspitzen.

Da in der wachsenden Zelle die Wirtelhaare genau an den Stellen
ringförmig angelegt werden, an denen die Zellkrümmung maximal ist,
war es entscheidend herauszufinden, wie sich diese Region im Modell
verhält. Würde der Ring erhöhter Calciumkonzentration vielleicht in einen Ring von Konzentrationsgipfeln mit der Geometrie eines Haarrings
aufbrechen? Simulationen zeigen, daß genau dies wirklich geschieht (Bild
7.8): Unter den genannten Voraussetzungen entsteht eine periodische
Struktur mit der Geometrie eines Haarwirtels. Jeder der Calciumkon-
zentrationsgipfel führt zu einer Region, in der die Zellwand „aufweicht",
was in einer Folge von Ausbuchtungen resultiert, die den Beginn der
Haarbildung markieren. Experimentelle Analysen der Calciumverteilung
stützen die Ergebnisse unserer Simulation, auch wenn die Autoren dieser Untersuchungen ein Reaktions-Diffusions-Modell zur Erklärung der
Algenmorphogenese heranziehen [4, 8]. Die Calciumkonzentration steigt
in Richtung der Spitze einer wachsenden Zelle an. Mit Abflachung der
Spitze geht das spitzenförmige Maximum in eine ringförmige Verteilung
über. Dieses bricht dann in eine Folge von Maxima auf, die genau an
den Stellen der Haarprimordien zu beobachten sind. Unser Modell kann

aus technischen Gründen noch nicht die exakten Details der Haarbildung reproduzieren, aber zumindest ihre Initiierung ergibt sich natürlich und spontan.

Gibt das Modell Hinweise darauf, wie und warum sich ein Hut entwickelt? Lassen wir im Modell Wachstum zu, so erfolgt eine kontinuierliche Verlängerung des Netzes und Addition neuer Elemente. In der Folge bildet sich ein Calciumring in der Nähe der Spitze, der wieder verschwindet und sich dann noch einige Male aufs neue entwickelt. Jedes Mal, wenn die Calciumkonzentration über einen Schwellenwert steigt, können wir davon ausgehen, daß sich ein neuer Wirtel bildet. Dies könnte das periodische Erscheinen der Wirtelsequenz entlang der wachsenden Zelle erklären. Nachdem sich aber eine Anzahl von Calciumringen gebildet hat und wieder verschwunden ist, tritt überraschend ein neues Phänomen hinzu: Die Calciumkonzentration steigt plötzlich in der gesamten Spitzenregion, die nun auch noch beginnt, sich auszudehnen. Schließlich entwickelt sich eine terminale Struktur, die nicht einem Hut gleicht, aber sich auch klar von Ringen unterscheidet. Noch wissen wir nicht, ob sich diese Struktur später zu einem Hut entwickeln kann.

Dynamik der Musterbildung

Die geschilderten Resultate haben etwas Bestechendes an sich: Das Modell, welches mathematisch und bezüglich des Rechenaufwandes komplex, jedoch verglichen mit der realen Zelle sehr einfach ist, zeigt Verhaltensweisen, die grundsätzlich dem morphogenetischen Ablauf entsprechen, den man auch im lebenden Organismus beobachtet. Phänomene wie Spitzeninitiierung, Wachstum, Ringbildung und Spitzenabflachung, Wirtelvormusterbildung, periodische Wiederholung dieses Prozesses und Bildung einer Art terminalen Musters treten alle spontan und selbstorganisiert ohne detaillierte Programmierung der entsprechenden Sequenz im Modell auf. Natürlich müssen die Parameterwerte, die etwa den Absolutbetrag der Zellwandelastizität und deren Reaktion auf Cytoplasmaveränderungen oder die Wirkung von Calciumionen auf das Cytoskelett und umgekehrt beschreiben, alle in einem geeigneten Bereich gewählt werden, um Wachstum und Morphogenese beobachten zu können. Aber nachdem der Prozeß einmal gestartet ist, ergeben sich die geschilderten Ereignisse von selbst und in natürlicher Folge. Wir haben es offensichtlich mit einem robusten selbstorganisierenden System zu tun, das auf einigen sehr grundlegenden, strukturellen Zelleigenschaften basiert.

Die Grundstruktur aller Mitglieder der Gattung, zu der *Acetabularia* gehört, ist durch eine Wachstumsachse und das Auftreten von Haarringen bestimmt. Dabei weisen die Haarringe der verschiedenen Arten unterschiedliche Gestalt auf. Hüte sind „optionale" Strukturen – einige Arten besitzen sie, andere nicht, außerdem kann die detaillierte Struktur stark variieren. Das morphogenetische Feldmodell, das wir konstruiert und analysiert haben, erzeugt die Elemente, die zur Bildung solcher Formen notwendig sind, und dies natürlich und spontan. Es gibt ähnliche Ergebnisse paralleler Untersuchungen zu anderen Organismen, die anzeigen, daß die gezogenen Schlüsse generell richtig sein könnten. Die Organisationsformen entwickeln sich ähnlich wie die Wellen auf einem See: Sie sind die Konsequenz innerer Organisationsprinzipien, auf denen vom Wind der Variation gespielt wird, der aus der Umwelt und Veränderungen des Genoms entsteht [9, 10]. Die Unterschiede zwischen Arten sind dann durch Effekte spezifischer Gene zu verstehen, die verschiedene Modulationen grundlegender natürlicher Formen stabilisieren. Ein Verständnis morphogenetischer Prinzipien, wie jene, die in *Acetabularia* und seinen Verwandten wirken, kann uns somit einen Einblick in die tieferen Gründe vermitteln, warum diese Formen im Laufe der Evolution auftraten und überdauerten. Diese Formen erscheinen natürlich, mühelos und unvermeidlich aufgrund der Art und Weise, wie essentielle Komponenten der Organismen integriert werden und sich als selbstorganisierende Systeme verhalten, in denen Geometrie und Dynamik eng miteinander gekoppelt sind. Biologie ist also in der Tat vorrangig das Reich dynamischer Formen und ihrer Transformation.

Literatur

[1] G. Werz (1974) Fine-structural aspects of morphogenesis in *Acetabularia*. Int. Rev. of Cytology **38** 319

[2] T. Vanden Driessche und G. Cotton (1986) Polarity and circadian rhythmicity are regulatory components in *Acetabularia* morphogenesis. Endocyt. C. Res. **3** 275

[3] G. Cotton und T. Vanden Driessche (1987) Identification of calmodulin in *Acetabularia*: its distribution and physiological significance. J. Cell Sci. **87** 337

[4] L. G. Harrison und N. A. Hillier (1985) Quantitative control of *Acetabularia* morphogenesis by extracellular calcium: A test of kinetic theory. J. Theor. Biol. **114** 177

[5] C. Brière und B. C. Goodwin (1988) Geometry and dynamics of tip morphogenesis in *Acetabularia*. J. Theor. Biol. **131** 461

[6] B. C. Goodwin und L. E. H. Trainor (1985) Tip and whorl morphogenesis in *Acetabularia* by calcium-regulated strain fields. J. Theor. Biol. **117** 79

[7] G. Odell, G. F. Oster, B. Burnside und P. Alberch (1981) The mechanical basis of morphogenesis. Devel. Biol. **85** 446

[8] L. G. Harrison, K. T. Graham und B. C. Lakowski (1988) Calcium localization during *Acetabularia* whorl formation: evidence supporting a two-stage hierarchical mechanism. Development **104** 255

[9] B. C. Goodwin (1990) Structuralism in biology. Sci. Progr. Oxford **74** 227

[10] R. Thom (1972) Structuralism and biology. In: C. H. Waddington (Hrsg.) Towards a Theoretical Biology. Bd. 4, S. 68-82, Edinburgh University Press

Kapitel 8

Zellen organisieren sich selbst

Wachstum und Formbildung einzelliger Pflanzenstrukturen

Pierre Pelcé, Bruno Denet und Jiong Sun

Die Gestaltbildung lebender Organismen ist letzlich in ihrem Genom, also dem spezifischen Arrangement des genetischen Materials, verankert. Die Gene können allerdings verschieden stark auf die Entwicklung Einfluß nehmen, und es lassen sich zwei extreme Strategien unterscheiden: Zum einen ist denkbar, daß die Gene die Gestaltbildung von Anfang bis Ende der Entwicklung völlig in der Hand haben. Mit anderen Worten, sie kontrollieren nicht nur die Produktion der Bausteine (Proteine), sondern auch den Bau selbst, also Wachstum und Differenzierung des Organismus über seine gesamte Entwicklung. Die Gene treten folglich sowohl als Baumeister wie auch Architekt in Erscheinung. Gestaltveränderungswünsche und Differenzierungssignale empfängt die Zelle also vom Zellkern, der den vollständigen genetischen Bauplan enthält. In diesem Falle verläuft die Morphogenese unter direkter Kontrolle des Zellkerns.

Andererseits ist aber auch vorstellbar, daß die Gene nur für die Bereitstellung des Rohmaterials verantwortlich zeichnen, also für die Produktion der Proteine und die Regulation der biochemischen Maschinerie. In diesem Fall tragen die Gene keinen detaillierten Bauplan, sondern nur Konstruktionsvorschriften für die Bauteile. Aus der eigentlichen Gestaltbildung halten sich die Gene hingegen heraus; die Bauphase geschieht außerhalb genetischer Verantwortung selbstorganisiert durch vorwiegend physikalisch-chemische Prozesse. Instabilitäten selbstorganisierter Prozesse sind in diesem Fall die eigentlichen Initiatoren von Gestaltänderung und Differenzierung. Die Spielarten der Selbstorganisation ziehen sich als roter Faden durch die Beiträge dieses Buches. Beide Strategien – genetische Organisation und Selbstorganisation – sind besonders gut im Reich der Pflanzen dokumentiert. Wir lernten im vorherigen Kapitel (Kap. 7) bereits die Riesenalge *Actabularia* als Vertreterin des „selbstorganisierten Entwicklungstyps" kennen.

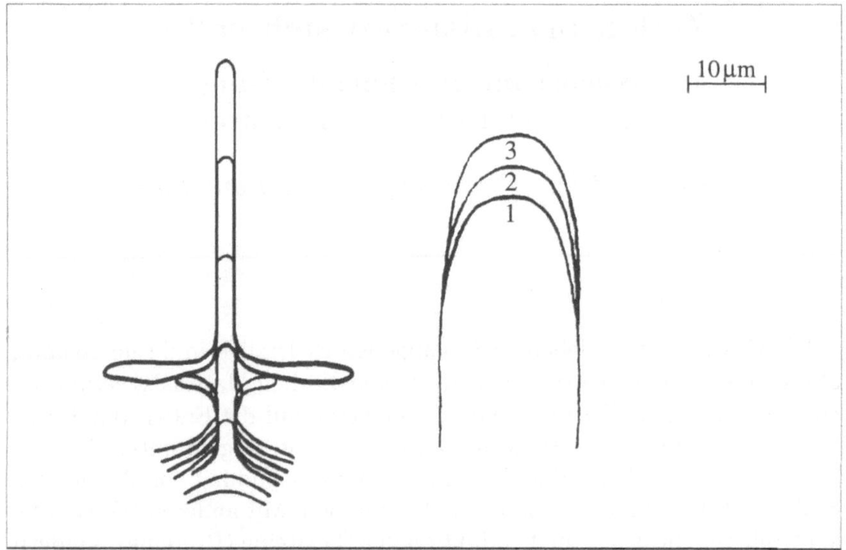

Bild 8.1   Entstehung komplexer Formen in Experiment und Simulation. Links: *Chara corallina*-Rhizoid [7]; rechts: Simulation [6].

Wachstumstypen bei Pflanzen

Dreh- und Angelpunkt jeglicher Gestaltänderung bei Pflanzen ist immer die Zellwand, jene mehr oder weniger elastische Struktur, die sich zum großen Teil aus Cellulose zusammensetzt. Gänzlich genetisch kontrolliert scheint das Zellwachstum vielzelliger Pflanzen, das durch unregelmäßige Ausdehnung der Zellwand geprägt ist. Behandelt man eine solche Zelle mit Substanzen (zum Beispiel Colchicin), die eine Zerstörung des Zellskeletts durch Abbau der Mikrotubuli bewirken, so verliert die Zelle ihre

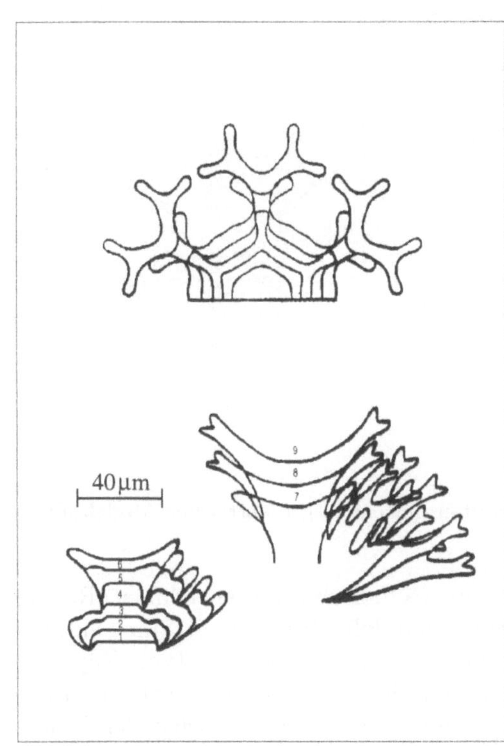

Bild 8.2
Entstehung kompl. Formen
in Experiment u. Simulation.
Oben: Simulation [6]; unten:
Micrasterias radiata [8].

Orientierung und die Zellwand dehnt sich in alle Richtungen gleichmäßig aus. Die Orientierung der Mikrotubuli scheint hier also wesentlich für die Orientierung neu angelagerter Zellwandbausteine (Cellulose-Mikrofibrillen) zu sein. Mikrotubuli sind auch maßgeblich bei der Zellteilung beteiligt, welche vom Zellkern kontrolliert ist. Daher liegt es nahe, anzunehmen, daß der beschriebene Wachstumstyp ebenfalls unter Kontrolle des Zellkerns steht.

Ganz anders verläuft das sogenannte *Spitzenwachstum* vorwiegend einzelliger Pflanzenbestandteile, wie es zum Beispiel für Pilzhyphen, Pollenschläuche oder Rhizoide typisch ist (vgl. Kap. 5 u. Bild 8.1). Zellausdehnung beschränkt sich in all diesen Fällen auf eine kuppelförmige Spitze, was die Bildung einer langen zylinderförmigen Zelle bedingt. Mit dem Wachstum gehen eine Reihe physikalisch-chemischer Phänomene einher. Insbesondere treten in der Zelle Ionenströme auf, die zu ungleichmäßigen

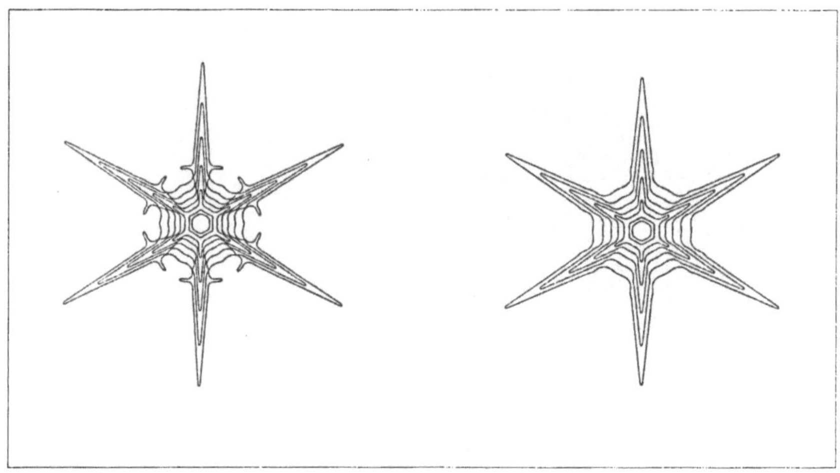

Bild 8.3   Simulation neuer Gestalten mit einem geometrischen Modell [6].

Verteilungen von Calciumionen im Cytoplasma führen können. Regionen höherer Calciumkonzentration sind dabei in gewissem Sinne aktiver und begünstigen den Prozeß der Zellwandverlängerung (vgl. Kap. 7). Weiterhin kann eine Fülle äußerer Gradienten bezüglich Lichtintensität, Säuregrad oder elektrischem Potential die Wachstumsachse der Zellen verändern. Ist man auch von einer genauen Kenntnis all dieser Prozesse noch ein gutes Stück entfernt, so scheint doch das Spitzenwachstum im Gegensatz zum oben beschriebenen Wachstumstyp, der vom Zellkern organisiert ist, selbstorganisiert und vorrangig von Prozessen im Cytoplasma kontrolliert zu sein.

In diesem Beitrag wollen wir genau dieses Spitzenwachstum näher untersuchen, d. h. wir betrachten die Zellwand als Grenzfläche, die sich als Folge von Interaktionen mit physikalisch-chemischen Feldern verformen kann. Ein Beispiel für eine solche Interaktion haben wir bereits in einem anderen Beitrag dieses Buches (vgl. Kap. 7) kennengelernt: Die Zellwand der Riesenalge *Acetabularia mediterranea* verformt sich unter dem Einfluß mechano-chemischer Dynamik. Wir werden stattdessen den Einfluß elektrischer Felder auf die Gestaltbildung untersuchen. Doch vorher wollen wir nach physikalischen Systemen Ausschau zu halten, die dem Spitzenwachstum ähnliche Eigenschaften besitzen.

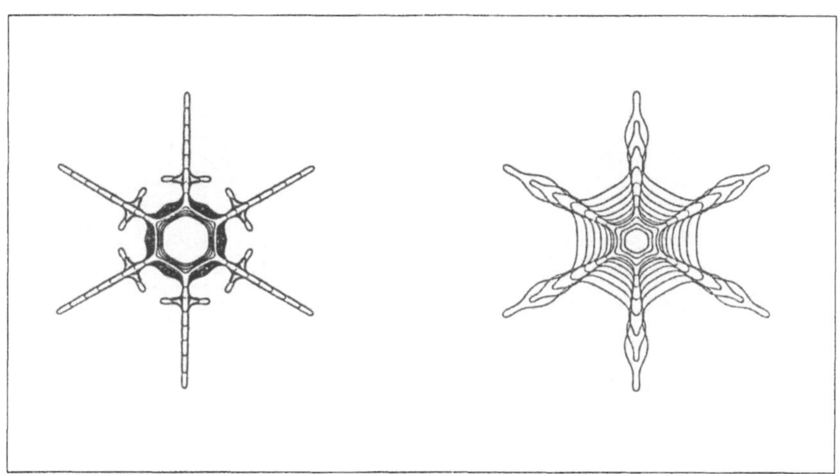

Bild 8.4 Simulation neuer Gestalten mit einem geometrischen Modell [6].

Was haben Algen mit Kristallen gemeinsam?

Gibt es Ähnlichkeiten biologischen Spitzenwachstums mit physikalischen Systemen? Die Antwort ist ja. So sind Kristalle (vgl. Kap. 11) nicht nur zu Wachstum in der Lage, sondern bilden darüberhinaus auch noch Muster, die biologischen Strukturen frappierend ähneln können. Kristalle entstehen durch Zusammentritt ihrer Bausteine aus Schmelzen oder Lösungen. Die Schmelzen müssen bis zu einem bestimmten, oft erheblichen Grad unterkühlt, die Lösungen übersättigt sein. Die Kristallisation beginnt mit einem Kristallkeim, der manchmal zufällig entsteht, meist aber gezielt mit Hilfe eines geeigneten Fremdkörpers erzeugt wird.

Betrachten wir zum Beispiel einen Kristall, der in einer unterkühlten Schmelze wächst. Mechanische Eigenschaften sind bei den meisten Kristallen anisotrop, d. h. je nach Richtung verschieden. Abhängig vom Grad der Anisotropie bilden sich unterschiedliche Kristallstrukturen. Zum Wachstumsbeginn, wenn die Größe des Kristallkeims noch sehr klein ist, hat das Kristall annähernd die Gestalt einer Kugel, deren Radius mit einer wohldefinierten Geschwindigkeit als Funktion des Konzentrationsgradienten und der Schmelzenunterkühlung wächst. Für die Veränderung von Konzentration und Temperatur sind Diffusionsprozesse maßgeblich. Erreicht der Keimradius eine kritische Grenze (ca. 0.1 -

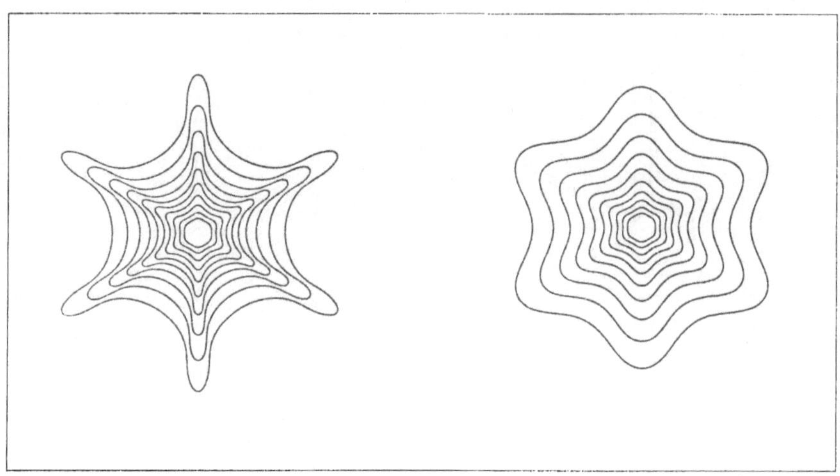

Bild 8.5   Simulation neuer Gestalten mit einem geometrischen Modell [6].

$100\mu m$), so wird die Kreisform instabil [1]. Abhängig vom Grad der Anisotropie bilden sich lappenförmige Auswüchse oder nadelförmige Dendriten (vgl. Kap. 11). In diesem Fall ist also die Morphogenese direkt mit der Wachstumsinstabilität einer kreis- bzw. kugelförmigen Gestalt verbunden. Dies ist die sogenannte diffusionsbedingte oder Mullins-Sekerka-Instabilität, die in Kapitel 11 näher erklärt wird.

Wölbt sich ein Teil der zu Beginn flachen Kristallgrenzfläche auch nur geringfügig in Richtung der Flüssigkeit, so steigt sofort der Temperaturgradient an der Spitze dieser Auswölbung, da sie in den flüssigen und heißeren Schmelz hineinreicht. Dadurch erhöht sich die Geschwindigkeit der Grenzfläche an diesem Punkt und damit auch die Amplitude der anfänglichen Deformation. Auch wenn eine Instabilität eintritt, bildet die instabil gewordene kreisförmige Grenzfläche keine chaotischen Strukturen aus, da andere Kräfte dem entgegensteuern. Vielmehr entstehen geordnete Formen, die Dendriten, durch mehr oder weniger regelmäßige seitliche Verästelungen der Wachstumsspitze. Es wurde erst in den letzten Jahren entdeckt, daß sehr ähnliche Eigenschaften auch die Dynamik von Grenzflächen sogenannter *viscous fingers* und von Flammenfronten charakterisieren [2].

Das Verständnis für das Wachstum kristalliner Strukturen hat sich durch das Studium sogenannter geometrischer Modelle enorm erweitert.

Ursprünglich von Brower, Kessler, Koplik und Levine entwickelt [3], ist wesentliches Merkmal dieser Modelle die drastische Vereinfachung der komplexen Dynamik der Grenzflächenbewegung. Die Dynamik der Grenzfläche wird auf die Bewegung einer Kurve reduziert, deren Geschwindigkeit lokal nur von der Krümmung abhängt (vgl. Kap. 11 zu einer ausführlicheren Diskussion dieser Modelle).

Das Wachstum einer einzelligen Alge ist natürlich viel komplexer als das Wachstum eines Kristalls. Trotzdem kann auch im biologischen Fall die Untersuchung geometrischer Modelle von Interesse sein. Im Unterschied zur Flüssig-Fest-Grenzfläche der Kristalle bewegt sich die Algenzellwand allerdings nicht mit einer wohldefinierten Normalgeschwindigkeit, sondern dehnt sich mit einer charakteristischen Rate aus. Für diese läßt sich eine einfache Gesetzmäßigkeit formulieren: die relative Ausdehnungsrate einer kreisförmigen Zellwand ist konstant, falls der osmotische Druck eine gewisse Schwelle überschreitet [4]. Wir haben diese Gesetzmäßigkeit in einem Modell auf Gestalten mit veränderlicher Krümmung verallgemeinert [5]. Damit lassen sich die charakteristischen Muster der Alge *Micrasterias radiata* und des Rhizoids einer Süßwasseralge (*Chara corallina*) reproduzieren (vgl. [6] sowie Bilder 8.1 und 8.2). Es lassen sich aber auch mit geeigneten Parametern, die insbesondere die Abhängigkeit von Krümmung und Ausdehnungsrate betreffen, ganz neue Formen erzeugen (s. Bilder 8.3-5).

Turingstrukturen: Am Anfang steht ein Vormuster

Die Morphogenese läßt sich in dem genannten geometrischen Modell auf eine Wachstumsinstabilität der kreisförmigen Gestalt zurückführen [5]. Läßt sich aber eine solche Instabilität auch physiologisch interpretieren? Diese Frage soll uns im folgenden beschäftigen. Wie wir sehen werden, sind die frühen Stadien der Morphogenese von Kristallen und Algen grundverschieden. Im Fall der einzelligen Algen entsteht bereits ein Vormuster intrazellulärer Felder (z. B. von Konzentrationen) in einem Stadium, in dem die Alge noch kreis- bzw. kugelrund ist. Erst später verformt sich die Zelle aufgrund von Inhomogenitäten der „inneren Felder". Beim Kristallwachstum sind hingegen Entwicklung von Grenzfläche und Konzentration direkt gekoppelt, d. h. die Grenzfläche reagiert durch Ausdehnung unmittelbar auf Konzentrationsveränderungen. Konzentrationsfeld und Gestaltveränderungen entstehen also simultan; das Muster erscheint direkt ohne Vormuster.

Das Konzept der Vormuster geht auf Turing zurück [9]. Er betrachtete zwei Morphogene mit unterschiedlichen Diffusionsraten, die später von Gierer und Meinhardt Aktivator und Inhibitor getauft wurden [10]. Hinter der Bezeichnung Aktivator steckt die Vorstellung, daß genügend hohe Konzentrationen dieses Morphogens die Bildung morphogenetischer Strukturen induzieren bzw. aktivieren können. Ist zum Beispiel der Diffusionskoeffizient des Aktivators größer als der des Inhibitors, so ist der Gleichgewichtszustand ausgeglichener Konzentrationen instabil bezüglich Störungen durch lokale Konzentrationsveränderung. Charakteristisch für diese sogenannten Turingsysteme ist, daß sich Störungen wellenförmig ausbreiten, was die Bildung regelmäßiger periodischer Muster impliziert, und sich leicht eine charakteristische Wellenlänge berechnen läßt. Erst in jüngster Zeit wurde ein chemisches System entdeckt, das Turingmuster ausbildet (vgl. Kap. 13).

Die einzelligen Organismen nun, von denen bisher die Rede war und für die das Spitzenwachstum charakteristisch ist, sind vor allem deshalb so interessant, weil sich bei ihnen schon eine Weile vor der eigentlichen Verformung ein Vormuster beobachten läßt. Dieses Vormuster ist von ganz anderer Natur als dasjenige, welches von Turing analysiert wurde. Es ist nicht mit chemischen Reaktionen verbunden; vielmehr ergeben sich morphogenetische Veränderungen als Reaktion auf Instabilitäten elektrischer Prozesse in der wachsenden Zelle.

Ionenströme in wachsenden Zellen

Elektrizität ist nicht nur Kennzeichen unbelebter Systeme. Die Bewegung ladungstragender Teilchen, sogenannter Ionen, kann auch in biologischen Zellen zur Entstehung meßbarer Ströme führen. Insbesondere frühe Wachstumsstadien vieler Tier- und Pflanzenzellen sind mit der Entwicklung von Ionenströmen, welche die Zellen durchfließen, verknüpft. Die Ströme scheinen eine wichtige Rolle im Verlauf der Morphogenese zu spielen, da sie in Pflanzenzellen genau an den Stellen zukünftigen Wachstums in die Zelle eintreten und die Zelle an nichtwachsenden Positionen wieder verlassen [11].

Diese winzig kleinen Ströme (mit einer Größenordnung von $\mu A/cm^2$)

haben – abhängig vom Zelltyp – die verschiedensten Ionenkomponenten. Die Messung derart kleiner Ströme ist eine technische Meisterleistung, die erst mit der Erfindung eines neuartigen Instruments, der *vibrierenden Sonde* durch Jaffe und Nuccitelli möglich wurde [12]. Im Prinzip ist eine solche Sonde eine Mikroelektrode, die über eine Entfernung von $10 - 30\mu m$ vibriert und dabei den Spannungsunterschied zwischen den Oszillationsenden bestimmt. Dieser Spannungsunterschied dividiert durch die Entfernung zwischen den Endpunkten ergibt einen Wert für das elektrische Feld, der dann leicht (durch Anwendung des Ohmschen Gesetzes) in einen lokalen Strom umgerechnet werden kann. Während für Tierzellen Kalium-, Chlorid- und Calciumionen typisch sind, dominieren in Pflanzenzellen Protonen neben Kalium- und Calciumionen.

Experimentell werden die Ionenströme zumeist durch gezielte Manipulationen erzeugt, wie etwa durch einseitige Bestrahlung mit Licht oder Konfrontation der Zelle mit einem äußeren Kaliumgradienten. Für die Morphogenese von besonderer Bedeutung ist ein anderer Befund: Im Verlauf der Zellentwicklung treten manchmal Ströme auch spontan auf, und zwar schon in einem recht frühen Stadium, in dem die Zelle noch kreis- bzw. kugelrund ist. Dabei ist die Amplitude zu Beginn äußerst gering – sie wächst erst langsam im Verlauf mehrerer Stunden. Gerade diese Beobachtung deutet darauf hin, daß die Ionenströme Resultat von Instabilitäten des Gleichgewichtszustands sind, der durch ausgeglichenes Membranpotential und Balance der Ionenkonzentrationen gekennzeichnet ist.

Die erste Erklärung für die beschriebenen Beobachtungen stammt von Jaffe et al. [12]. Danach bewegen sich geladene Ionenpumpen und Kanäle in der Plasmamembran unter dem Einfluß lokaler elektrischer Felder. Der asymmetrische Charakter des Signals (z. B. einseitiges Licht, elektrisches Feld und Ionengradienten) führt nach dieser Hypothese dazu, daß auch die zu Beginn zufällige Verteilung der Ionenpumpen und Kanäle asymmetrisch wird und deshalb ein Strom zu fließen beginnt. Die Ströme wiederum erzeugen elektrische Felder im Cytoplasma, die die ursprünglichen asymmetrischen Störungen noch verstärken.

Ein anderer Mechanismus, der *nicht* die Mobilität von Pumpen und Kanälen, jedoch ihre Sensitivität gegenüber Änderungen der Konzentrationen und Variationen des Membranpotentials voraussetzt, wurde von Pelcé vorgeschlagen [13]. Im Gegensatz zur erstgenannten Hypothese ist nach Pelcé die Verlagerung von Pumpen und Kanälen Konsequenz und nicht Ursache der Entwicklung von Ionenströmen. Pelcé geht vielmehr

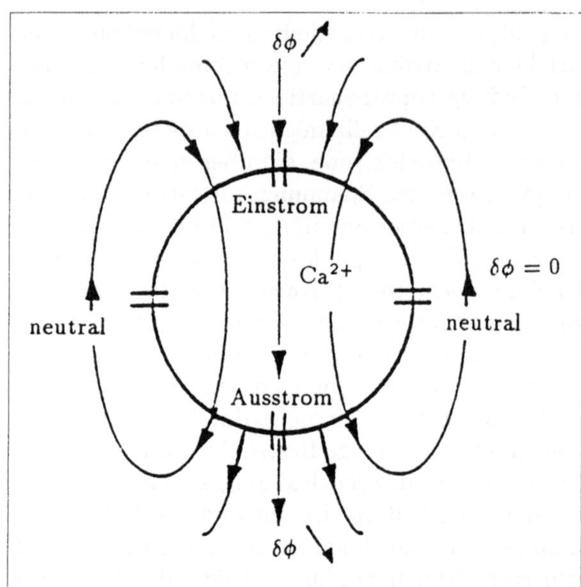

Bild 8.6
Schematische
Darstellung von
Calciumströmen
in einer Zelle.

davon aus, daß die Asymmetrie des Signals Veränderungen des Membranpotentials und der Ionenkonzentrationen bewirkt. Diese Veränderungen haben Auswirkungen auf die Transporteigenschaften der verschiedenen Ionensorten und induzieren so einen Stromfluß. Die Ströme erzeugen umgekehrt elektrische Felder und Konzentrationsflüsse, die die anfänglichen Modulationen noch verstärken und sogar gleichmäßig fließende Ströme aufrechterhalten können (Bild 8.6). Die Stärke des elektrischen Feldes nimmt zu, wenn sich die Instabilität entwickelt und geladene Membrankomponenten (Ionenpumpen und Kanäle) verlagern sich schließlich durch Elektrophorese.

Elektrodynamische Modellbildung

Modelle zum ersten Mechanismus, der auf der Mobilität membrangebundener Ionenkanäle und Pumpen aufbaut, wurden von Larter und Ortoleva sowie Fromherz und Kaiser vorgeschlagen [14, 15]. In diesen Modellen sind Membranpotential und Ionenkonzentration durch sogenannte Elektro-Diffusions-Gleichungen gekoppelt. Die Ströme in der Membran lassen sich mit der Patch-Clamp-Methode bestimmen. Diese Methode, die auf Hodgkin und Huxley zurückgeht, beruht auf Mikroelektroden in der Membran, mit denen sich Stromstärke und Potential messen lassen.

Wir konzentrieren uns auf den Calciumstrom, also auf den Strom, der von der Konzentration der entsprechenden Calciumkanäle abhängt. Nehmen wir also an, daß sich ladungstragende Calciumkanäle mit einer bestimmten Konzentration (γ) innerhalb der Membran unter dem Einfluß äußerer und innerer Felder bewegen. Stellen wir uns weiterhin die Zelle als geschlossenen Kreis mit Radius R (und Raumkoordinaten l) vor. Dann erfüllt die Calciumkanal-Konzentration γ eine Elektro-Diffusions-Gleichung (s. Kasten).

Die Elektro-Diffusions-Gleichung

$$\frac{\partial \gamma}{\partial t} = D_\gamma \left(\frac{\partial^2 \gamma}{\partial l^2} + \gamma \cdot \frac{z_e e}{kT} \cdot \frac{\partial^2 \phi_e}{\partial l^2} + \gamma \cdot \frac{z_i e}{kT} \cdot \frac{\partial^2 \phi_i}{\partial l^2} \right)$$

Hier sind ϕ_i und ϕ_e die Potentiale an der inneren bzw. äußeren Seite der Membran, z_i und z_e die entsprechenden Ladungen an den Enden eines Ionenkanals, der als zylinderförmiges Molekül vorausgesetzt wird, dessen Enden ins intra- bzw. extrazelluläre Medium der Zelle hineinreichen. Weiterhin sind $\frac{kT}{e}$ ein Referenzpotential (dabei: e: Größe einer Elementarladung, T: absolute Temperatur, k: Boltzmannkonstante) und D_γ der Diffusionskoeffizient für die Calciumkanäle. Der erste Term in der Gleichung beschreibt die Diffusion der Kanäle in der Membran, die beiden anderen beziehen sich auf die Elektrophorese der Kanäle, d. h. auf ihre Bewegung aufgrund der Potentiale an Membranaußen- bzw. Membraninnenseite.

Unter welchen Bedingungen kann es zu morphogenetischen Veränderungen, also Formveränderung der als kreisförmig vorausgesetzten Zelle kommen? Wir nehmen an, daß dem Gleichgewichtszustand, also der Kreisform, eine entlang der Membran gleichmäßig verteilte Kanalkonzentration γ_0 entspricht, die sich zeitlich nicht verändert, d. h. γ_0 ist Lösung der Gleichung $\frac{\partial \gamma}{\partial t} = 0$. Setzen wir weiterhin voraus, daß Formveränderungen eine Musterbildung, z. B. Clusterung, der Kanäle vorausgeht, so müssen wir also zum einen errechnen, unter welchen Bedingungen die Elektro-Diffusions-Gleichung „unregelmäßige" Lösungen besitzt und zum anderen eine Instabilität angeben, die zur Erreichung solcher Lösungen führt.

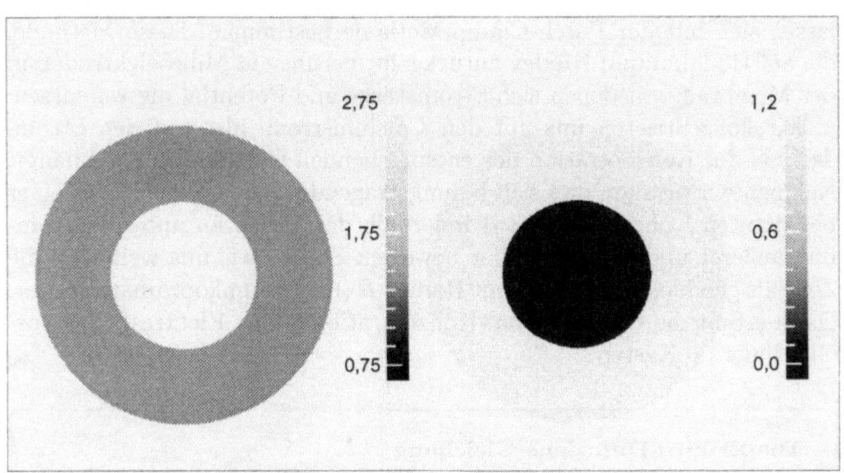

Bild 8.7 Gleichgewichtszustand (kein Stromfluß) für einen kleinen Zellradius R. Links: Konzentration; rechts: elektrisches Potential.

Um die komplizierte nichtlineare Gleichung überhaupt handhabbar zu machen, greifen wir zum bewährten Trick der Linearisierung um den Gleichgewichtszustand ($\frac{\partial \gamma}{\partial t} = 0$). Wir nehmen also an, daß in einer kleinen Umgebung vom Gleichgewichtszustand das System linear ist und transformieren unsere Gleichungen entsprechend. Es lassen sich dann Bedingungen errechnen, bei denen Nichtgleichgewichtslösungen existieren. Morphogenetische Veränderungen erwachsen, wie gesagt, aus Instabilitäten der Gleichgewichtslösungen und lassen sich ebenfalls aus dem System konstruieren. Eine Instabilität tritt zum Beispiel auf, wenn die Calciumkanäle eine negative äußere Ladung tragen. Es läßt sich ferner die Zeit berechnen, nach der eine anfängliche Instabilität zu einer morphogenetischen Veränderung führt. Für einen Diffusionskoeffizienten $D_\gamma = 10^{-9} \mathrm{cm}^2/s$ und einen Zellradius R von $30\mu m$ errechnet sich zum Beispiel eine Zeit von ca. drei Stunden – ein Wert, der auch durch Experimente bestätigt wird. Bei einem Pollenkorn etwa beobachtet man die ersten Formänderungen nach genau dieser Zeit.

Betrachten wir nun den zweiten Mechanismus, in dem Pumpen und Kanäle nicht mobil sind, d. h. in der Membran ruhen, sich dafür aber konzentrations- und spannungsabhängig verhalten [13]. Wir wollen wiederum nur die Calciumkonzentration näher betrachten, die einer Diffusionsgleichung genügt. Auch in diesem Fall können unregelmäßige Mu-

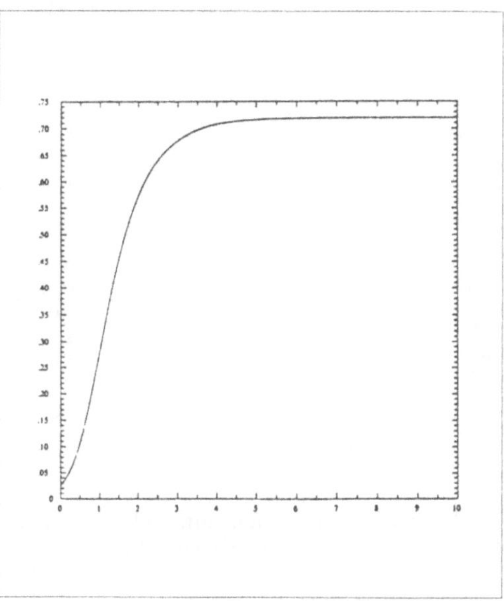

Bild 8.8
Zeitliche Entwicklung einer
Instabilität. Die Amplitude
der ersten Fouriermode (ein
Maß für die Instabilität) der
Ionenkonzentration etwas
außerhalb der Membran ist
gegen die Zeit aufgetragen.

ster entstehen, die jetzt aber nicht einer unregelmäßigen Calciumkanal-
sondern Calciumionenverteilung entsprechen. Es läßt sich ein kritischer
Zellradius (R_c) berechnen – wird dieser erreicht, so beginnen Calcium-
ionenströme zu fließen. Die Formel für den kritischen Zellradius ist insbesondere abhängig vom Diffusionskoeffizienten der Calciumionen. Es
ist wohlbekannt, daß Calciumionen im Cytoplasma wegen der Gegenwart negativer Ladungen sehr langsam diffundieren. Das positiv geladene Calciumion bindet nämlich bevorzugt diese Liganden, was seine
Diffusionseigenschaften erheblich verschlechtert. Nach einigen Rechnun-
gen ergibt sich $R_c \sim 10\mu m$, die Größenordnung einer typischen Zelle.
Auch die Größenordnung der Ströme, die sich aus der Formel ergeben,
entspricht experimentellen Erwartungen.

Die hier skizzierten Modellrechnungen zeigen, daß bei der Zellentwicklung sowohl die Bewegung der Ionenkanäle (erstes Modell) als auch der
Ionen selbst (zweites Modell) eine Rolle spielen könnten – die Modellierung beider Mechanismen führt jedenfalls zu „realistischen" Resultaten.
Es ist aber noch eine große Zahl weiterer Experimente erforderlich, um
im konkreten Fall eine Entscheidung zwischen beiden Mechanismen zu
ermöglichen.

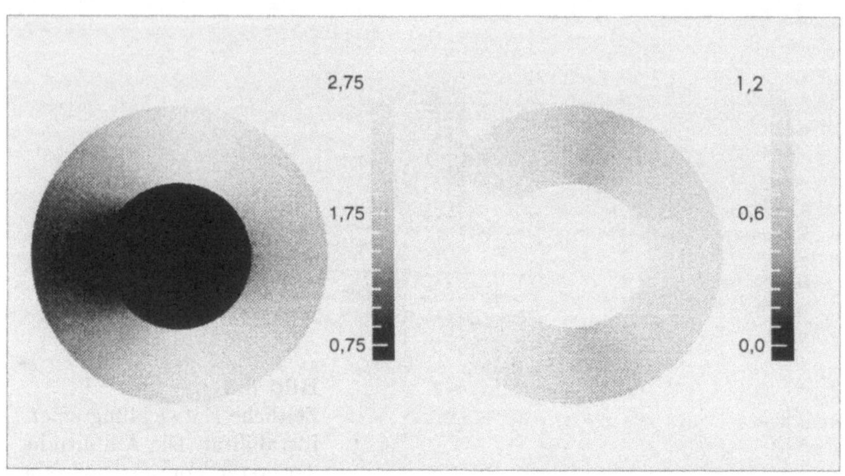

Bild 8.9   Muster (Nichtgleichgewichtszustand) für einen hinreichend hohen Wert des Zellradius R. Links: Konzentration, rechts: elektrisches Potential.

Simulation der Musterbildung

Wir haben bislang nur Bedingungen angegeben, bei denen Instabilitäten eintreten und „gemusterte" Lösungen auftreten können. Wie aber sehen diese Lösungen genau aus, d. h. welche Formen können entstehen? Antworten auf diese Frage liefern Simulationen des Modells. Wir setzen im folgenden den zweiten Mechanismus voraus, gehen also davon aus, daß die Membrankomponenten nicht mobil sind und konzentrieren uns auf die Calciumionendynamik. Die Gleichungen des Problems sind lineare partielle Differentialgleichungen in zwei Regionen, dem intra- und extrazellulären Milieu der Zelle, die durch nichtlineare Randbedingungen an der Membran gekoppelt sind. Zur Lösung des dadurch gegebenen nichtlinearen Problems haben wir einen numerischen Algorithmus entwickelt, der sowohl zur Beschreibung der zeitlichen Entwicklung des Systems als auch zur Bestimmung der schließlichen stationären Lösung (dem „Endmuster") genutzt werden kann. Letzteres erreicht man durch Verwendung großer Zeitschritte.

Was passiert, wenn wir R, den Zellradius, verändern? Für kleine Werte von R erhalten wir immer den Kreis als einzige Gleichgewichtslösung wie in Bild 8.7 gezeigt: Potential und Ionenkonzentrationen sind konstant,

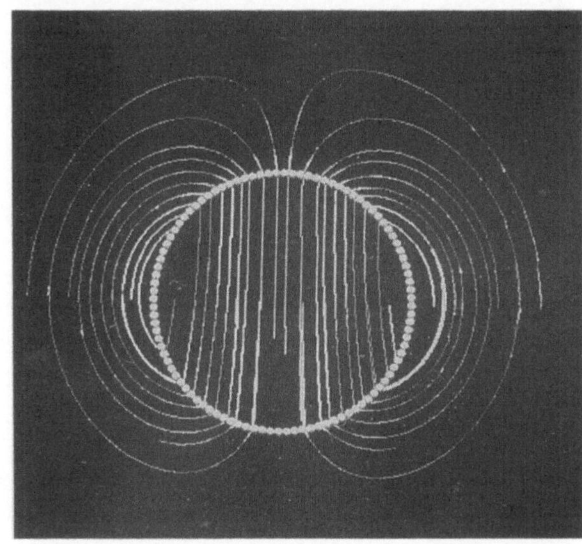

Bild 8.10
Stromlinien, die dem
Muster aus Bild 8.9
entsprechen.

unterscheiden sich aber für Cytoplasma und extrazelluläres Medium. Es
fließt kein Strom. Im Bild entspricht der innere Kreis der Zellmembran,
die eine Unstetigkeit im Modell ist, der äußere Kreis der Grenze des
Berechnungsbereichs. Insbesondere kann man die Gleichgewichtslösung
als Fourierreihe darstellen, in der nur der konstante Term vorkommt,
also keine periodischen Anteile vorhanden sind. Die Fourierdarstellung
gibt Aufschluß über das Gewicht „periodischer Anteile" einer Funktion.

Wird der Radius vergrößert, so existiert die Gleichgewichtslösung weiterhin, wird jedoch bei Überschreiten des Schwellwertes R_c, d. h. für
$R > R_c$ instabil; ein Ionenstrom beginnt zu fließen. Die entstehenden unregelmäßigen Lösungen sind dadurch charakterisiert, daß nichtkonstante
Terme in der entsprechenden Fourierdarstellung anwachsen. Im Verlauf
der Entwicklung der Instabilität verstärkt sich insbesondere die erste (zu
$cos(\theta)$ proportionale) Fouriermode der Ionenkonzentration. Dieses Verhalten ist in Bild 8.8 erkennbar, in der die Amplitude der ersten Fouriermode gegen die Zeit aufgetragen ist. Nichtsdestotrotz ist das Wachstum
der Amplitude nicht grenzenlos; vielmehr stellt sich aufgrund der nichtlinearen Abhängigkeiten in den Gleichungen nach einer gewissen Zeit ein
endlicher stationärer Wert der Amplitude ein, ein neues Gleichgewicht
ist erreicht (Bild 8.9). Bild 8.10 schließlich zeigt die Strömungslinien,

die dem in Bild 8.9 gezeigten elektrischen Potential entsprechen. Deutlich erkennbar organisieren sich die Ströme in geschlossenen Schleifen. Dieses Verhalten ist aus experimentellen Untersuchungen ebenfalls gut bekannt.

Vom Vormuster zur Formveränderung

Bei der Morphogenese des Spitzenwachstums scheint offenbar der Entstehung von Vormustern in der Ionenverteilung große Bedeutung zuzukommen. Wie können nun Veränderungen von Ionenkonzentrationen die Morphogenese beeinflussen? Von Rhizoiden ist bekannt, daß ihrer Entwicklung eine Erhöhung der Calciumionenkonzentration vorausgeht. Diese führen dann zu einer Verstärkung der Sekretion sogenannter Vesikel, die beim Rhizoidaufbau eine wichtige Rolle spielen. Weiterhin beeinflussen Ionenströme die Synthese von Aktin-Mikrofilamenten, die wesentlich zur Fixierung von Polaritäten beitragen. Somit scheint die Endgestalt Resultat von Interaktionen zwischen Zellwandausdehnung und Ionenkonzentrationen zu sein: Ionenströme erzeugen inhomogene Ionenkonzentrationen, die über die Veränderung der Einbindungsrate der Mikrofilamente die inhomogene Ausdehnung der Zellwand verursachen. Umgekehrt verändert die Zellgestalt die Ionenmuster durch Veränderung der Randbedingungen für die Konzentrations- und Potentialfelder. Folglich müssen neue Modelle entwickelt werden, die die beschriebenen geometrischen und elektrodynamischen Ideen zusammenführen. Diese Bemühungen sollten schließlich ein Verständnis für die Gestaltbildung einzelliger Organismen ermöglichen, die durch den Spitzenwachstumsmechanismus geprägt ist.

Literatur

[1] W. W. Mullins und R. F. Sekerka (1964) Stability of a planar interface during solidification of a dilute binary alloy. J. Appl. Phys. **35** 444

[2] P. Pelcé (1988) Dynamics of Curved Fronts. Academic Press, Boston

[3] R. C. Brower, D. A. Kessler, J. Koplik und H. Levine (1983) Geometrical approach to moving-interface dynamics. Phys. Rev. Lett. **51** 309

[4] J. A. Lockhardt (1965) An analysis of irreversible plant cell elongation. J. Theor. Biol. **264** 264-275

[5] P. Pelcé und A. Pocheau (1992) Geometrical approach to the morphogenesis of unicellular algae. J. Theor. Biol. **156** 197

[6] P. Pelcé und J. Sun (1993) Geometrical models for the growth of unicellular algae. J. Theor. Biol. **160** 375

[7] Z. Heijnowicz, B. Heinemann und A. Sievers (1977) Tip growth: patterns of growth rate and stress in the *Chara* rhizoid. Z. Pflanzenphysiol. **81** 409

[8] T. C. Lacalli (1975) Morphogenesis in *Micrasterias radiata* tip growth. J. Embryol. Exp. Morph. **33** 95

[9] A. M. Turing (1952) The chemical basis of morphogenesis. Phil. Trans. R. Soc. Lond., Ser. B **237** 37

[10] A. Gierer und H. Meinhardt (1972) A theory of biological pattern formation. Kybernetik **12** 30

[11] L. F. Jaffe, K. R. Robinson und R. Nuccitelli (1974) Local cation entry and self-electrophoresis as an intracellular localization mechanism. Ann. N. Y. Acad. Sci. **238** 372

[12] L. F. Jaffe und R. Nuccitelli (1974) An ultrasensitive vibrating probe for measuring steady extracellular currents. J. Cell Biol. **63** 614

[13] P. Pelcé (1993) On the origin of cellular ionic currents. Phys. Rev. Lett. **71** 1107

[14] R. Larter und P. Ortoleva (1982) A study of instability to electrical symmetry breaking in unicellular systems. J. Theor. Biol. **96** 175

[15] P. Fromherz und B. Kaiser (1991) Stationary patterns in membranes by nonlinear diffusion of ion channels. Europhys. Lett. **15** (3) 313

Tafel 1 Ein klassisches „Muster des Lebendigen": Streifenstrukturen auf dem Fell eines Zebras. Jungen Zebras dient das Muster zur Erkennung des Muttertieres, der Herde als Tarnung vor potentiellen Feinden. Wie aber entstehen diese Strukturen?

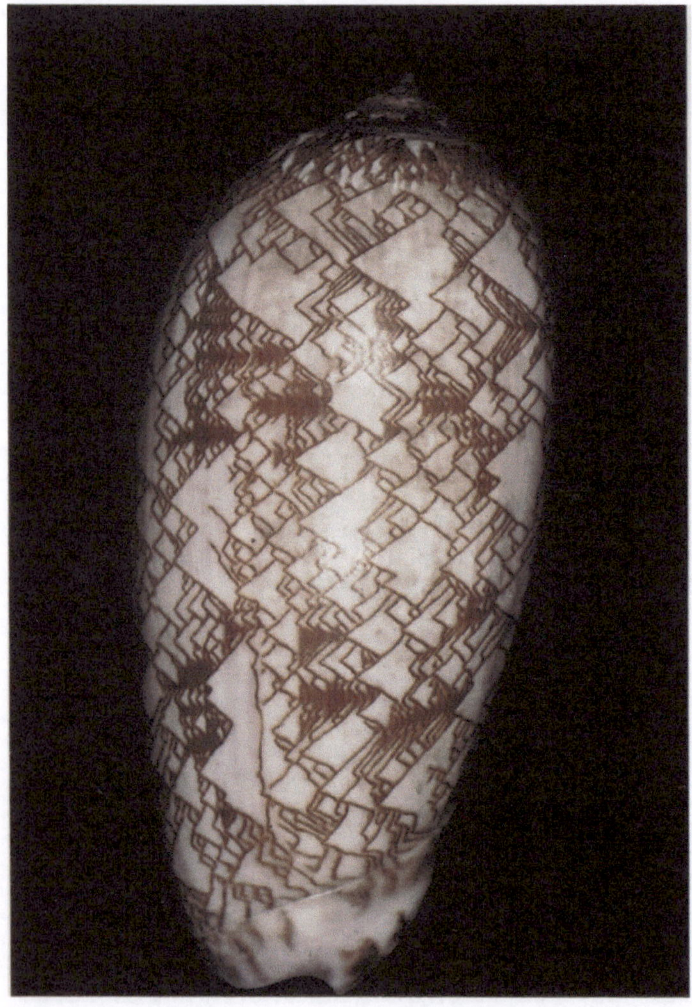

Tafel 2 Tropische Muscheln zeichnet eine enorme Farben-
und Mustervielfalt aus, die auch theoretische Biologen zu Mut-
maßungen über ihr Entstehen angeregt hat. Gezeigt ist ein Verzweigungsmuster (auf der Schale von *Olivia porphyria*).

Tafel 3 Honigbienen bauen Waben, die ihre Nesthöhle ausfüllen. Die Waben setzen sich aus winzigkleinen Wachsstückchen zusammen, die von Arbeiterinnen mit Hilfe ihrer Abdominaldrüsen produziert werden, und sind mit Honig oder Pollen gefüllt. Sie können aber auch zur Eiablage dienen (vgl. Kap. 2).

Tafel 4   Augenfällige Spiralen lassen sich in vielen botanischen Strukturen erkennen, beispielsweise im Arrangement der Tragblätter eines Kiefernzapfens. Mögliche Erklärungen solcher Regelmäßigkeiten in der Blattstellung, die eng mit dem *Goldenen Schnitt* verknüpft sind, werden in Kap. 3 beschrieben.

Tafel 5 Schleimpilze der Gattung *Dictyostelium* haben ein chemisches Kommunikationssystem entwickelt, das es ihnen erlaubt, Hunderttausende einzelner Amöben an einem Ort zu versammeln. Während der Aggregationsphase kommt es zur Bildung charakteristischer Ring- und Spiralmuster (vgl. Kap. 4).

Tafel 6 Bakterien treten nur selten als einzelne Lebewesen in Erscheinung. Zumeist findet man sie hingegen in riesigen Populationen, die abhängig von den Lebensbedingungen unterschiedliche Muster entwickeln können. Im Bild zu sehen ist die „fraktale" Strukturbildung einer *Bacillus subtilis*-Kolonie (vgl. Kap. 6).

Tafel 7 „Ornamentmuster": Sämtliche 23 topologischen Typen von „Himmel und Hölle" Pflasterungen. Das sind Muster, die so aus weißen und bunten „Pflastersteinen" zusammengesetzt sind, daß erstens je zwei gleichfarbige Steine durch eine Symmetriebewegung der gesamten Pflasterung zur Deckung gebracht werden können und daß zweitens bunte Steine nur weiße Nachbarn und weiße Steine nur bunte Nachbarn haben (vgl. Kap. 10).

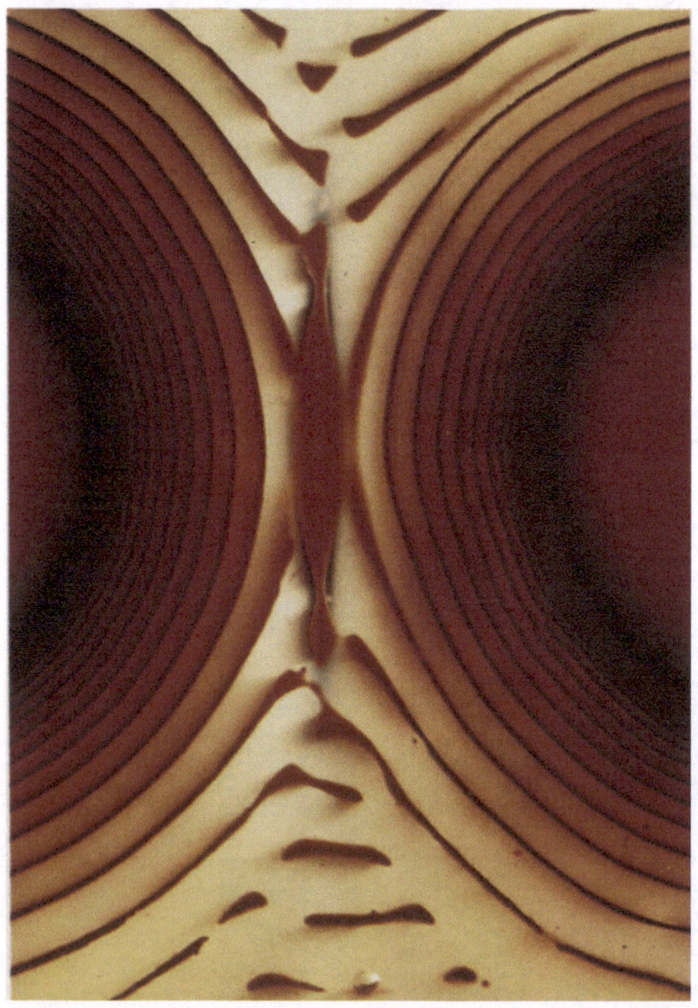

Tafel 8 Liesegang-Muster in einer Fällungsreaktion. Gezeigt ist ein „Begegnungsmuster", das in Versuchen entsteht, ähnlich wie sie Kap. 12 beschreibt. Die Muster sind nach R. E. Liesegang benannt, der Anfang des Jahrhunderts erstmals auf das Phänomen der rhythmischen Fällung aufmerksam machte.

Kapitel 9

Das Wandern ist der Zellen Lust

Bewegung von Pigmentzellen führt zur Musterung von Salamanderlarven

Anna Grahn, Lars Sundén, Lennart Olsson, Andreas Deutsch und Jan Löfberg

Zu den auffälligsten „Mustern des Lebendigen" zählen die Fellzeichnungen vieler Wirbeltiere, insbesondere der verschiedenen Zebra- und Katzenarten. Die Schwarzweiß- oder Farbmuster auf den Fellen dieser Tiere werden bereits in der embryonalen Entwicklungsphase, also vor der Geburt, angelegt. Theoretische Modelle zur Erklärung solcher Musterbildungen gibt es schon seit geraumer Zeit [1, 2]. Ob die Modelle jedoch realistisch sind, ist bislang nicht entschieden, da nur sehr wenig über die Embryonalentwicklung dieser Tiere bekannt ist. Gleichwohl gibt es Wirbeltiere, deren Farbmusterentstehung experimentell intensiv erforscht wurde. Dazu gehören neben Mäusen, Fröschen und Fischen auch Salamanderarten. Bei diesen Tieren sind die Farbmuster charakteristische Arrangements sogenannter Pigmentzellen.

Die überwiegende Zahl der Pigmentzellen von Wirbeltieren hat ihren Ursprung in der Neuralleiste. Diese längliche Struktur oberhalb des Neuralrohres ist auch Geburtsstätte einer Vielzahl weiterer Zelltypen. Die Neuralleiste ist überflüssig, nachdem sie ihren Auftrag, die Bildung neuer Zellen, zur Zufriedenheit erfüllt hat. Sie verschwindet sodann, d. h. ihre Existenz ist auf die embryonale Entwicklungsphase der Tiere beschränkt.

Nach ihrer Geburt in der Neuralleiste erwandern sich die Pigmentzellen den jungen Embryo (Bild 9.1). Auch andere Zellen wandern von der

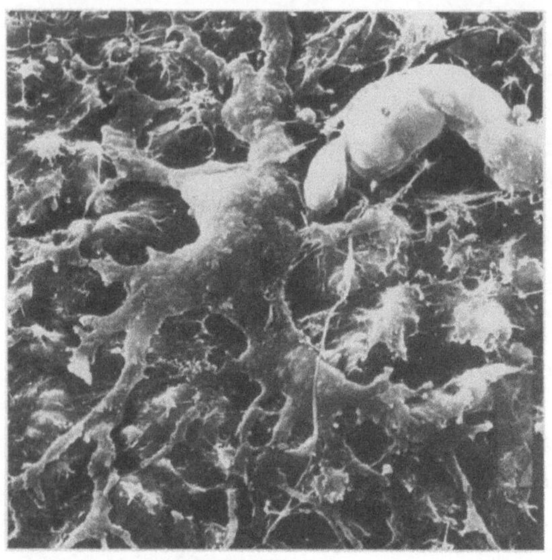

Bild 9.1
Die krakenähnliche Zelle
ist eine Pigmentzelle des
mexikanischen Axolotl-
Salamanders, die an der
Flanke des Embryos
entlangwandert (raster-
elektronenmikroskopische
Aufnahme, weiße Balken-
länge entspricht $1\mu m$).

Neuralleiste bis zu den entlegensten Regionen des Embryos und initiieren dort Gewebe in so verschiedenen Strukturen wie peripherem Nervensystem, Kopf oder Nebennierendrüse. Somit kann das Studium der Pigmentzellwanderung nicht nur zum besseren Verständnis einer auffälligen Musterbildung verhelfen, sondern ermöglicht auch Schlußfolgerungen für die Dynamik einer Vielzahl anderer Zelltypen.

Es gibt zwei Strategien der Entstehung von Pigmentzellmustern: In Säugetieren und Vögeln verteilen sich der Neuralleiste entstammende, noch undifferenzierte Zellen gleichmäßig entlang der Embryoflanken. Das Muster kommt als Folge unregelmäßiger Zelldifferenzierung zustande, d. h. nur Zellen an bestimmten Positionen differenzieren zu Pigmentzellen – wahrscheinlich ausgelöst durch Signale aus der Umgebung –, während Zellen an anderen Positionen für immer undifferenziert bleiben. In diesem Fall ist also die Differenzierung der eigentlich musterbildende Prozeß.

In Amphibien und Fischen hingegen verhält es sich genau umgekehrt. Hier ist die Wanderung bereits differenzierter Pigmentzellen, die sich von der Neuralleiste in Bewegung setzen, der entscheidende Vorgang für die Musterbildung. Die genaue Beschaffenheit des Musters ist bei diesen Tieren primär durch Interaktionen wandernder Zellen untereinander und mit der extrazellulären Matrix bestimmt [3]. Dies ist ein dreidimensionales, aus mikroskopisch kleinen Fibrillen bestehendes Gespinst (Netzwerk), durch das die Zellen zu ihrem Bestimmungsort finden (Bild 9.2).

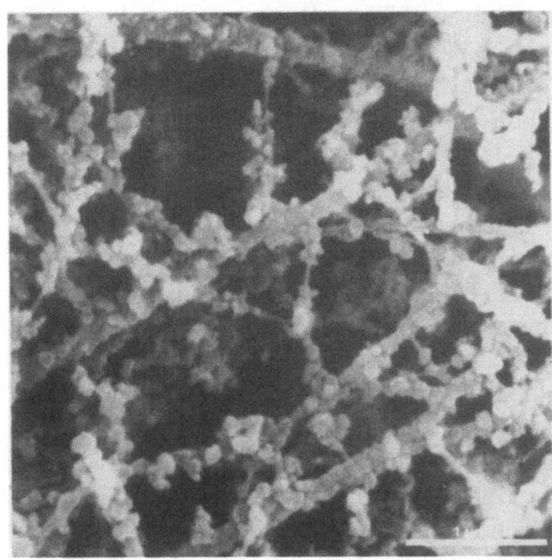

Bild 9.2
Fibrillennetzwerk der extrazellulären Matrix einer Larve des Axolotls. Durch dieses Gespinst erstreckt sich d. Wanderweg der Pigmentzellen (rasterelektronenmikroskopische Aufnahme).

Musterbildung bei Salamanderlarven

Der Axolotl (*Ambystoma mexicanum*) ist aus Schulbüchern als Beispiel für Neotenie bekannt, d. h. Axolotl werden nie erwachsen und verharren zeit ihres Lebens als „Riesenbaby" im Larvenstadium.

Uns interessiert hier ein anderer Aspekt der Axolotl-Entwicklung: Bei der Larve des Axolotl entstehen vertikale Farbmusterungen aus Pigmentzellen, die als Chromatophoren bezeichnet werden (Bild 9.1). Es gibt im wesentlichen zwei Typen von Chromatophoren, die sich deutlich in ihrer Färbung unterscheiden – Melanophoren (schwarz) und Xanthophoren (gelb). Bevor sie ihre Wanderschaft durch die extrazelluläre Matrix antreten (Bild 9.2), bilden die Chromatophoren Grüppchen (Bild 9.3). Dabei sind die Xanthophoren deutlich gruppenbezogener; ihr Vorkommen beschränkt sich fast ausschließlich auf die Gruppen, während man Melanophoren auch außerhalb der Grüppchen als „Einzelwanderer" findet. Die Melanophoren geben auch den Weg bzw. die Richtung für die nun beginnende Wanderung vor und beginnen zuerst mit ihrem „Abstieg" entlang der Embryoflanken. Später lösen sich aus den Grüppchen auch Xanthophoren, die den Melanophoren auf Schritt und Tritt folgen. In der Folge weichen Melanophoren in benachbarte Regionen aus, die bereits von „Pionier"-Melanophoren bevölkert sind – das sind diejenigen Pigmentzellen, welche die Wanderungsbewegung initiiert haben. Auf diese Weise entstehen alternierende Bänder aus Melano- und Xanthophoren, ein „Tigermuster" (Bild 9.3). Dieses Muster dient wahrscheinlich der Larve zur Tarnung in ihrer natürlichen Umgebung.

Das Interessante ist nun, daß sich andere Arten wie der Bergmolch (Bild 9.3) im Larvenstadium ein horizontales Streifenkleid anstelle des vertikalen Axolotlmusters anlegen. Diese Larven sieht man oft parallel zur Vegetation ausgerichtet, so daß auch diese Musterbildung wahrscheinlich die Tarnung unterstützt. Bei diesen Arten kommt es auch nicht zur anfänglichen Grüppchenbildung der Chromatophoren. Wesentlich für die Entstehung des horizontalen Musters scheint die Interaktion zwischen Chromatophoren und extrazellulärer Matrix zu sein. Höchstwahrscheinlich sind in der Matrix irgendwelche „Winke" versteckt, die den Melanophoren bedeuten, an den entsprechenden Stellen ihre Bewegung einzustellen [4]. Ferner gibt es noch Salamanderarten mit anfänglicher Chromatophoren-Grüppchenbildung, die aber schließlich zu einem fast horizontalen Streifenmuster führt. Dieses Muster liegt zwischen Axolotl und Bergmolch.

Die Arbeit mit Axolotln bietet dem Embryologen eine Reihe von Vorteilen. So sind die Embryonen dieser Tiere verhältnismäßig groß. Die Larven besitzen hervorragende Fähigkeiten zur Wundheilung und eignen sich daher besonders für chirurgische Manipulationen. Eine Fülle von Daten über die Entwicklung der Tiere konnte durch Transplantation von Geweben und extrazellulärer Matrix zwischen Embryos verschiedener Altersstufen und unterschiedlicher Mutanten gesammelt werden.

Die Bedeutung der extrazellulären Matrix für die Musterbildung beweist die weiße Mutante des Axolotls (*dd*). Bei dieser Mutante verlassen die Chromatophoren niemals die Neuralleiste. Der Grund: Während die Chromatophoren der *dd*-Mutante keine Besonderheit erkennen lassen, weist die extrazelluläre Matrix einen vorübergehenden Defekt auf [5]. Der Defekt ist eventuell durch eine zeitweilig zu hohe Konzentration von Zellwanderungs-Inhibitoren bedingt. Hat sich die Konzentration dieser Hemmstoffe verringert, so sind die inzwischen gealterten Chromatophoren nicht mehr zur Wanderung fähig. Jedoch können „frische" Pigment-

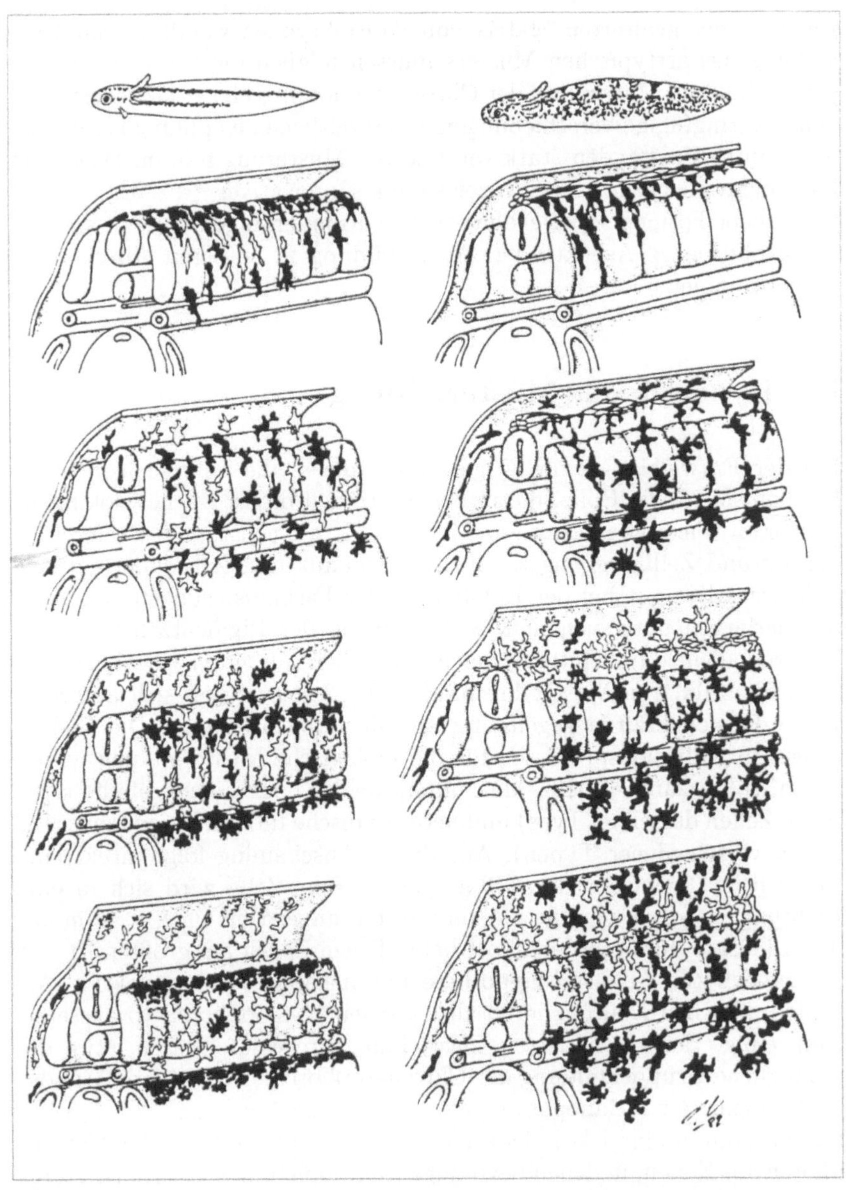

Bild 9.3 Die Entwicklung d. Pigmentierungsmuster zweier Salamanderarten;
l.: Bergmolch (*Triturus alpestris*), r.: Axolotl (*Ambystoma mexicanum*).

zellen in der gealterten Matrix von *dd*-Embryonen wandern. Zur Entstehung des arttypischen Musters müssen folglich die Entwicklung der extrazellulären Matrix und der Chromatophoren geeignet korreliert sein. Schon geringfügige Verschiebungen dieser zeitlichen Kopplung können zu einer unter Umständen stark veränderten Musterung führen. Dieser als Heterochronie bezeichnete Prozeß kann als innovativer Prozeß zur Schaffung neuer Formen sogar evolutive Bedeutung erlangen [6]. Wir werden auf evolutionäre Aspekte der Musterbildung in späteren Abschnitten zurückkommen.

Die Dynamik der Musterbildung

Bei der Entwicklung eines Organismus spielen die unterschiedlichsten Mechanismen eine Rolle, die in den Beiträgen dieses Buches dokumentiert sind. Wichtige Prozesse sind insbesondere Wachstum, Gestaltveränderung und Zellbewegung [7, 8]. Die Dynamik der Zellwanderung läßt sich besonders gut bei der Entstehung der Farbmusterungen von Salamanderlarven untersuchen. Die Wanderung der Pigmentzellen scheint hier vor allem durch Interaktionen der Zellen mit ihren Nachbarn und der extrazellulären Matrix beeinflußt. Die Zellen ziehen sich aufgrund von Adhäsionskräften gegenseitig an oder stoßen sich ab. Die Bedeutung von Adhäsionsprozessen für die biologische Musterbildung wurde schon früh erkannt [9, 10]. Man unterscheidet noch homotypische (zwischen Zellen desselben Typs) und heterotypische Interaktionen (zwischen Zellen verschiedener Typen). Aus dieser Anschauung folgt direkt eine wesentliche Triebfeder der Zellbewegung. Eine Zelle wird sich in eine Richtung bewegen, von der sie am meisten angezogen wird, d. h. in der die Adhäsion durch die sich dort befindlichen Zellen am größten ist.

Eine Zell-Zell-Adhäsionshypothese, die eine höhere (homotypische) Adhäsion zwischen Xanthophoren als zwischen Melanophoren voraussetzt, kann einige der geschilderten Entwicklungsprozesse erklären, etwa die anfängliche Gruppenbildung der Chromatophoren, den früheren Wanderungsbeginn der Melanophoren, die „Zusammenklumpung" der Xanthophoren während ihrer Wanderschaft und das Zurückweichen der Melanophoren aus Zonen, in denen bevorzugt Xanthophoren wandern. Letzteres Phänomen wird auch als *sorting out* (deutsch: Aussortieren) bezeichnet. Die Melanophoren machen durch ihr Zurückweichen den Platz für nachfolgende Xanthophoren frei [4].

Sorting out zeigt sich desweiteren in einer Aufgliederung der Chromatophorengruppen in vorwiegend am Rand befindliche Melanophoren und Xanthophoren, die sich im Zentrum der Grüppchen konzentrieren. Auch dieser Befund ließe sich durch höhere Adhäsion zwischen Xanthophoren als zwischen Melanophoren interpretieren. Ob die Vermutung richtig ist, wird derzeit im biologischen Experiment untersucht. Vorläufige histologische Daten bestätigen die Hypothese.

Ein Zellulärer Automat als Modell

Ein biologisches Experiment kann jedoch allenfalls Interaktionen zwischen wenigen Zellen einer ausgewählten Entwicklungsphase untersuchen. Die Integration vieler Zellen und ihrer Wechselwirkungen während der gesamten Entwicklung des Embryos ist mit Hilfe eines mathematischen Modells möglich, dessen Grundzüge im folgenden skizziert werden. Das Modell erlaubt Simulationen, mit denen Vorhersagen möglich werden, die man anderweitig nicht gewinnen kann.

Neben der Simulation der individuellen Entwicklung der Salamandermuster, ihrer Morphogenese, soll das Modell darüberhinaus auch die Untersuchung evolutionärer Problemstellungen ermöglichen. Offensichtlich können nämlich Entwicklungsmechanismen evolutionäre Veränderungen erleichtern oder erschweren [11, 12]. Wie viele Parameter müssen sich beispielsweise im Verlauf der Evolution wie stark geändert haben, um die verschiedenen Muster zu produzieren, die durch den Stammbaum der Salamander gegeben sind (Bild 9.13)?

Die Verwendung eines diskreten Modells zur Simulation eines Systems, in dem die Einheiten – die Pigmentzellen – diskret vorliegen, erscheint nur natürlich. Einmal mehr wird es sich erweisen, daß sich Zelluläre Automaten besonders zur Modellierung von Systemen eignen, in denen es um die Erforschung der Interaktionen einer großen Anzahl diskreter Einheiten geht (vgl. auch Kapitel 2 u. 5). Wir können in die Formulierung der Regeln, die die zeitliche Entwicklung des Automaten definieren, all das biologische Wissen hineinstecken, das wir über die Pigmentzellen und ihr spezifisches Verhalten haben. Wäre das Modell nicht diskret, so hätten wir es zu diskretisieren, bevor wir ein Programm zur Computer-Simulation schreiben können. Abgesehen von der zusätzlichen Arbeit ist

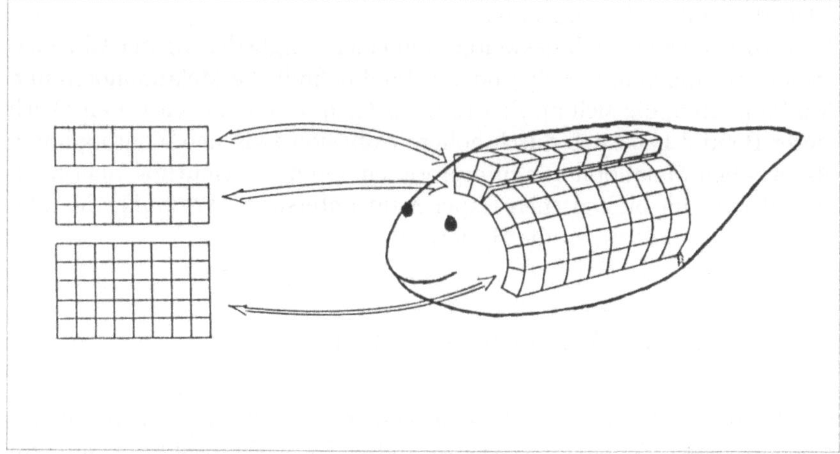

Bild 9.4 Die „Diskretisierung" einer Salamanderlarve. Das gezeigte dreidimensionale Gitter wird in den Bildern 9.10 und 9.11 auf eine zweidimensionale Fläche projiziert.

das Resultat eventuell weniger genau, da die Diskretisierung Rundungsfehler in das System hineinträgt.

Wie sollte so ein Automat aussehen, der die Wanderung der Pigmentzellen im Salamanderembryo simulieren kann? In der Natur wandern die Pigmentzellen vorwiegend innerhalb der extrazellulären Matrix. Wie läßt sich die Matrix im Modell abbilden? Die Ausdehnung der Matrix ist ziemlich klein, sie entspricht an den meisten Stellen der Larve in etwa einem Zellradius. In der Neuralleiste jedoch gibt es mehrere übereinanderliegende Zellschichten, so daß die extrazelluläre Matrix hier „dicker" erscheint. Deshalb haben wir uns entschieden, die Neuralleiste als dreidimensionales Gitter zu modellieren, allerdings mit verschiedenen „Höhen" – abhängig von ihrer jeweiligen Position im Organismus; der größere Teil kann als zwei-, die Neuralleiste hingegen als dreidimensional angesehen werden. In unserer Implementierung simulieren wir nur eine „Hälfte" des Tieres, wir betrachten also nur die „halbe" Neuralleiste und nur eine Flanke der Larve (Bild 9.4). Die Zeit ist diskret (getaktet); die Anzahl der Zeitschritte, die Gitterdimensionen (Zeilen- und Spaltengröße) sowie die Höhe der Neuralleiste sind Parameter, die variiert werden können.

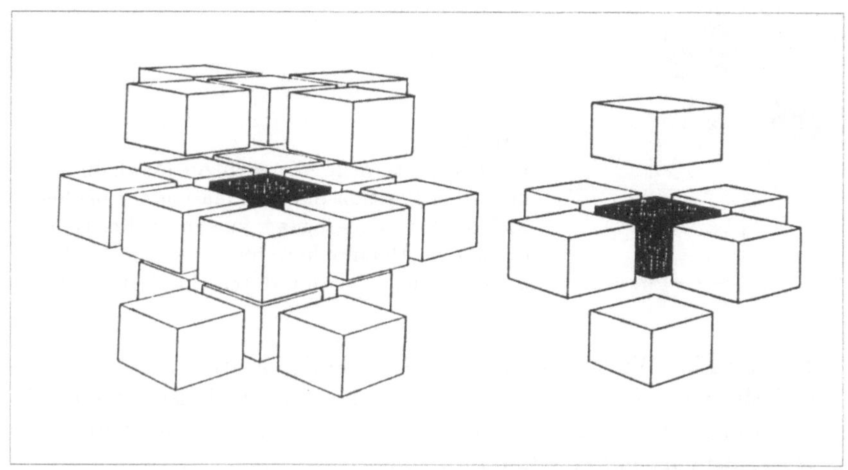

Bild 9.5   Die erweiterte Moore-Nachbarschaft (links) und die erweiterte v. Neumann-Nachbarschaft (rechts) für die dunkle Zellposition in der Mitte.

Definition des Zellulären Automaten

Ein Zellulärer Automat besteht – wie der Name schon sagt – aus Zellen, welche verschiedene Zustände annehmen können. Diese können numerische Werte, Boolesche Variablen (wahr/ falsch) oder jede andere Art von Information sein. Im Unterschied zu „klassischen" Zellulären Automaten werden wir nicht die Positionen des Gitters als Zellen bezeichnen, sondern die Zellen unseres Automaten entsprechen Pigmentzellen, die sich bewegen können. Im Modell sind die Bewegungsmöglichkeiten der Zellen auf das Gitter beschränkt, d. h. die Zellen können das Gitter nicht verlassen. In ähnlicher Weise ist auch keine Einwanderung von Zellen möglich. Die Zellen unseres Modells sind durch ihren Typ und ihre räumliche Position bestimmt. Zellen können entweder vom Typ Xanthophore oder Melanophore sein; der Zelltyp ändert sich in einem Simulationslauf nicht. Hingegen kann sich die Koordinate, welche die Zellposition festlegt, natürlich ändern; sonst wäre keine Zellwanderung möglich. Mehrere Zellen können dieselbe Raumkoordinate haben, d. h. mehrere Zellen können sich dieselbe Position teilen. Wir nehmen an, daß die Adhäsionswirkung, die ja den „Antrieb" für die Wanderungsbewegung bildet, lokal ist, d. h. sich nur auf eine kleine Nachbarschaft der betrachteten

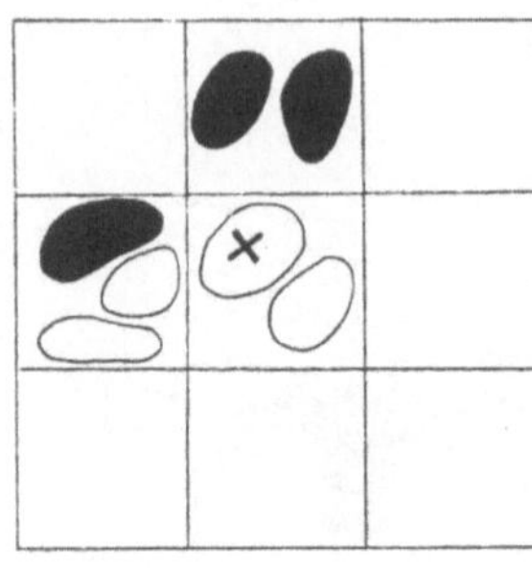

Bild 9.6
Die markierte Zelle (X) wird zur oberhalb
liegenden Position durch Adhäsion der beiden
Melanophoren „gezogen", zur linken Position
durch eine Melanophore und zwei Xanthophoren
u. zur eigenen Position durch eine Xanthophore.

Zelle erstreckt. Wir müssen folglich für jede Zellposition festlegen, welche Positionen zu ihrer Nachbarschaft zählen sollen. Beispiele sind die konventionellen – auf drei Dimensionen erweiterten – von Neumann- und Moore-Nachbarschaften (Bild 9.5).

Die Adhäsion zwischen zwei Zellen (C_1 und C_2 genannt) kann sich im Verlaufe der Entwicklung ändern und ist durch die Funktionen $A_{c_1,c_2}(t)$ definiert, wobei c_1 und c_2 die Farben von C_1 bzw. C_2 sind und t die Zeit. Die vier Funktionen beschreiben homotypische ($A_{m,m}(t)$, $A_{x,x}(t)$) bzw. heterotypische ($A_{m,x}(t)$, $A_{x,m}(t)$) Wechselwirkungen (m für Melanophore, x für Xanthophore) . Die heterotypischen Wechselwirkungen seien symmetrisch, d. h. $A_{m,x}(t) = A_{x,m}(t)$.

Analog zum biologischen System kann in jedem Zeitschritt eine Zelle entweder wandern oder aber sie teilt sich mit einer gewissen Reproduktionsrate $R(t)$. Es seien c_n und s_n die Farbe bzw. die Raumkoordinaten von Zelle C_n. Die Nachbarpositionen von s_n werden mit $\sigma_i(s_n)$ bezeichnet ($i = 1, 2, \ldots, G_n$). Dabei bezeichnet G_n die Anzahl der Nachbarpositionen von s_n. Ferner gelte $\sigma_1(s_n) = s_n$, denn eine Position ist natürlich

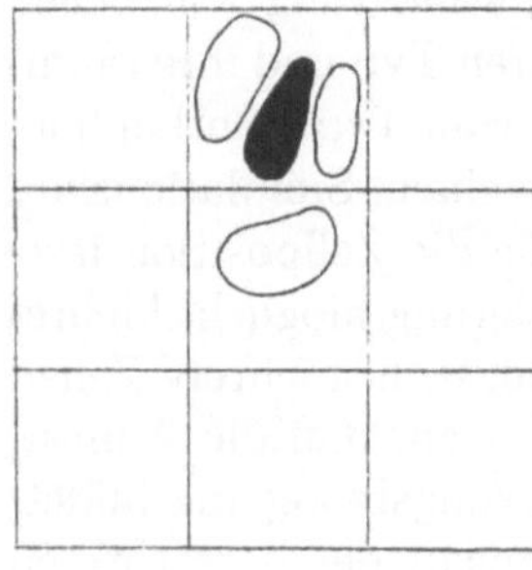

Bild 9.7
Nicht die gesamte Oberfläche der Nachbarzellen
ist für die Adhäsion verfügbar, da sich d. Zellen
teilweise gegenseitig ihre Oberflächen blockieren.

auch Nachbar von sich selbst. Man beachte, daß G_n nicht für alle n identisch ist, insbesondere haben „innere Zellpositionen" s_n im Vergleich zu Randpositionen mehr Nachbarn, also höhere G_n-Werte. X(s), M(s) und N(s) definieren die Anzahl Xanthophoren, Melanophoren und die Gesamtzahl von Zellen an Position s. $T_n(i,t), i = 1, 2, \ldots$, bezeichnet die Adhäsion, die alle Zellen in Nachbarpositionen σ_i auf C_n ausüben (Bild 9.6). Die Abhängigkeit von der Zeit t rührt daher, daß sich die Adhäsionen der Zellen altersabhängig verändern können. Die Regel zu ihrer Berechnung bildet das Herz unseres Automaten, denn Zellen werden mit großer Wahrscheinlichkeit in eine Richtung i wandern, in der die Adhäsion, d. h. der entsprechende $T_n(i,t)$-Wert am höchsten ist.

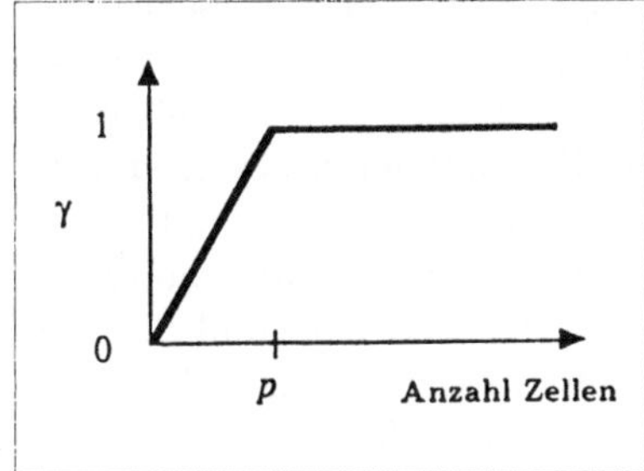

Bild 9.8
Schematischer Verlauf der γ-Funktion. p bezeichnet die „Sättigungsgrenze" für die Adhäsion.

Bei der Entwicklung einer Formel zur Berechnung von $T_n(i,t)$ stießen wir auf eine Reihe von Schwierigkeiten. So erscheint es natürlich anzunehmen, daß, wenn eine Nachbarposition σ_i viele Zellen enthält, die Adhäsion höher sein sollte, als wenn sie nur eine Zelle trägt. Wählen wir aber die Adhäsion proportional zur Anzahl von Zellen in σ_i, so würden unsere Simulationen zu einer im wesentlichen leeren Matrix mit einer Reihe äußerst stark belegter Positionen führen (falls die Adhäsion nicht negativ ist). Das ist natürlich höchst unrealistisch. Wir mutmaßten, daß Adhäsion ein von der Größe der Zelloberfläche abhängiges Phänomen ist,

Jede Zelle hat nur eine beschränkte Oberfläche, mit deren Hilfe sie Wechselwirkungen mit zwar keiner unbegrenzten Anzahl, aber sicherlich mit mehr als einer Zelle eingehen kann (Bild 9.7). Deshalb lassen wir $T_n(i,t)$ mit der Anzahl von Zellen in σ_i wachsen, aber nur bis zu einer vorgegebenen Grenze. Ist diese erreicht, so sind (zusätzliche) Zellen in der Nachbarschaft nicht mehr in der Lage, zur Adhäsion beizutragen. Der Graph in Bild 9.8 veranschaulicht eine einfache Realisierung einer

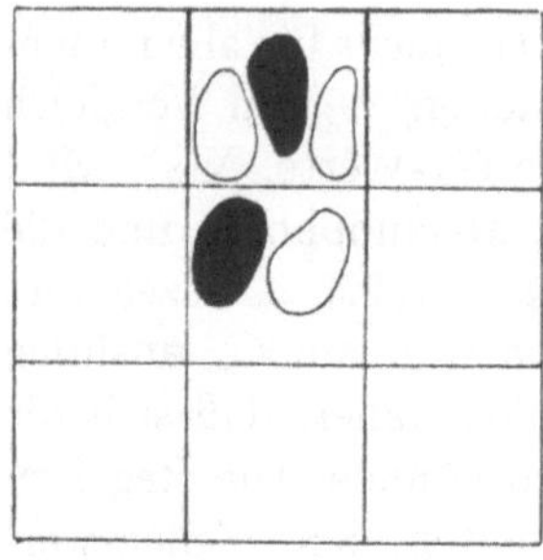

Bild 9.9
Die Zellen in der mittleren Position „teilen
sich" die Adhäsion, die von den Zellen der
oberen Position ausgeht.

solchen Funktion $\gamma(N(\sigma_i))$, die dies gewährleistet.

Es kann natürlich auch der Fall eintreten, daß sich Zellen verschiedener
Farbe in der Nachbarschaft σ_i befinden. Dann berechnen wir die Adhäsion für beide Gruppen von Zellen separat und addieren sie anschließend.
Dabei tritt ein anderes Problem auf: Die Xanthophoren besetzen Teile
der für die Melanophoren verfügbaren Oberfläche von C_n und umgekehrt (Bild 9.7). Deshalb lassen wir die Adhäsion, die Melanophoren auf
C_n ausüben können, proportional zu $M(\sigma_i)/N(\sigma_i)$ sein; ähnliches gilt
für die Xanthophoren. Dasselbe Problem ergibt sich, wenn mehr als eine Zelle an der Position der gerade betrachteten Zelle vorhanden ist.
Wir behelfen uns, indem wir alle Zellen einer Position in gleicher Weise
an der Adhäsion der Nachbarzellen „teilhaben" lassen (Bild 9.9). Das
führt zu einem weiteren Korrekturfaktor $1/N(s_n)$, den wir mit der totalen Adhäsion von σ_i auf C_n multiplizieren. Bei der Berechnung von
$T_n(1,t)$ müssen wir berücksichtigen, daß eine Zelle sich nicht selbst anziehen kann. So erhalten wir die im folgenden Kasten gezeigte Formel
für $T_n(i,t)$.

Die „Adhäsionsregel"

$$T_n(1,t) \;=\; K(t,\sigma_1) + \frac{\gamma(N(\sigma_1)-1)}{N(s_n)} \cdot \left[A_{m,c_n}(t) \cdot \frac{M(\sigma_1)-1_{\{c_n=m\}}}{N(\sigma_1)-1} + A_{x,c_n}(t) \cdot \frac{X(\sigma_1)-1_{\{c_n=x\}}}{N(\sigma_1)-1} \right]$$

$$T_n(i,t) \;=\; K(t,\sigma_i) + \frac{\gamma(N(\sigma_i))}{N(s_n)} \cdot \left[A_{m,c_n}(t) \cdot \frac{M(\sigma_i)}{N(\sigma_i)} + A_{x,c_n}(t) \cdot \frac{X(\sigma_i)}{N(\sigma_i)} \right], \quad i >= 2$$

Die charakteristische Funktion $1_{\{c_n=m\}}$ wird 1, falls die Farbe c_n schwarz ist (Melanophore); entsprechendes gilt für $1_{\{c_n=x\}}$.[1]

$K(t, \sigma_i)$ ist die „Adhäsion" der Matrix an Position i auf C_n. Gegenwärtig ist dies noch eine Konstante mit niedrigem Wert. Dies erlaubt es den Zellen, zu einer freien Position zu wandern, d. h. Zellen „kleben" nur wenig an ihrer Position.

$T_n(i, t)$ ist dimensionslos gegeben. Das ist aber kein Problem, da nur die Proportionen zwischen den verschiedenen Adhäsionen von Interesse sind. Dabei reflektieren negative $T_n(i, t)$-Werte Abstoßung zwischen Zellen.

Sind die $T_n(i, t)$ $(i = 1, 2, \ldots, G_n)$ erst einmal bekannt, so läßt sich leicht für jede Zelle C_n die Verteilung der „Wahrscheinlichkeitsdichten" $P_n(i, t)(i = 1, 2, \ldots, G_n)$ berechnen, die über die Wanderungsrichtung der Zelle bestimmt. Dabei ist die Wahrscheinlichkeit, daß sich eine Zelle in eine bestimmte Richtung bewegt umso größer, je größer die entsprechende Adhäsion in diese Richtung ist. Zusammenfassend ergibt sich der im Kasten zusammengefaßte Algorithmus, welcher in jedem Zeitschritt t für jede Zelle C_n ausgeführt wird:

Der Algorithmus

IF $TEILUNG(R(t), C_n)$ THEN
    Bilde eine neue Zelle mit Farbe c_n und Position s_n.
ELSE
    FOR $i \leftarrow 1$ TO G_n
        Berechne die „Adhäsion" $T_n(i, t)$.
    FOR $i \leftarrow 1$ TO G_n
        Berechne die Wahrscheinlichkeit $P_n(i, t)$.
    ENTSCHEIDUNG:
        Bestimme die Richtung j, in die die Zelle C_n
        wandert aufgrund der Verteilung $P_n(i, t)$.
    $WANDERUNG: s_n := \sigma_j$

---

[1] $1_{\{A\}} = 1$, falls A wahr ist, sonst $= 0$.

Wanderung auf dem Computerbildschirm

Lassen Sie uns nun gemeinsam betrachten, was man mit dem beschriebenen Modell erreichen kann. Alle Simulationen beginnen mit einer zufälligen Verteilung einer gleichen Anzahl von Melano- und Xanthophoren in der Neuralleiste. Melano- und Xanthophoren unterscheiden sind in den Bildern durch ihre Farbe (schwarz bzw. weiß). Die Reproduktionsrate $R(t)$ nimmt im Laufe der Zeit ab. Wir verwenden eine erweiterte von Neumann-Nachbarschaft (Bild 9.5). Der „Breakpoint" der γ-Funktion (also die „Sättigungsgrenze" der Adhäsion) ist für alle Simulationen gleich.

In Bild 9.10 ist die Entwicklung eines vertikalen Streifenmusters zu sehen. Die Adhäsionen sind als konstant vorausgesetzt mit $A_{x,x} = A_{m,m} = 100, A_{x,m} = 0$ (also keine Zeitabhängigkeit!). Es gilt ferner hier und im folgenden immer $A_{x,m} = A_{m,x}$. In Bild 9.10a ist die Simulation über nur einen Zeitschritt gelaufen, und die Neuralleiste ist noch relativ unbesiedelt. In Bild 9.10b, nach mehr als 80 Zeitschritten, sind einige Zellen von der Neuralleiste weggewandert und die Aggregatbildung hat bereits eingesetzt. Nach ca. 200 Zeitschritten sind Xantho- und Melanophoren-Aggregate immer noch im wesentlichen auf den Bereich der Neuralleiste beschränkt (Bild 9.10c). Nach weiteren 200 Zeitschritten hat sich ein Muster entwickelt, das dem auf der Flanke der Axotllarven zumindest qualitativ verblüffend ähnlich sieht (Bild 9.10d). Diese Art Muster bildet sich immer, wenn die homotypischen (xx, mm) stärker als die heterotypischen Adhäsionen sind (xm und mx).

Werden die homotypischen Adhäsionen variiert, die anderen Variablen aber unverändert gelassen, so sind die Resultate nach 400 Zeitschritten in den Extremfällen: Falls $A_{m,m} = -100$, so wandern die Melanophoren weiter hinunter entlang der Flanke und die Xanthophoren bilden Aggregate (Bild 9.11a).

Gilt $A_{x,x} = A_{m,m} = 0$, so wandern beide Zelltypen intensiv und es bilden sich auch hier einige wenige Aggregate (Bild 9.11b). Für $A_{x,x} = A_{m,m} = -100$ verteilen sich beide Zelltypen entlang der gesamten Flankenregion und es bilden sich überhaupt keine Aggregate (Bild 9.11c). Verringerung von $A_{x,m}$ bewirkt, daß die Zellen weiter wandern. Die Aggregate mischen sich umso weniger, je kleiner $A_{x,m}$ ist.

Eine zu geringe Reproduktionsrate hat zur Folge, daß sich keine Aggregate bilden können, da nicht genügend Zellen zur Verfügung stehen.

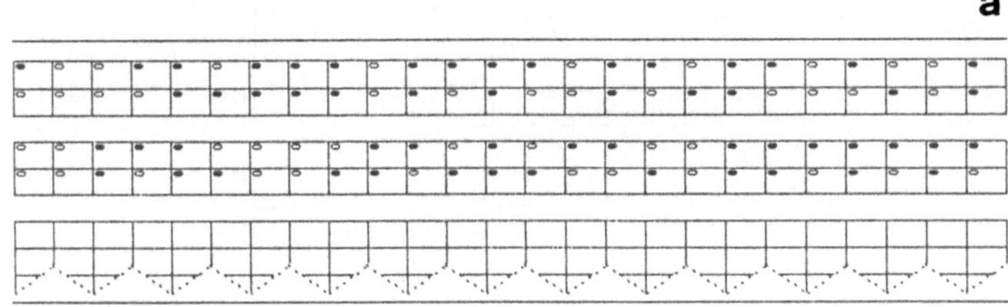

Bild 9.10   (a–b) Simulation des Pigmentmusters der Axolotllarve mit einem Zellulären Automaten (zur Erläuterung vgl. Legende auf S. 176).

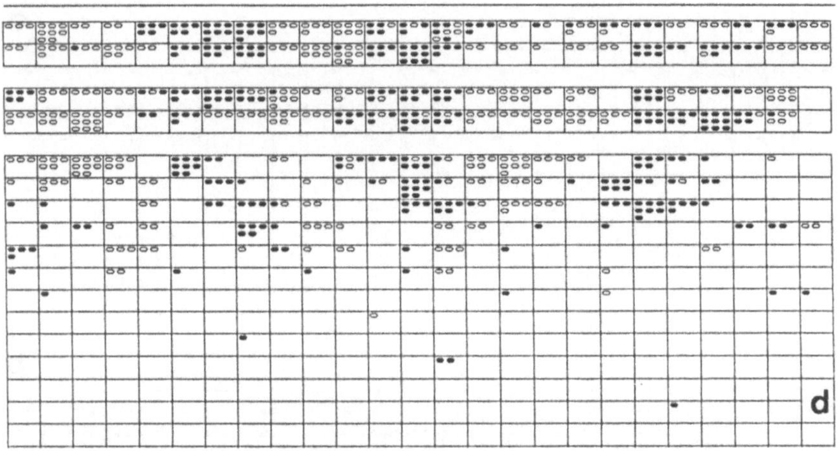

Bild 9.10 Simulation des Pigmentmusters der Axolotllarve. **(a)** (S. 175) zeigt die Situation zur Zeit $t = 0$. Nach ca. 80 Zeitschritten sind bereits einige Zellen von der Neuralleiste losgewandert und die Aggregatbildung hat begonnen **(b)** (S. 175). Nach 200 Zeitschritten haben sowohl Melanophoren als auch Xanthophoren Aggregate in der Neuralleiste gebildet **(c)** (S. 175). 200 Zeitschritte später ist ein dem Axolotl ähnliches Muster entstanden **(d)**.

Hingegen ergeben extrem hohe Reproduktionsraten qualitativ ähnliche Muster wie moderate Werte, aber unrealistische Zelldichten.

Erstrecken sich die Simulationen über längere Zeiträume, so zeigt sich deutlich, daß das Aggregationsmuster nicht stationär bzw. konstant ist und generell sogar im weiteren Verlauf zerstört wird. Im biologischen System hingegen wandern die Zellen nur für eine beschränkte Zeitperiode. Weiterhin besitzen die biologischen Zellen eine „Direktionalität", also eine gewisse Beharrungstendenz, eine gegebene Richtung beizubehalten. Eine solche Tendenz trägt natürlich zur Stabilisierung bestehender Muster bei (Bild 9.12).

Wie bereits erwähnt glauben wir, daß das beschriebene Modell als Brücke zwischen Hypothesenfindung und Experiment dienen kann. Simulationsläufe bieten eine Hilfe bei der Entscheidung, welche Parameter es lohnt, im biologischen System näher in Augenschein zu nehmen. Dabei ist natürlich klar, daß man aus der bloßen phänomenologischen Ähnlichkeit der Simulationsmuster mit den biologischen Mustern nicht schließen kann, daß die der Simulation zugrundeliegende Hypothese richtig ist.

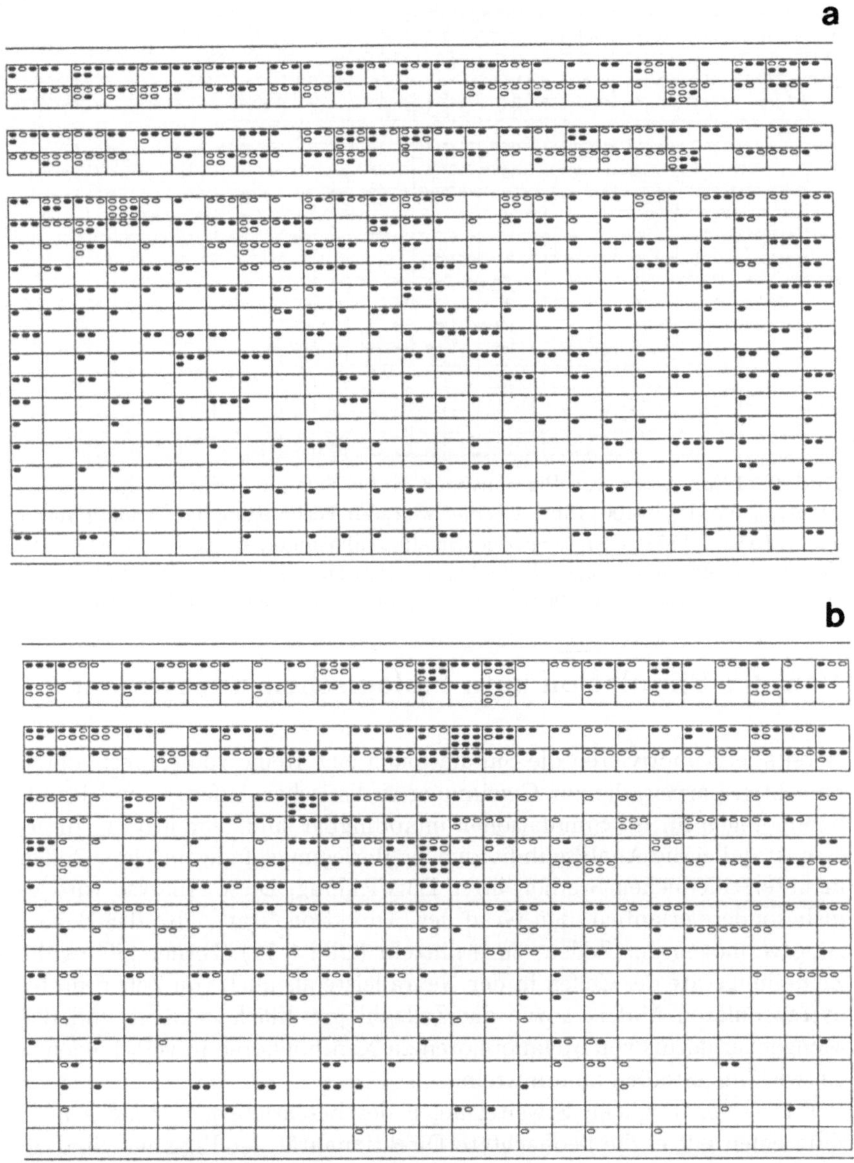

Bild 9.11   (a, b) Simulation von Pigmentmustern mit dem im Text beschriebenen Zellulären Automaten (vgl. Legende auf S. 178).

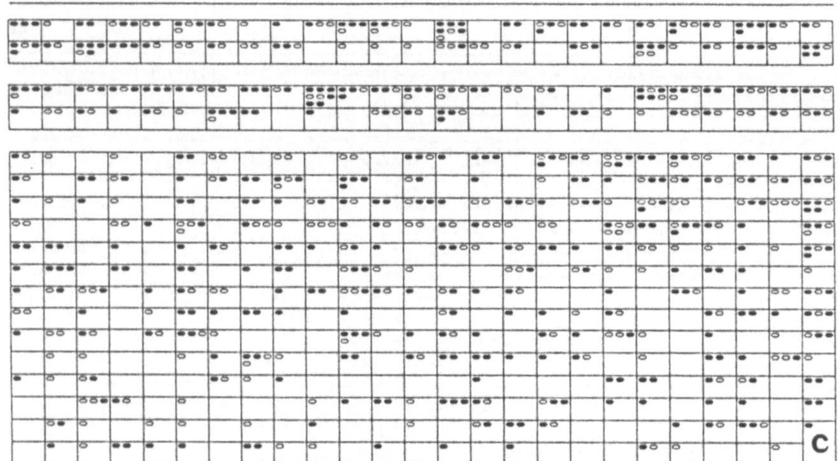

Bild 9.11 Simulation von Pigmentmustern bei Salamanderlarven. Ein negativer $A_{m,m}$-Wert $(= -100)$ führt zu einer weiteren Verbreitung der Melanophoren wie in **(a)** (S. 177) gezeigt. Setzen wir alle Adhäsionen auf 0, so erfolgt starke Wanderung und nur gelegentliche Aggregation **(b)** (S. 177). In **(c)** sind sowohl $A_{x,x}$ als auch $A_{m,m}$ negativ $(= -100)$. Es bilden sich keinerlei Aggregate.

Von der Simulation zum biologischen Experiment

Bereits jetzt motivieren die Simulationen eine Reihe von Experimenten an echten Larven, die zur Gewinnung realistischer Anfangs- und Randbedingungen für die Simulationen unabdingbar sind. Von großem Interesse ist dabei die Analyse individueller Bewegungspfade einzelner Zellen in unterschiedlichen Stadien ihrer Entwicklung. Diese Analyse wird es insbesondere erlauben, den Grad der „Direktionalität", also das Beharrungsvermögen der Zellen, zu ermitteln (Bild 9.12). Ferner gilt es die Zellteilungsrate der Zellen in der Neuralleiste als auch von Zellen in der extrazellulären Matrix sowie die Zellzahl pro Flächeneinheit und das Mengenverhältnis von Melanophoren zu Xanthophoren in verschiedenen Entwicklungsstadien zu ermitteln.

Wie sehen mögliche Erweiterungen des beschriebenen Modells aus? Zum einen gilt es,die beobachtete Direktionalität der Pigmentzellen im Modell zu berücksichtigen (Bild 9.12). Zum anderen sollen Interaktionen der Zellen mit der extrazellulären Matrixt untersucht werden, d. h.

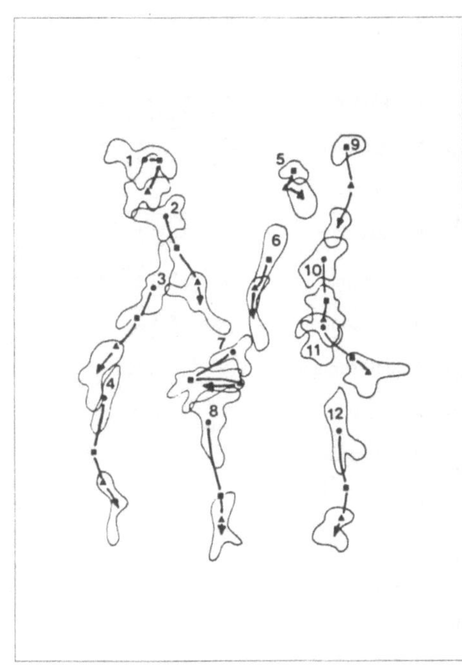

Bild 9.12
Wanderungspfade von zwölf
Melanophoren in d. Larve eines
Wildtyp-Axolotls. Start- und
Endpositionen jeder Zelle sind
markiert; Symbole zeigen die
Positionen nach 66 (Quadrate),
108 (Dreiecke) und 141 min
(Pfeile). Die Dorsalseite der
Larve ist oben (aus [13]).

der in den bisherigen Simulationen konstante $K(t,\sigma_i)$-Wert soll variabel
gestaltet werden; zum Beispiel dadurch, daß eine „Reifezeit" der extrazellulären Matrix vorgegeben werden kann. Dabei bedeutet Reifung, daß
sich die Adhäsion zu bestimmten Zellen selektiv ändert. Für den Bergmolch scheint genau dies zuzutreffen. Es gibt wohl ein streifenförmiges
Matrix-Vormuster bezüglich der Adhäsion zu einem Pigmentzelltyp, eine
Idee, die bereits erfolgreich in einem Modell getestet wurde [14].

Morphogenese und Phylogenese

Die Erforschung von Entwicklungsprozessen aus einer evolutionären Perspektive kann zu Einsichten führen, wie Entwicklungsmechanismen evol-
viert sind, aber auch wie die Individualentwicklung evolutionäre Veränderungen ermöglicht bzw. einschränkt. In der Evolution der Salamanderfamilie, zu der der Axolotl zählt, fanden tiefgreifende Veränderungen

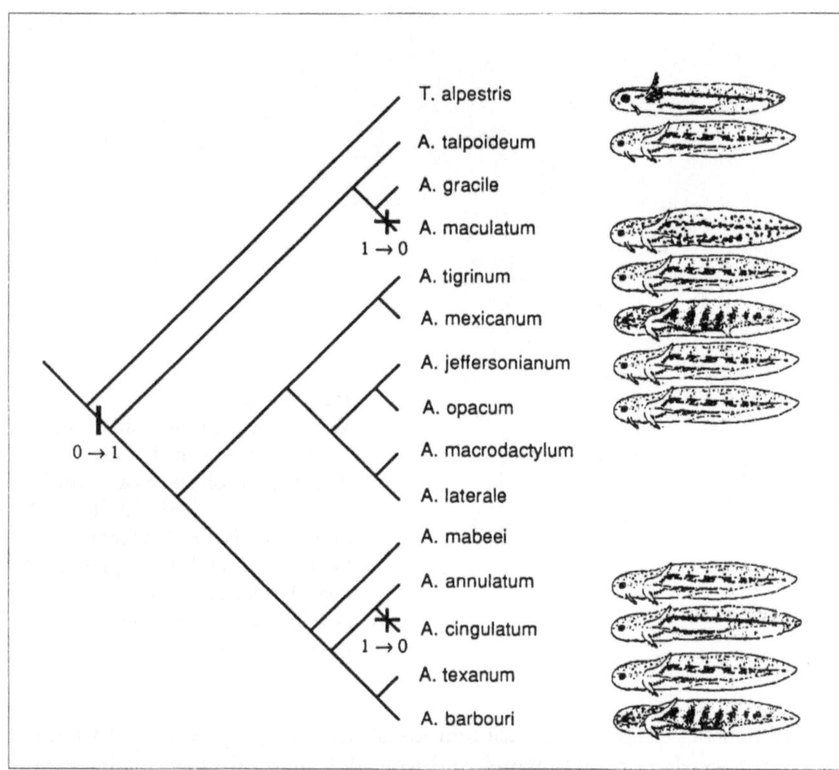

Bild 9.13　Stammbaum der Salamanderfamilie (Ambystomatidae). Abgebildet sind die Pigmentierungsmuster der Larven, soweit sie bekannt sind. Der Aggregationsmechanismus, welcher vertikale Streifen kreiert, hat sich nur einmal entwickelt und ist zweimal verlorengegangen (in *A. maculatum* u. *A. cingulatum*, 0: keine Aggregatbildung, 1: Aggregatbildung u. vertikale Streifen).

statt, welche insbesondere die Anzahl an Pigmentzellen in der Neuralleiste und das Melonophoren/Xanthophoren-Verhältnis betreffen. Diese Parameter sind in dem hier vorgestellten Modell noch Konstanten, sollen aber in zukünftigen Versionen als Variablen gehandhabt werden. Insbesondere sollte es möglich sein, die in Bild 9.13 gezeigten Muster zu simulieren.

Eine Hypothese über die phylogenetischen Zusammenhänge zwischen den Arten (Bild 9.13) in Verbindung mit dem Modellversuch sollte es dann erlauben, die Parameter herauszufinden, die sich in der Evolution verändert haben und auch wie stark und wie schnell. Es ist von überaus großem Interesse, wenn wir den Teil der Evolutionsdynamik verstehen, der von Entwicklungsmechanismen bestimmt ist. Eine hohe Evolutionsfähigkeit der Entwicklungsmechanismen kann nämlich zu evolutionären Innovationen führen. Hingegen könnte eine niedrige Evolutionsfähigkeit die Evolution adaptiver Varianten beschränken und biomechanisch ungünstige Formen wie auf Bäumen lebende Känguruhs konservieren, selbst wenn ein starker Selektionsdruck zur Veränderung existiert.

Literatur

[1] J. D. Murray (1988) Wie der Leoparde zu seinen Flecken kommt. Spektrum der Wissenschaft, Mai, 88

[2] L. I. Held Jr. (1992) Models for Embryonic Periodicity. Karger, Basel

[3] J. Löfberg, H. H. Epperlein, R. Perris und M. Stigson (1989) Neural crest cell migration: a pictorial essay. In: J. B. Armstrong und G. M. Malacinski (Hrsg.) Developmental Biology of the Axolotl. Oxford University Press, New York und Oxford

[4] H. H. Epperlein und Löfberg, J. (1990) The development of the larval pigment patterns in *Triturus alpestris* and *Ambystoma mexicanum*. Adv. Anat. Embryol. Cell Biol. **118** 1

[5] L. Olsson und J. Löfberg (1993) Pigment cell migration and pattern formation in salamander larvae. In: L. Rensing (Hrsg.) Oscillations and Morphogenesis. Marcel Dekker, New York, Basel und Hong Kong

[6] S. J. Gould (1977) Ontogeny and Phylogeny. The Belknap Press of Harvard University Press, Cambridge Mass. und London

[7] D. Bray (1992) Cell Movements. Garland Publishing Inc., New York

[8] J. M. Lackie (1986) Cell Movement and Cell Behaviour. Allen and Unwin, London

[9] P. L. Townes und J. Holtfreter (1955) Directed movements and selective adhesion of embryonic cells. J. Exp. Zool. **128** 53

[10] M. S. Steinberg (1970) Does differential adhesiveness govern self-assembly processes in histogenesis? Equilibrium configurations and the emergence of a hierarchy among populations of embryonic cells. J. Exp. Zool. **173** 395

[11] D. R. Brooks und D. A. McLennan (1991) Phylogeny, Ecology and Behavior. A Research Program in Comparative Biology. The University of Chicago Press, Chicago und London

[12] P. H. Harvey und M. D. Pagel (1991) The Comparative Method in Evolutionary Biology. Oxford University Press, New York und Oxford

[13] R. E. Keller und J. Spieth (1984) Neural crest cell behaviour in white and dark larvae of *Ambystoma mexicanum*: time-lapse cinemicrographic analysis of pigment cell movement in vivo and in culture. J. Exp. Zool. **229** 109

[14] A. Deutsch (1993) Zelluläre Automaten als Modelle von Musterbildungsprozessen in biologischen Systemen. In: R. Hofestädt, F. Krückeberg und T. Lengauer (Hrsg.) Informatik in den Biowissenschaften. Springer-Verlag, Berlin

Kapitel 10

Symmetrie und Topologie

Die Struktur von Riesenmolekülen, supramolekularen Clustern und Kristallen

Andreas Dress, Daniel Huson und Achim Müller

„*Es gibt nur den leeren Raum und Atome; alles Übrige ist Vorurteil.*" Diese Äußerung Demokrits (zwischen 460 und 360 v. Chr.) wirkt auch heute noch provozierend. Sie kann inzwischen als Leitmotiv eines Forschungsprogramms gelten, welches sich anschickt, durch Analyse der Strukturen großer molekularer Verbindungen und der zur Bildung solcher Strukturen führenden Prozesse die Kluft zwischen der Welt der Atome und der Welt der Erscheinungen immer geringer werden zu lassen. Thema dieses Forschungsprogramms ist dementsprechend – ganz der Losung Demokrits verpflichtet – die Frage „Wie kommen die Atome zu den Positionen, die sie relativ zueinander im leeren Raum einnehmen, und welche Bedeutung oder *Funktion* ist mit den beobachtbaren, charakteristischen Atomkonfigurationen verknüpft?" (Bilder 10.1 und 10.2). Das Forschungsprogramm steht damit offenbar im Brenn- und Schnittpunkt aktueller Interessen aus Biologie, organischer und anorganischer Chemie, Festkörperphysik und den Materialwissenschaften.

Zur Beantwortung der Frage ist es von entscheidender Bedeutung, Methoden zu entwickeln, die es erlauben, den sog. *mesoskopischen* Bereich zu beschreiben. Dieser Bereich ist zwischen dem von der klassischen Chemie thematisierten mikroskopischen, atomaren und dem von den klassischen Materialwissenschaften untersuchten makroskopischen Bereich angesiedelt. Seine Erforschung ist in den letzten ein, zwei Dezennien mit großem Elan in Angriff genommen worden.

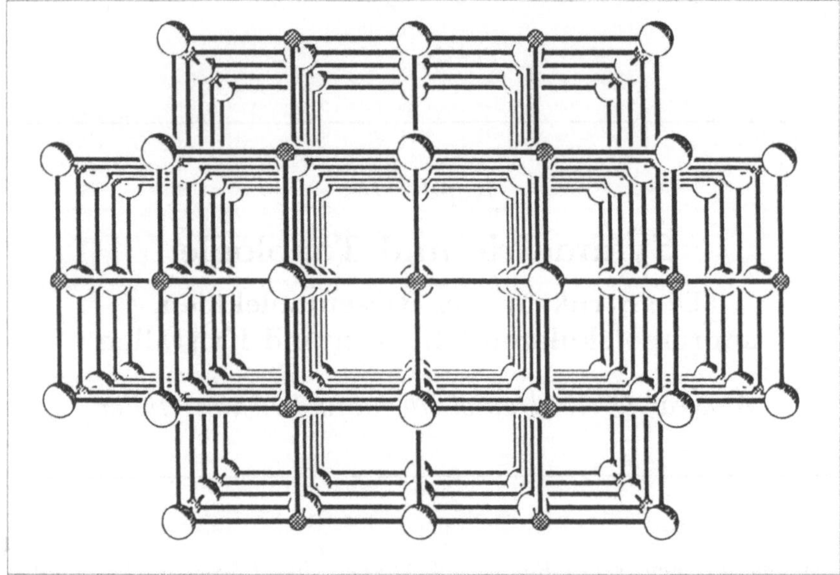

Bild 10.1   Atome finden sich in *Kristallen* in äußerst regelmäßiger, periodischer Form zusammen. Dies ahnte man schon seit langem und weiß es genau seit den bahnbrechenden Untersuchungen von M. v. Laue aus dem Jahre 1912. Die bereits 1893 gelungene mathematische Klassifikation der Symmetrien solcher atomaren Anordnungen durch E. S. Fedorov und A. Schönflies ist eine entscheidende Grundlage für die heutigen Verfahren zur Bestimmung der räumlichen Struktur von Molekülen und Kristallen.

Neue Synthesewege in der Cluster-Chemie

Fast auf Anhieb konnten viele wichtige Fortschritte erzielt werden. So ließ sich etwa zeigen, daß man den Aufbau der in Bild 10.2b illustrierten schalenförmigen atomaren Gebilde hinsichtlich Form und Größe erstaunlich gut steuern kann [1-5].

Die „Bausteine" dieser *Clusterschalen* sind anorganische Basiseinheiten, welche sich auf die unterschiedlichsten Weisen miteinander verknüpfen lassen. Man strebt an, mittels solcher Verknüpfung aus den Bausteinen größere und vergleichsweise stabile Einheiten aufzubauen und deren *topologische* Organisation zu kontrollieren. Dazu kann man sich kleiner, negativ geladener Teilchen (Anionen) bedienen, die gewissermaßen als

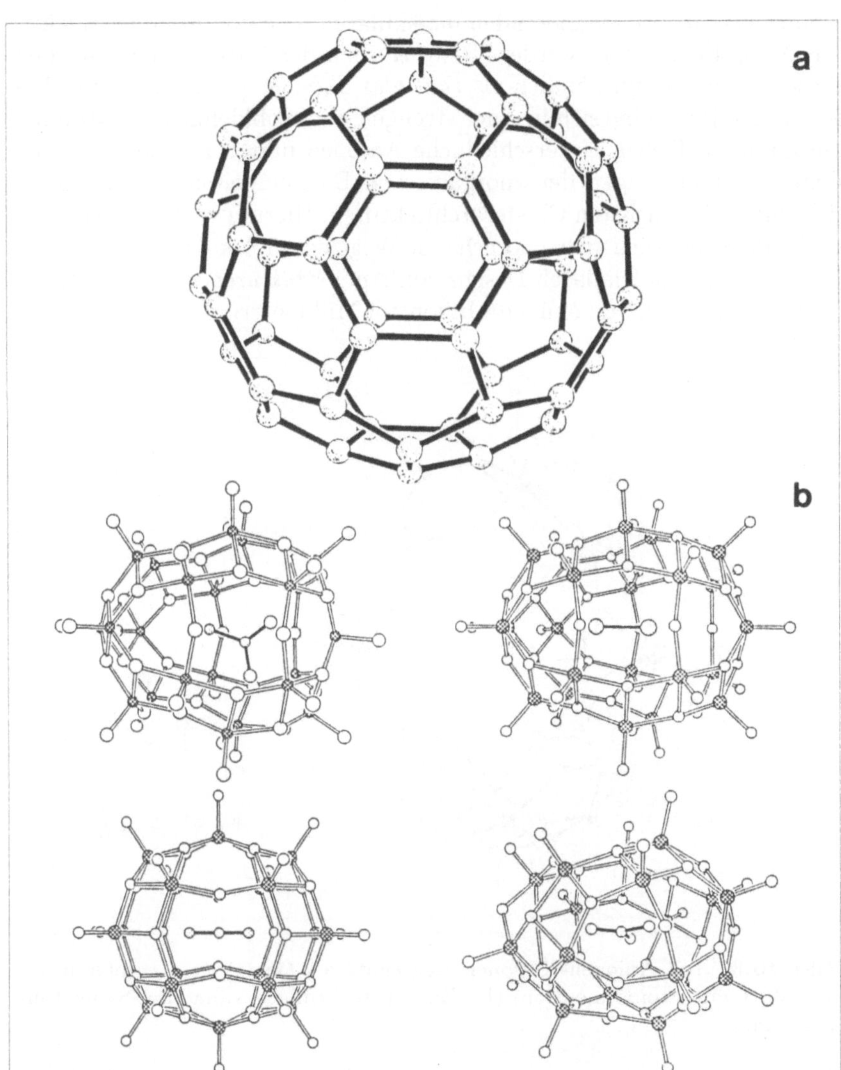

Bild 10.2 Erst seit einigen Jahren beginnt man, die räumliche Struktur supramolekularer Cluster genauer zu verstehen, wie sie **(a)** von den sogenannten *Fullerenen* – sphärisch geschlossenen, aus reinem Kohlenstoff bestehenden Verbindungen [6,7] – oder **(b)** den verschiedenen *Polyoxometallaten* durch *self-assembly*-Prozesse gebildet werden.

Keimzellen der zu generierenden molekularen Architekturen der Reaktionslösung hinzugefügt werden. Beim Aufbau der Clusterschalen werden diese Anionen dann nämlich als *zentrales Templat* genutzt, um welches herum die Bausteine sich in einer strengen und wohldefinierten Ordnung zusammenschließen. Unterschiedliche Anionen führen zu ganz verschiedenen Verknüpfungen der anorganischen Basiseinheiten und damit zu den unterschiedlichsten Clusterarchitekturen. Hiermit eröffnen sich neue und außerordentlich vielversprechende Wege des molekularen Designs bis hin zum supramolekularen Design von *Nanostrukturen*, also Strukturen im Größenbereich von einigen Millionstel Millimetern.

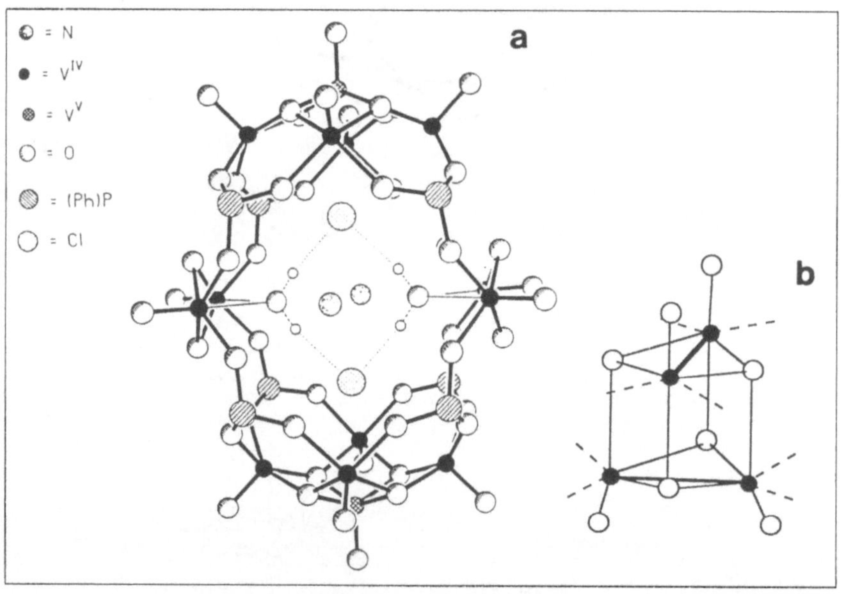

Bild 10.3   **(a)** Anionen-Kationen-Aggregate als Gast bzw. Templat in einem Wirt mit Nanodimension; **(b)** Ein würfelförmiges Vanadium-Sauerstoff-Zentrum.

Genauer gesagt nutzen diese in den letzten Jahren u. a. an der Universität Bielefeld sehr erfolgreich vorangetriebenen Untersuchungen als Bausteine die klassischen *Koordinationspolyeder* aus. Diese bilden sich zum Beispiel in allen bekannten Vanadium-Sauerstoff-Verbindungen ganz von selbst aus. Es sind vor allem quadratische Pyramiden, aber auch Tetraeder und Oktaeder. Die Ecken dieser Bausteine hat man sich als von

Sauerstoffatomen besetzt vorzustellen, in der Mitte befindet sich dagegen ein zentrales Vanadiumatom, durch welches die Sauerstoffatome „zusammengehalten" und in ihrer gegenseitigen Lage zueinander fixiert werden. Die Verknüpfung dieser Polyeder zu größeren Clustern bzw. Aggregaten kann nun, wie gesagt, relativ gezielt angegangen werden. In Abhängigkeit vom Templat entstehen entweder schalenförmige Cluster, gelegentlich auch molekulare Container genannt, in denen sich wie in Bild 10.2b das Templat im zentralen Hohlraum befindet, oder es bilden sich Vanadium-Sauerstoff-Aggregate, in denen das Templat an der Außenwand der Schale positioniert ist. Ein weiterer Schritt, der der Clusterchemie ganz neue Dimensionen erschließt, besteht nun darin, anstelle von Anionen Aggregate von Anionen und Kationen, also Ausschnitte aus einem Ionengitter, als Template zu benutzen. Außerdem kann, wie im Falle des in Bild 10.3a wiedergegebenen Vanadium-Sauerstoff-Clusters, die Bildung der Clusterhülle ihrerseits durch einen als Zwischenprodukt aus der Reaktionslösung gebildeten Keim gesteuert werden (siehe Bild 10.3b). Der komplementäre Bezug zwischen Schalen und Templat läßt sich hier in der gleichen Weise zeigen wie bei den in Bild 10.2b wiedergegebenen „Wirt-Gast-Systemen", d. h. molekularen Strukturen, in denen ein kleineres Molekül als Gast in ein weit größeres eingebettet ist. Bemerkenswert ist, daß sich der Vorgang mit einem Kristallbildungsprozeß vergleichen läßt, wobei das mesoskopische Gebilde Ähnlichkeit mit einem Ausschnitt aus einer typischen Festkörperstruktur besitzt (s. Bild 10.4a) und das zentrale Gebilde einen würfelförmigen Ausschnitt darstellt.

Mit dem französichen Nobelpreisträger J. M. Lehn kann man hier also von einem Selbstorganisationsvorgang sprechen, da beim Aufbau der geordneten Struktur eine zuvor gebildete Einheit einen verstärkenden und dirigierenden Einfluß auf die Folgeprozesse hat. Voraussichtlich lassen sich dementsprechend immer größere molekulare Gebilde durch eine Art *self-assembly*-Prozeß erzeugen, indem man Moleküle der in Bild 10.2b gezeigten Art als Bausteine nutzt und gezielt zu Riesencluster-Gebilden verknüpft. Hierbei sind insbesondere dann, wenn diese Gebilde nicht einen Ausschnitt aus einer Festkörperstruktur repräsentieren, außergewöhnliche, wenn nicht gar einzigartige Eigenschaften zu erwarten. So bildet sich etwa in einer wässerigen Lösung von Molybdat unter bestimmten Bedingungen ein großes Polymolybdat als Zwischenprodukt, das als Ligand in unterschiedlich großen molekularen Gebilden verschiedenartig verknüpft vorkommt. Ein Beispiel ist das erst kürzlich synthetisierte Riesencluster-Anion mit 276 Atomen und einem Molekulargewicht von

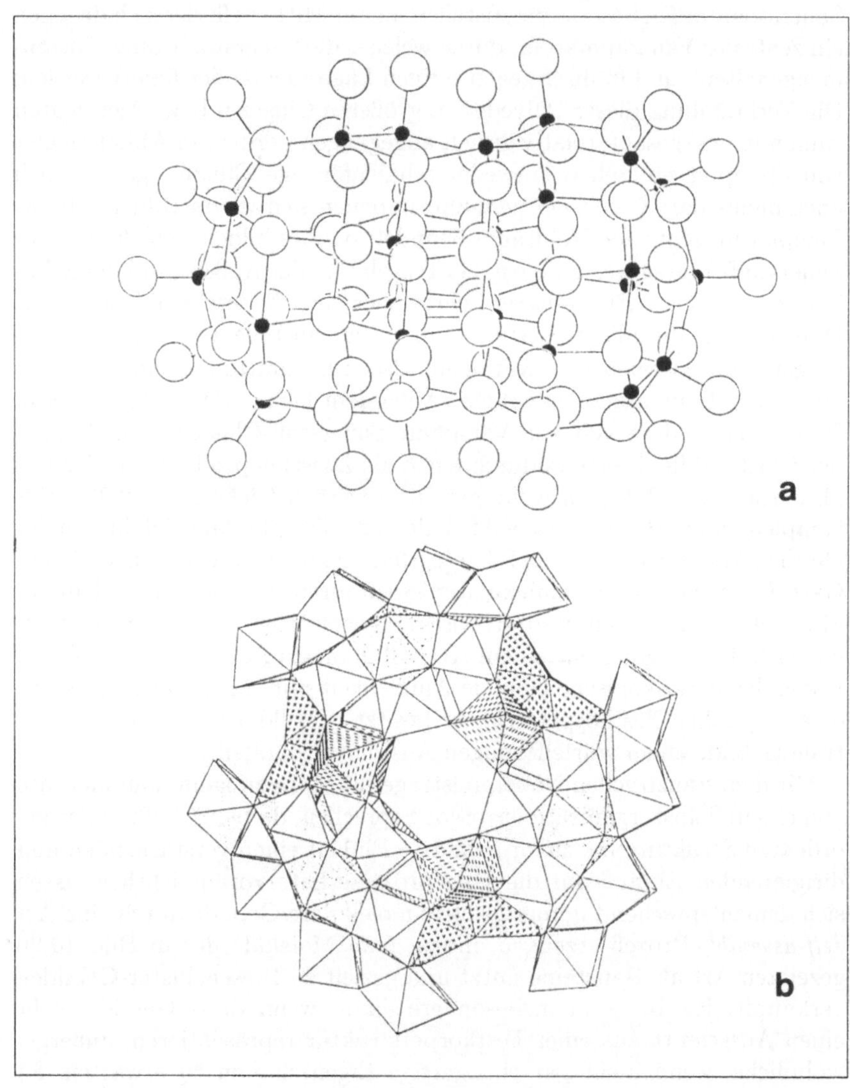

Bild 10.4 (a) Struktur eines anionischen Vanadium-Sauerstoff-Systems (Formel: $[V_{34}O_{82}]^{10-}$), welches einen Ausschnitt aus einem verzerrten Natrium-Chlorid-Gitter repräsentiert. (b) Ein Riesencluster-Anion, das fast ausschließlich aus Metall- und Sauerstoffatomen besteht (Formel: $[H_{17}Mo_{57}Fe_6(NO)_6O_{183}(H_2O)_{18}]^{13-}$).

mehr als 9000 Dalton[1] (siehe Bild 10.4b).

Die gezeigte Abbildungen demonstrieren darüber hinaus, daß es, um den entstehenden Formenreichtum sachgerecht zu erfassen, nicht nur einer detaillierten Kenntnis all der verschiedenen Formen von *Wechselwirkungen* bedarf, welche das Zusammenspiel der Atome regeln. Es müssen auch die oft überraschend starken und folgenreichen Randbedingungen studiert werden, welche diesem Zusammenspiel durch die *Geometrie* des leeren, dreidimensionalen Raumes, in welchem es stattfindet, gesetzt werden.

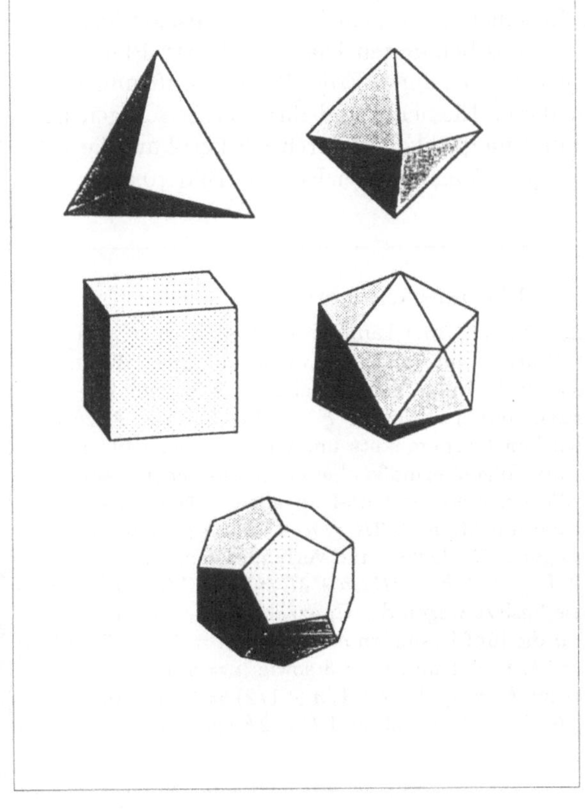

Bild 10.5
Die fünf Platonischen Körper.

---

[1]Ein Dalton entspricht dem Gewicht eines Wasserstoffatoms. Das angesprochene Molekül wiegt also soviel wie 9000 Wasserstoffatome.

Grundformen der Geometrie: die Platonischen Körper

Erst in diesem Jahrhundert konnten die grundlegenden *Naturgesetze* geklärt werden, welchen die verschiedenen, für solche Clusterbildungen verantwortlichen Wechselwirkungen im einzelnen zu genügen haben. Doch hat bereits Platon (427 - 347 v. Chr) auf der Grundlage der geometrischen Erkenntnisse der Pythagoräer (ab etwa 500 v. Chr.) erste, wenn auch sehr spekulative Konsequenzen aus der Tatsache gezogen, daß die Elementarbausteine der Natur sich im sogenannten *Euklidischen*, dreidimensionalen Raum zusammenzufinden haben, um gemeinsam höhere Strukturen aufzubauen. In seinem nach dem Naturwissenschaftler, Politiker und Pythagoräer Timaios benannten Dialog „erklärt" Platon den Aufbau der Welt aus den vier *Elementen* Erde, Wasser, Luft und Feuer sowie die Beschaffenheit dieser Elemente und ihre wechselseitigen Einwirkungs- und Umwandlungsmöglichkeiten durch Rückgriff auf die *vollkommenen* oder, wie er sagt, *schönsten* aller Körper (Bild 10.5).

Die Konstruktion der Platonischen Körper

Nach Theaitetos (415 - 369 v. Chr.) kann es nur fünf Körper geben, die – ähnlich wie der Würfel – *überall gleich* aussehen. Dies läßt sich aus der Polyederformel von L. Euler, gemäß welcher die Summe $E + F$ der Anzahl E der Ecken und der Anzahl F der Flächen die Anzahl K der Kanten eines solchen Körpers stets um genau 2 übertrifft, also $2 + K = E + F$ gelten muß, folgendermaßen herleiten: aus der Annahme, daß alle Flächen reguläre n-Ecke sind und an allen Ecken genau m Flächen zusammenstoßen und deshalb $2K = n \cdot F = m \cdot E$ gelten muß (jede Kante stößt ja an genau 2 Flächen und verbindet genau 2 Ecken), folgt die Gleichung $2 + K = E + F = 2K/m + 2K/n$, also $1/n + 1/m = 1/K + 1/2 > 1/2$. Diese besitzt wegen der Ganzzahligkeit von n und m und wegen $n, m \geq 3$ nur die fünf Lösungen $n = 3$ und $m = 3$, $n = 3$ und $m = 4$, $n = 3$ und $m = 5$, $n = 4$ und $m = 3$ sowie $n = 5$ und $m = 3$. Diese führen ihrerseits zu $K = 1/(1/m + 1/n - 1/2) = 6$, 12 oder 30 sowie $F = 2K/n = 4$, 6, 8, 12 bzw. 20 und $E = 2K/m = 4$, 6, 8, 12 bzw. 20.

Genauer geht Timaios von zwei Typen rechtwinkliger Dreiecke als den *Urbestandteilen* aller Dinge aus, dem gleichschenklig-rechtwinkligen

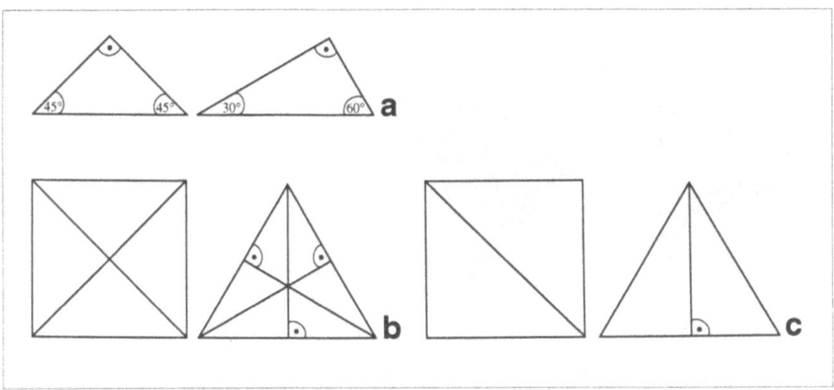

Bild 10.6   (a) Die beiden *Elementardreiecke* von Timaios; (b) *Quadrat* und *gleichseitiges Dreieck*, gemäß Timaios aus den Elementardreiecken zusammengefügt; (c) daß Timaios den hier wiedergegebenen und in gewissem Sinne sogar einfacheren Aufbau von Quadrat und gleichseitigem Dreieck aus je zwei Elementardreiecken nicht in Betracht zieht, liegt sicherlich daran, daß dabei die Form des Aufbaus aus den Elementardreiecken nicht die volle Symmetrie der entstehenden Umrißfiguren widerspiegelt.

Dreieck einerseits und dem rechtwinkligen Dreieck mit den spitzen Winkeln 30° und 60° andererseits (siehe Bild 10.6a). Hieraus lassen sich durch *natürliche* Anlagerung Quadrate und gleichseitige Dreiecke bilden (Bilder 10.6 b u. c) und aus diesen durch weiteres Zusammenfügen von je drei, vier oder fünf gleichseitigen Dreiecken bzw. von je drei Quadraten räumliche Winkel (Bild 10.7), von denen sich ihrerseits je 4, 6, 8 bzw. 12 zu einem geschlossenen Körper zusammenzuschließen vermögen. Dabei entstehen dann die ersten vier der in Bild 10.5 wiedergegebenen fünf vollkommenen oder, wie man heute auch sagt, *Platonischen* Körper.

Dem offenbar als besonders fest und stabil empfundenen, wie ein Baustein verwendbaren Würfel ordnet Timaios in Platons Dialog nun das Element Erde, den *flüchtigen* Elementen Wasser, Luft und Feuer – ihrer zunehmenden Flüchtigkeit entsprechend – dagegen das Ikosaeder, das Oktaeder bzw. das Tetraeder zu. Der fünfte vollkommene Körper, das Dodekaeder, welcher nicht auf die oben beschriebene Weise aus den Elementardreiecken des Timaios konstruiert werden kann (es sei denn, man erweiterte deren Liste um das rechtwinklige Dreieck mit den spitzen Winkeln 36° und 54°), gilt Timaios dagegen als „Bilderschmuck Gottes für das Weltganze". Timaios schlägt also vor, die vier Elemente – bzw. die

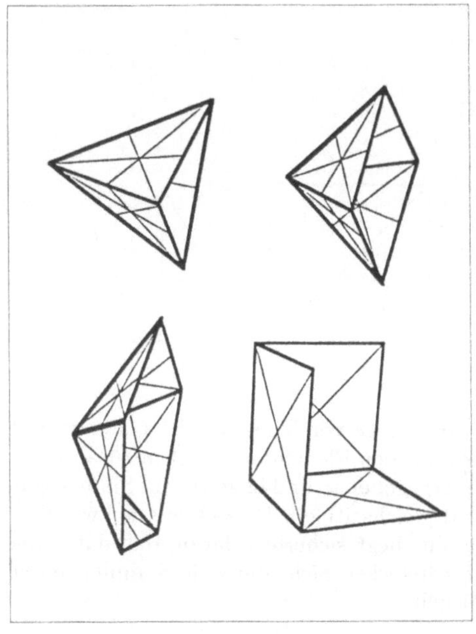

Bild 10.7
Alle räumlichen Winkel, die
aus 3, 4 und 5 gleichseitigen
Dreiecken bzw. 3 Quadraten
gebildet werden können.

diesen korrespondierenden, vergleichsweise komplex strukturierten vollkommenen Körper – aus den viel einfacher strukturierten, einzeln aber
nicht in Erscheinung tretenden, Elementardreiecken aufzubauen. Dies
gibt ihm im weiteren Verlauf des Dialogs die Möglichkeit, auch die gegenseitigen Einwirkungs- und Umwandlungsmöglichkeiten der Elemente
untereinander bildhaft zu erklären. Timaios gibt dabei den spekulativen
Charakter seiner Überlegungen durchaus zu und nimmt für sich nur in
Anspruch, nach dem Grundsatz größtmöglicher Wahrscheinlichkeit zu
verfahren. Zutiefst überzeugt ist er jedoch davon, daß die Welt als ein
System aufzufassen ist, in welchem sich die selbst nie direkt in Erscheinung tretenden Elementarbausteine in vergleichsweise stabilen, durch
hohe Symmetrie ausgezeichneten Konfigurationen zusammenfinden. Die
wechselseitigen Beziehungen und Übergänge zwischen diesen symmetrie-
bestimmten Konfigurationen bilden dagegen nach Timaios die Grundlage für die Dynamik des Gesamtsystems. Folglich – und auch davon ist
Timaios zutiefst überzeugt – grenzen die durch die *Topologie* des Euklidischen Raumes stark restringierten Möglichkeiten hochsymmetrischer
Raumformen die Vielfalt möglicher Welten entscheidend ein.

Diese Vorstellung ist heute so aktuell wie vor zweieinhalbtausend Jahren, und sie ist die Grundlage für viele, tiefgreifende Anwendungen des Symmetriebegriffs in Physik und Chemie – bis hin zu den neuesten Theorieentwürfen in der Elementarteilchenphysik.

Koordinaten-Geometrie versus Topologie

Auch heute noch ist es üblich, – dem Konzept des Timaios folgend – mit Hilfe der Geometrie zu analysieren, welche Lage die Atome aufgrund der zwischen ihnen herrschenden Wechselwirkungskräfte im Raum relativ zueinander allenfalls einnehmen können. Dabei gilt es zunächst einmal, über die beschriebene Klassifikation des Theaitetos hinaus Mittel und Wege zu finden, die Vielzahl möglicher atomarer Konfigurationen im dreidimensionalen Euklidischen Raum systematisch zu beschreiben und nach möglichst zweckmäßigen Gesichtspunkten zu ordnen und aufzulisten.

Eine fundamentale, universell einsetzbare Möglichkeit der Beschreibung molekularer Strukturen bzw. der Anordnung von Atomen in Kristallen ist natürlich – R. Descartes folgend – die Angabe der dreidimensionalen *Cartesischen* Koordinaten sämtlicher Atome. So durchschlagend und unerläßlich diese Form der Beschreibung auch ist, läßt sie doch, was die Frage nach den charakteristischen, geometrisch *wesentlichen* Eigenschaften einer so gegebenen Struktur angeht, viele Wünsche offen. Bereits der oben skizzierte Beweis der Tatsache, daß es (höchstens) fünf vollkommene Körper geben kann, bedarf nicht nur keinerlei Koordinaten; es wäre geradezu abwegig, diesen Beweis durch Rückgriff auf die Cartesischen Koordinaten der involvierten Punkte führen zu wollen (vgl. Kasten auf S. 190). Hinzu kommt, daß es im allgemeinen keine natürlich ausgezeichnete, *kanonische* Option für die Wahl der Lage des Bezugssystems gibt, welches man als Koordinatensystem nutzen könnte. Deshalb ist es außerordentlich schwierig, auf dieser Ebene der Beschreibung unterschiedliche räumliche Strukturen miteinander zu vergleichen, – etwa um ähnliche Funktion mit ähnlicher Struktur zu korrelieren oder auch nur, um sich ähnlich wiederholende Bestandteile, wie sie sich insbesondere in vielen *self-assembly*-Prozessen zusammenfinden, zu identifizieren und in ihrer Lage zueinander zu beschreiben.

Die Beschreibung einer atomaren Konfiguration allein mittels Cartesischer Koordinaten kann also das geometrisch Wesentliche einer solchen Konfiguration nicht unmittelbar erfassen. Sie muß vielmehr durch
ganz andere Formen der Beschreibung ergänzt werden. Nur dann wird
es möglich sein, nach dem Vorbild des Timaios die ausschließlich aus
der Analyse der geometrischen Gegebenheiten resultierenden Randbedingungen systematisch in die Diskussion der Struktur atomarer Konfigurationen einzubringen.

Wie oben gefordert, sollten solche Beschreibungsformen es ermöglichen, die durch die Topologie des Euklidischen Raumes eingegrenzten
Möglichkeiten von Symmetrie und Ordnung systematisch in den Blick
zu nehmen und hinsichtlich ihrer intrinsischen Komplexität zu klassifizieren. Natürlich bietet die Theorie der Gruppen und ihrer Darstellungen
viele, schon seit Jahren genutzte und insbesondere in der Kristallographie gar nicht mehr wegzudenkende Ergänzungen der gewünschten Art.
Bislang sind dabei jedoch die topologischen Verhältnisse und deren Konsequenzen selten direkt mit einbezogen worden.

Punktkonfigurationen und Raumaufteilungen

Genau für diesen Zweck ist in den letzten Jahren ein überraschend effizient einsetzbarer Begriffsapparat aufgebaut worden, den wir im folgenden kurz vorstellen wollen. Grundlegend hierbei ist, daß sich jeder
Punktkonfiguration im Raum gemäß G. P. L. Dirichlet (1805 – 1859),
G. F. Voronoi (1868 - 1908) und B. N. Delone (1890 - 1980) gewisse, für diese Punktkonfiguration charakteristische und dual aufeinander
bezogene Aufteilungen des Raumes in polyedrische Bereiche kanonisch
zuordnen lassen. Die einfacher zu verstehende, von Dirichlet und Voronoi vorgeschlagene, Aufteilung ordnet jedem Punkt P der Konfiguration
den Bereich all seiner *nächsten Nachbarn* zu, d. h. all die Punkte des
Raumes, für welche (Bild 10.8a) der Abstand zu dem gewählten Punkt
P nicht größer ist als der Abstand zu irgendeinem anderen Punkt P' der
Konfiguration. Es ist klar, daß jeder Punkt des Raumes zu mindestens
einem solchen Bereich gehört.

Zur Konstruktion des zu P gehörigen Bereiches halbiert man für jeden
anderen Punkt P' aus unserer Konfiguration den Raum durch die auf der
Verbindungsstrecke von P und P' senkrecht stehende und durch deren

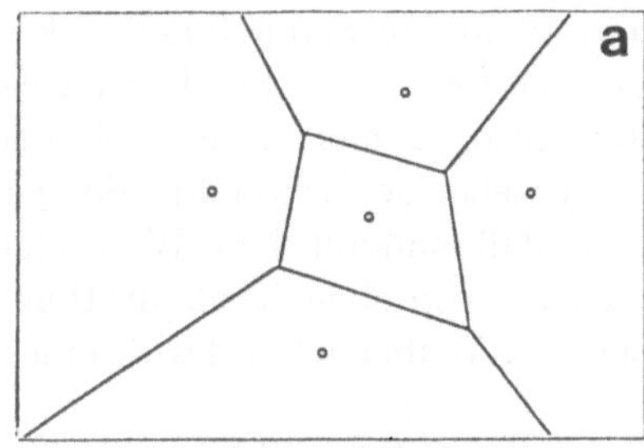

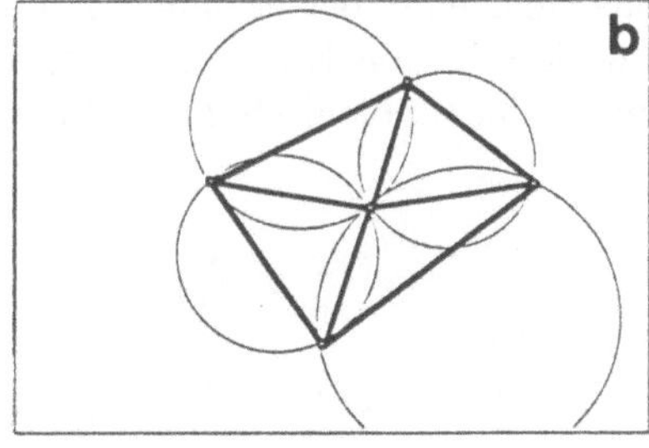

Bild 10.8
(a) Das *Voronoi-Diagramm* einer Anordnung von fünf Punkten in d. Ebene. (b) Engverwandt damit ist das *Delone-Diagramm*, hier zusammen mit den im Text beschriebenen Kreisen dargestellt.

Mittelpunkt gehende Ebene. Dies ist die Ebene all der Punkte, die von P und P' den gleichen Abstand haben, bzw. die Spiegelungsebene der Ebenenspiegelung, welche P in P' spiegelt. Alle in dem P enthaltenden, durch diese Ebene definierten Halbraum gelegenen Punkte liegen dann P näher als P'. Für die im anderen Halbraum gelegenen Punkte gilt das Umgekehrte. Der Bereich der nächsten Nachbarn von P ist folglich der Schnitt all dieser zu den verschiedenen P' gebildeten Halbräume und deswegen (in der Regel, d. h. falls hierbei jeweils nur endlich viele P' in Betracht gezogen werden müssen) ein Polyeder.

Eine zweite und ebenso wichtige Raumaufteilung wurde von Delone vorgeschlagen. Wie die oben beschriebene zerlegt sie den Raum in *konvexe Polyeder*. Das sind – technisch gesprochen – räumliche Gebilde, deren Oberfläche aus ebenen Vielecken so zusammengesetzt ist, daß für jedes dieser Vielecke die an dieses angrenzenden Vielecke – und damit auch alle weiteren Punkte des Polyeders – ganz auf der einen Seite des Vielecks (genauer: der durch das Vieleck bestimmten Ebene) liegen. Nur liegen jetzt die Punkte unserer Konfiguration nicht mehr wie zuvor im Inneren der Polyeder. Sie bilden vielmehr deren Eckpunkte. Um diese Polyeder bzw. deren Eckpunkte zu finden, betrachtet man alle Kugeln (bzw. Kreise im Fall der Ebene, s. Bild 10.8b), in deren Innerem keine Punkte der Konfiguration, auf deren Oberfläche aber möglichst viele solche Punkte, liegen. Diese Punkte können dann nicht in einer Ebene liegen. Sie bilden – Kugel für Kugel – jeweils die Eckpunkte der gesuchten Polyeder. Wieder läßt sich zeigen, daß man auf diese Weise eine perfekte Aufteilung des Raumes, genauer des von allen Konfigurationspunkten gemeinsam aufgespannten konvexen Teilbereiches des Raumes, in polyedrische Bereiche erhält.

Es ist im übrigen leicht einzusehen, daß die Mittelpunkte dieser Kugeln gerade die Eckpunkte der oben konstruierten Polyeder bilden. Etwas mehr Arbeit bereitet es zu zeigen, daß diese beiden Konstruktionen in einem strikt mathematischen Sinne zueinander topologisch *duale* Raumaufteilungen liefern.

Die Kombinatorik der Symmetrie

Der oben erwähnte Begriffsapparat dient nun gerade der simultanen Beschreibung und kompakten Codierung der *Symmetrie* und *Topologie* solcher Raumaufteilungen. Um ihn darzulegen, bedienen wir uns des in Bild 10.9a wiedergegebenen Beispiels einer Raumaufteilung der (zweidimensionalen) Oberfläche der Sphäre. Wie man leicht sieht, zerlegt diese Aufteilung die Sphäre in (sphärische) Drei- und Vierecke. In jedem Eckpunkt stoßen je vier Dreiecke und ein Viereck zusammen. Wir konstruieren nun eine sogenannte *baryzentrische* Unterteilung dieser Aufteilung, indem wir von dem Mittelpunkt eines jeden sphärischen Drei- oder Vierecks aus im Kreis herum abwechselnd gestrichelte Linien zu den Eckpunkten und gepunktete Linien zu den Mittelpunkten der Kanten des Drei- bzw. Vierecks ziehen (Bild 10.9b). Dabei entstehen offenbar ausschließlich Dreiecke, die darüberhinaus je eine durchgezogene, eine gepunktete und eine gestrichelte Kante aufweisen und die wir im folgenden – um sie von den ursprünglichen Flächenstücken zu unterscheiden – als *Kammern* bezeichnen wollen. Offenbar stoßen all diese Kammern so aneinander, daß nicht nur – entsprechend der Konstruktion – in jedem Flächenmittelpunkt alternierend gepunktete und gestrichelte Kanten zusammentreffen, sondern ebenso in jedem Kantenmittelpunkt, gleichfalls alternierend, durchgezogene und gepunktete und in jedem (ursprünglichen) Eckpunkt, ebenfalls alternierend, durchgezogene und gestrichelte

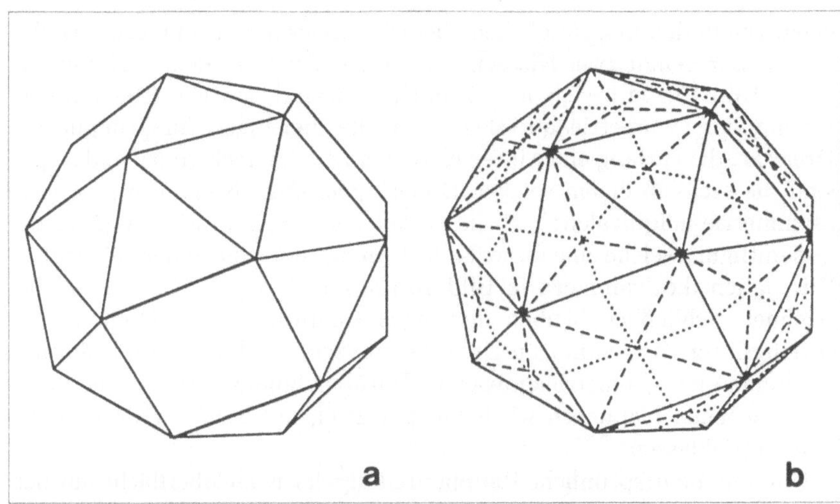

Bild 10.9 (a) Die Oberfläche einer Kugel läßt sich in sphärische Drei- und Vierecke aufteilen. Diese Aufteilung entspricht dem hier gezeigten Polyeder. Die *baryzentrische Unterteilung* des Polyeders (b) entsteht, indem man jeden Flächenmittelpunkt mit allen Ecken und mit allen Kantenmittelpunkten der Fläche durch neue Kanten verbindet.

Linien. So banal diese Beobachtungen scheinen, haben sie doch eine sehr. wichtige Konsequenz: Denken wir uns die Kammern – wie die Bausteine eines Gebäudes, welches abgetragen und an anderer Stelle neu errichtet werden soll – irgendwie der Reihe nach von 1 bis N durchnumeriert (in unserem Fall wäre $N = 240$). Stelllen wir uns ferner vor, daß wir uns in drei getrennten Listen alle Paare von Indizes (i, j) $(1 \leq i < j \leq N)$ notiert haben, deren zugehörige Kammern gemeinsam an eine durchgezogene bzw. eine gepunktete oder eine gestrichelte Kante grenzen. Dann können wir unsere Kugeloberfläche unbedenklich in die 240 einzelnen Kammern zerschneiden, solange wir dabei deren Nummern nicht löschen. Aus diesen Nummern und unseren Listen ergibt sich nämlich eindeutig, wie wir unsere Kammern wieder zusammenzukleben haben, um die ursprüngliche Raumaufteilung der Kugeloberfläche zu rekonstruieren. Diese ist also durch die Zahl $N = 240$ und die drei aus je $N/2 = 120$ bestehenden Zahlenpaare im wesentlichen eindeutig charakterisiert.

Benutzen wir nun noch die offensichtliche Symmetrie unserer Aufteilung der Sphäre, so können wir unsere Beschreibung erheblich vereinfachen: Die in den ursprünglichen Vierecken gelegenen Kammern zerfallen in offenbar genau zwei Klassen symmetrisch inäquivalenter Kammern, die in Bild 10.10a jeweils mit A und B markiert wurden. Ebenfalls untereinander symmetrieäquivalent sind alle diejenigen (ursprünglichen) Dreiecke, die entlang einer ihrer Kanten an ein Viereck grenzen, dagegen sind die sechs in einem solchen Dreieck gelegenen Kammern paarweise „symmetrie-inäquivalent". D. h. es gibt keine Symmetriebewegung der Gesamtfigur, welche eine dieser sechs Kammern in eine andere überführt. Wir haben die Kammern in Bild 10.10a mit C, D, E, F, G und H bezeichnet. Schließlich bleiben diejenigen (ursprünglichen) Dreiecke, die entlang ihrer Kanten nur an Dreiecke grenzen. Auch diese sind sämtlich untereinander symmetrieäquivalent. Darüber hinaus zerfallen die in ihnen gelegenen Kammern wieder in nur zwei, mit I und J bezeichnete Symmetrieklassen.

Um nun die ursprünliche Raumaufteilung der Kugeloberfläche aus den Kammern vom Typ A bis J zu rekonstruieren, reicht es offenbar, folgendes zu wissen: Erstens benötigen wir, wie oben, die drei Listen mit Informationen, welche Typen gemeinsam an eine durchgezogene, gepunktete oder gestrichelte Kante grenzen. Zweitens müssen wir jetzt auch für jede Kammer und jede ihrer (etwa durch den Typus der zwei an sie grenzenden Kanten gekennzeichneten) Ecken festhalten, wieviel Kammern an dieser Ecke insgesamt aneinanderzuheften sind. Für die alten Kantenmittelpunkte, in denen sich jetzt durchgezogene und gepunktete Kanten begegnen, sind das jeweils vier; für die alten Eckpunkte, in denen sich jetzt jeweils durchgezogene und gestrichelte Kanten begegnen, ist das jeweils das Doppelte der Anzahl der sich zuvor dort begegnenden Kanten. Und für die im Inneren der ursprünglichen Flächenstücke liegenden Kammerneckpunkte ist das jeweils das Doppelte der Anzahl der Ecken – und damit auch der Kanten – dieses Flächenstückes. Man kann nun all diese Informationen in Form des in Bild 10.10b wiedergegebenen Symbols sehr bequem zusammenfassen. Dabei haben etwa die in dem die Kammer I symbolisierenden Kreis befindlichen Zahlen 3 und 5 folgende Bedeutung: An der „gestrichelt-gepunkteten" Ecke der Kammer I sind insgesamt genau das Doppelte von drei, also sechs Kammern zusammenzukleben, an der „gestrichelt-durchgezogenen" Ecke dagegen das Doppelte von fünf, also zehn. Die gestrichelten und gepunkteten Verbindungslinien zwischen I und J bedeuten dagegen, daß an der gestrichelten wie an der gepunkteten Kante von Kammern vom Typ I jeweils Kammern vom Typ J anzukleben sind, und damit natürlich ebenso auch umgekehrt.

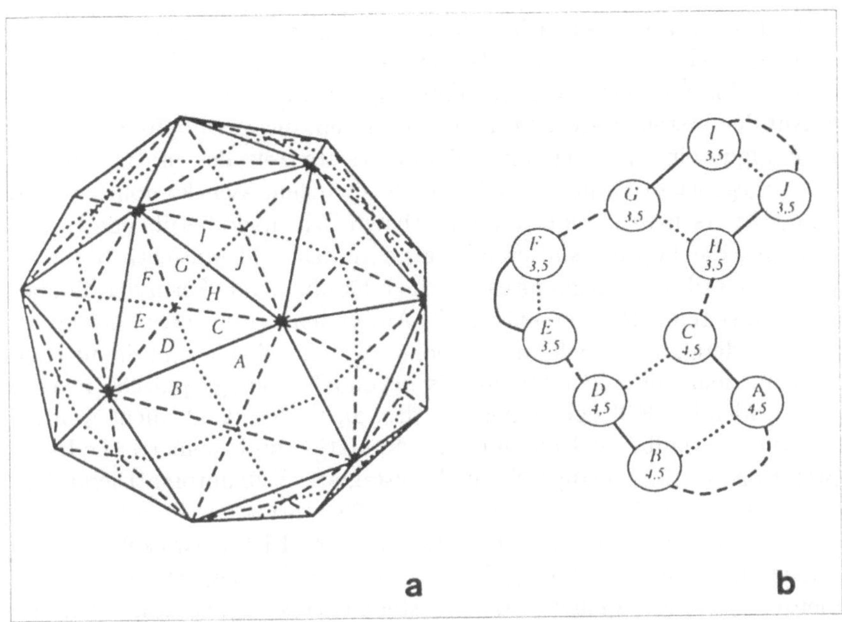

Bild 10.10 (a) Die Symmetrien des Polyeders definieren zehn verschiedene Klassen von Dreiecken in der baryzentrischen Unterteilung. Diese sind mit $A, B, C, \ldots, J$ bezeichnet. (b) Wie im Text beschrieben, kann man aus der baryzentrischen Unterteilung des Polyeders ein Symbol konstruieren, welches die Topologie und die Symmetrie des Polyeders genau u. vollständig beschreibt.

Der Rückweg: Vom Symbol zur Geometrie

Diese Angaben erscheinen noch sehr spartanisch. Sie sagen z. B. nichts über die Anzahl der insgesamt zu verwendenden Kammern, ja, nicht einmal etwas darüber, daß unser „Codewort" die Pflasterung einer Sphäre kodiert. Dennoch kann man aus ihnen das gesamte ursprüngliche System rekonstruieren. Man gehe etwa von einer Kammer vom Typ A aus, füge an deren gepunktet-gestrichelter Ecke alternierend Kammern vom Typ A und B an und schließe das Ganze zyklisch, sobald insgesamt 8 Kammern verklebt sind. Dann füge man an der durchgezogen-gepunkteten gemeinsamen Ecke von A und B Kammern vom Typ C und D an und schließe wieder zyklisch. An der durchgezogen-gestrichelten gemeinsamen Ecke von A und C füge man nun – dem durchgezogen-gestrichelten

Kantenzug von C über A in Bild 10.10b folgend – Kammern vom Typ B, D, E, F, G, I, J und H der Reihe nach an, schließe wieder zyklisch und fahre so fort, bis sich die ganze Figur geschlossen hat.

Auf den ersten Blick mag dieses Verfahren, die in Bild 10.9a gezeichnete Figur einschließlich ihrer Symmetrie mittels des in Bild 10.10b wiedergegebenen Symbols zu kodieren, unangemessen kompliziert und vertrackt erscheinen. Seine auf einfachsten Prinzipien beruhende Herleitung und die daraus resultierende „grammatikalisch" hinsichtlich Syntax und Semantik vergleichsweise einfach zu handhabende Form der Symbolik garantieren jedoch die universelle Anwendbarkeit unseres Verfahrens. Insbesondere läßt es sich auch in höheren Dimensionen und damit eben auch in dem vor allem für chemische und kristallographische Zwecke entscheidenden Fall der Dimension drei anwenden. Und, nicht weniger wichtig, es erlaubt die Erstellung, Manipulation und geometrische Interpretation der einschlägigen Symbole systematisch zu automatisieren und damit elektronischen Rechneranlagen zu überantworten. Dies hat inzwischen zu dem gemeinsam mit O. Delgado Friedrich entwickelten Computerprogramm REPTILES geführt, welches in der Lage ist, alle zweidimensionalen periodischen Muster systematisch zu generieren, nach den verschiedensten Gesichtspunkten interaktiv zu filtern, in Datenbanken zusammenzufassen und insbesondere auch zu zeichnen sowie interaktiv zu modulieren und zu kolorieren (siehe Tafel 7 sowie [8, 9]). Besonders schöne Beispiele solcher Muster sind die berühmten Wand-, Decken- und Fußbodenornamente der Alhambra in Spanien. Sie treten aber auch z. B. auf planaren Kristalloberflächen zutage. Eine entsprechende Version des Programmes für zweidimensionale sphärische (und auch für hyperbolische) Raumaufteilungen befindet sich kurz vor der Fertigstellung. Sie ist bereits erfolgreich eingesetzt worden, um die topologische Struktur der verschiedenen Polyoxometallate (Bild 10.2b) zu untersuchen und zu klassifizieren [10]. Es kann aber ebenso, wie wir an anderer Stelle ausführen werden, zur Untersuchung der Fullerene (Bild 10.2a) verwendet werden.

Desweiteren konnte auf diese Weise gezeigt werden, daß es nur eine sphärische polyhedrale Struktur mit der Symmetrie des regulären Tetraeders gibt, welche aus genau acht Sechsecken und sechs Achtecken aufgebaut ist [10]. Eine solche Struktur weist etwa das berühmte Keggin-Ion ($[Mo_{12}O_{40}P]^{3-}$) auf – eine ästhetisch eindrucksvolle Spezies, mit deren Struktur sich zwei Nobelpreisträger, nämlich L. Pauling und A. Werner beschäftigt haben (Bild 10.11).

Ebenso geht das zusammen mit N. Dolbilin (Moskau) entwickelte

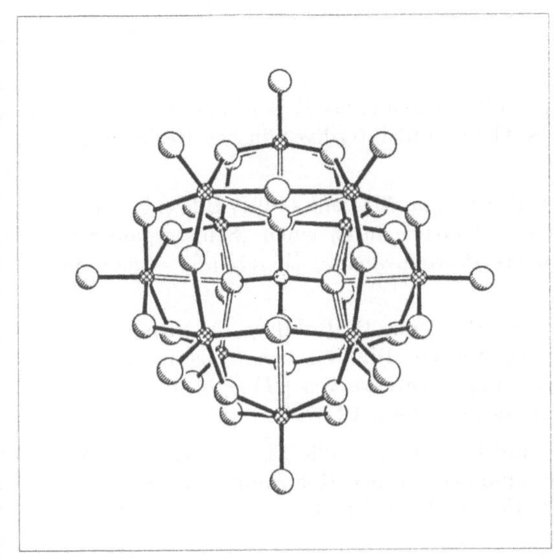

Bild 10.11
Die Struktur des
berühmten Keggin-Ions.

Computerprogramm DELONETILES auf die oben skizzierten Überlegungen zurück. Dieses Programm berechnet aus den Atomkoordinaten von Kristallen und anderen supramolekularen Strukturen das Symbol der zugehörigen Raumaufteilung des dreidimensionalen Raums und zeichnet die zugehörigen Polyeder in jeder beliebigen Auswahl. Wir haben hier also ein Hilfsmittel aus der Mathematik in der Hand, welches simultan das systematische Studium der Topologie und der Symmetrie von Riesenmolekülen, supramolekularen Strukturen und Kristallen, sowie eine volle Klassifikation der sich dabei ergebenden Möglichkeiten erlaubt. Angesichts der oben skizzierten neuen Möglichkeiten des molekularen und supramolekularen Designs neuer Strukturen sowie der Bedeutung, die diese – von der Pharmazie über die Materialforschung bis hin zu dem Fernziel *Nanotechnologie* – besitzen, dürften die hier nur an wenigen Beispielen skizzierten Anwendungsmöglichkeiten dieses Hilfsmittel bald zu einem Standardwerkzeug der Forschung machen.

Literatur

[1] A. Müller und M. T. Pope (1991) Chemie der Polyoxometallate: Aktuelle Variationen über ein altes Thema mit interdisziplinären Bezügen. Angewandte Chemie **1** 56

[2] A. Müller, R. Rohlfing, J. Döring und M. Penk (1991) Bildung einer Clusterhülle um einen zentralen Cluster durch einen „Selbstorganisationsprozeß": das gemischtvalente Polyoxovanadat $[V_{34}O_{82}]^{10-}$. Angewandte Chemie **5** 575

[3] A. Müller, E. Krickemeyer, M. Penk, R. Rohlfing, A. Armatage und H. Bögge (1991) Templatgesteuerte Bildung von Clusterschalen oder eine Art molekulare Erkennung: Synthese von $[HV_{22}O_{54}(ClO_4)]^{6-}$ und $[H_2V_{18}O_{44}(N_3)]^{5-}$. Angewandte Chemie **12** 1720

[4] A. Müller, K. Hovemeier und R. Rohlfing (1992) Ein neuartiges „Wirt-Gast"-System mit einem nanometergroßen Hohlraum mit Kationen und Anionen: $[2NH_4^+, 2Cl^- \subset V_{14}O_{22}(OH)_4(H_2O)^{2-}(C_6H_5PO_3)_8]^{6-}$. Angewandte Chemie **9** 1214

[5] A. Müller, R. Rohlfing, E. Krickemeyer und H. Bögge (1993) Steuerung der Verknüpfung anorganischer Einheiten in $V-O$-Verbindungen: von Clusterhüllen als molekularen Containern über Clusteraggregate zu Festkörperstrukturen. Angewandte Chemie **6** 916

[6] H. W. Kroto, J. R. Heath, S. C. O'Brien, R. F. Curl und R. E. Smalley (1985) C_{60}: Buckminster fullerene. Nature (London) **318** 162

[7] T. G. Schmalz, W. A. Seitz, D. J. Klein und G. E. Hite (1988) Elemental carbon cages. J. Amer. Chem. Soc. **110** 1113

[8] A. W. M. Dress und D. H. Huson (1987) On tilings of the plane. Geometriae Dedicata **24** 295

[9] A. W. M. Dress und D. H. Huson (1991) Heaven and hell tilings. Structural Topology **17** 25

[10] O. Delgado Friedrichs, A. W. M. Dress, A. Müller und M. T. Pope (1994) Polyoxometallates: A class of compounds with remarkable topology. In: A. Müller u. M. T. Pope (Hrsg.) Polyoxometallates: From Platonic Solids to Antiviral Activity. Kluwer, Dordrecht, The Netherlands

Kapitel 11

Einblick in physikalische Welten
Über die Vielfalt und Dynamik
diffusionsbedingter Musterbildung

Eshel Ben-Jacob, Ofer Shochet und Raz Kupferman

„Konkurrenz belebt das Geschäft!" Dies ist nicht nur ein Grundsatz unserer freien Marktwirtschaft; dieser Satz könnte auch das Motto einer allgemeinen Theorie der Musterbildung werden. Sobald es in einem System zum Wettstreit konkurrierender Kräften kommt, können daraus die vielfältigsten Muster erwachsen. In den Beiträgen dieses Buches haben wir bereits zahlreiche Beispiele kennengelernt. Alan Turing war Anfang der fünfziger Jahre einer der ersten Wissenschaftler, der das „Konkurrenzprinzip" in ein mathematisches Modell verwandelte. Theoretische Gedankenspiele hatten ihn davon überzeugt, daß in chemischen Reaktionen aus dem Wechselspiel aktivierender und inhibierender Substanzen räumliche Muster entspringen können. In einem noch folgenden Kapitel werden chemische „Turingmuster" und die Geschichte ihrer Entdeckung vorgestellt (vgl. Kap. 13). Bei der Entstehung von Turingmustern spielt neben der chemischen Reaktion ein physikalischer Prozeß, die Diffusion der Aktivator- und Inhibitorsubstanzen, eine ganz entscheidende Rolle.

Wir wollen Ihnen in diesem Kapitel demonstrieren, daß auch der Wettstreit ausschließlich physikalischer Kräfte zum Mustermacher werden kann. Wir untersuchen Muster, die in „diffusionsbedingten Wachstumsprozessen" entstehen. Wie es bereits der Name andeutet, ist dabei das Heranwachsen von Strukturen entscheidend durch Diffusion von beispielsweise Materie oder Wärme bestimmt. Doch Diffusion ist nicht die einzige Triebkraft dieser Prozesse. Andere physikalische Kräfte, die auf einer mikroskopischen Größenskala wirken (wie etwa die Oberflächenspannung), reden ein entscheidendes Wörtchen bei der Strukturbildung mit. Die Entstehung einer Schneeflocke aus kaltem Wasserdampf oder das Erstarren von Metall in einer unterkühlten Schmelze sind Beispiele für diffusionsbedingtes Wachstum. Besonders schön läßt sich die Bildung von Diffusionsmustern in der Hele-Shaw-Zelle verfolgen (vgl. Kasten).

Hele-Shaw-Zelle

Eine Hele-Shaw-Zelle ist ein einfaches, jedoch äußerst elegantes Hilfsmittel zur Untersuchung der Grundlagen physikalischer Musterbildung an Grenzflächen. Dabei besteht die „Zelle" aus zwei – mit geringem Abstand aufeinanderliegenden – Plexiglasscheiben, zwischen denen sich in der Art eines Sandwichs eine viskose Flüssigkeitsschicht befindet (z. B. gefärbtes Glyzerin). Am Rand der oberen (kreisförmigen) Platte hat die Flüssigkeit Luftkontakt. Durch einen Einlaß im Zentrum der Scheibe wird eine zweite, geringer viskose Flüssigkeit (z. B. Wasser) injiziert, die in das Glyzerin diffundieren kann. Durch Eingravieren von Strukturen in die Bodenplatte lassen sich unterschiedliche Verzweigungsmuster induzieren (vgl. Bild 11.1).

All diesen Prozessen ist gemeinsam, daß sich eine physikalisch stabilere Phase in eine weniger stabile oder metastabile Phase hinein „ausbreitet". Bei der Bildung einer Schneeflocke oder bei der Erstarrung eines Metalls ist der Festkörper die stabilere Phase, die sich gegenüber der metastabilen Phase (dem übersättigten Wasserdampf bzw. der unterkühlten Schmelze) durchsetzt. Wenn wir hier von „Ausbreitung" reden, so bedeutet das nicht, daß sich der Festkörper tatsächlich bewegt. Nur die Grenzlinie beider Phasen bewegt sich während der Transformation der metastabilen in die stabile Phase. Dabei ist die Wachstumsrate der stabilen Phase durch den Diffusionsprozeß bestimmt: die Diffusion von Wassermolekülen hin zur Schneeflocke im ersten Beispiel und die Diffusion von Wärme weg vom erstarrenden Metall im zweiten. Je weiter das System von seinem natürlichen Gleichgewicht entfernt ist, d. h. je übersättigter der Dampf bzw. je unterkühlter die Schmelze ist, desto schneller verwandelt sich die metastabile Phase in die stabilere feste Phase, und umso schneller breitet sich die Grenzfläche zwischen den Phasen aus.

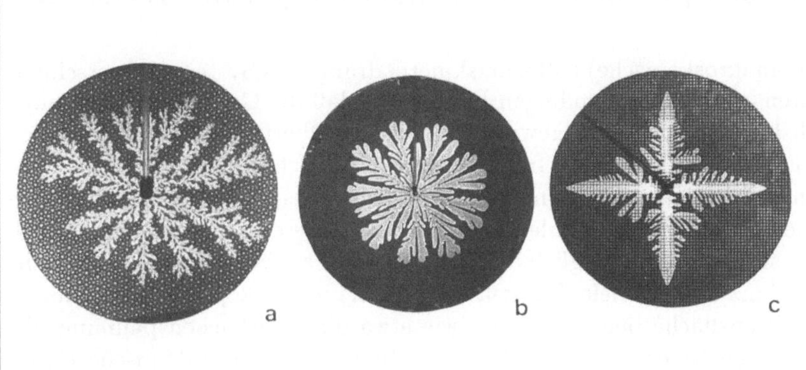

Bild 11.1   Musterbildung in der Hele-Shaw-Zelle.

Grundformen der Musterbildung an Grenzflächen

Die riesige Anzahl verschiedener Muster in der Natur kann in eine kleine Gruppe von Formen gruppiert werden, die jeweils unterschiedliche dominante Effekte ihrer Entstehung widerspiegeln. Die in Bild 11.1 gezeigten Muster stammen aus Experimenten mit der Hele-Shaw-Zelle (vgl. Kasten auf S. 204):

(a) zeigt ein fraktales Muster. Diese Form spiegelt die sogenannte diffusive Instabilität wider und ist typisch für Systeme mit geringer Oberflächenspannung und intensivem „Rauschen". Im Hele-Shaw-Experiment entsteht es nach Eingravieren eines zufälligen Gitters in die Bodenplatte;

(b) „dicht verzweigte" Muster bilden sich durch Aufspaltung der Spitzen, wenn das Material nur sehr gering anisotrop ist. Dieses Muster reflektiert den Wettbewerb zwischen diffusiver Instabilität und der Oberflächenspannung;

(c) dendritisches Wachstumsmuster. Im Hele-Shaw-Experiment wurde ein schachbrettartiges Muster in die Bodenplatte graviert. Die Dendriten sind durch Hauptäste mit parabolischer Spitze charakterisiert („Nadelkristall"), die mit gleichbleibender Geschwindigkeit wachsen und mit Seitenästen „gefiedert" sind. Dieses Muster beobachtet man, wenn immer die kristalline Anisotropie sehr hoch ist.

Wechselspiel mikro- und makroskopischer Dynamik

Die (makroskopische) Diffusionskinetik drängt das System zu „verschnörkelten" bzw. unregelmäßigen Formen, so daß die Grenzfläche eine möglichst große Oberfläche gewinnt. Eine große Oberfläche hilft nämlich den Wassermolekülen, einen freien Platz an der Schneeflocke zu finden, an dem sie sich festsetzen können, und erleichtert es der Wärme, vom erstarrenden Metall abzustrahlen. Alle Prozesse, die durch Diffusion kontrolliert sind, schreiten folglich umso schneller voran, je größer die Oberfläche ist. Ganz andere Ziele dagegen verfolgt die mikroskopische Dynamik an der Grenzfläche beider Phasen, wie etwa die Oberflächenspannung: Ihr Bestreben ist es, die Oberfläche zu minimieren. Mikroskopische Dynamik und die Wirkung der Diffusion stehen also im Wettbewerb miteinander. Im Verlauf der letzten Jahren haben wir ein wesentlich besseres Verständnis für das Wechselspiel zwischen makroskopischen und mikroskopischen Kräften erreicht [1-3]. Ihr Zusammentreffen kann zu komplexen Musterbildungen führen und ist charakteristisch für eine Fülle von Wachstumsprozessen.

Die Balance zwischen den konkurrierenden Kräften verändert sich mit den Wachstumsbedingungen. Die beobachteten Muster lassen sich in eine kleine Zahl typischer Muster oder „Grundformen" einteilen – jede davon repräsentiert einen anderen dominanten Effekt [3]. Bild 11.1 zeigt Beispiele typischer Muster. Da sich diese „Grundformen" in unterschiedlichen Systemen und über verschiedenste Längenskalen (von Metern bis zu Mikrometern) mit ähnlichen geometrischen Charakteristika beobachten lassen, bezeichnen wir jede von ihnen als eine Morphologie (vgl. Kasten auf S. 205).

Das Studium der Musterbildung an Grenzflächen hat eine faszinierende und lehrreiche Geschichte, die es lohnt, näher in Augenschein zu nehmen. In den folgenden Abschnitten lassen wir einige Stationen der Historie, von den Anfängen bis in die Mitte der achtziger Jahre hinein, Revue passieren. Die Forschung konzentrierte sich anfangs auf geordnete symmetrische Muster (Bild 11.1c), zu deren Beschreibung vor allem „kontinuierliche Modelle" genutzt wurden [4]. Später verschob sich das Interesse hin zu ungeordneten fraktalen Formen, und es setzte eine intensive Untersuchung mit Hilfe „atomistischer Modelle" ein [5, 6]. Lange Zeit schien es jedoch wenig Berührungspunkte zwischen den verschiedenen Forschungsrichtungen – der „kontinuierlichen" bzw. der „atomistischen" – zu geben. Ein Austausch fand kaum statt, sie erschienen nahezu als völlig getrennte Disziplinen. Erst seit kurzem beginnt sich dieser Zustand zu wandeln. Heute beginnen die zwei verschiedenen Perspektiven in einem gemeinsamen Bild zu verschmelzen – ein Bild, das man vielleicht durch eine Charakterisierung seiner „Komplexitätseigenschaften" noch besser verstehen wird.

Selektions- und Stabilitätsprobleme

Unser kurzer geschichtlicher Rückblick beginnt in den vierziger Jahren, als das Problem der Entstehung eines Festkörpers aus einer unterkühlten Schmelze in den Mittelpunkt des Interesses rückte. 1947 erschien die Arbeit eines Russen, Ivantsov, die sich theoretisch mit dem Problem auseinandersetzte [7]. Ivantsov fand heraus, daß aus einer unterkühlten Schmelze, also einer Flüssigkeit, die bei einer gewissen Temperatur unterhalb der Schmelztemperatur gehalten wird, eine Struktur entstehen kann, die einem Nadelkristall mit parabolischer Form ähnelt. Diese Entdeckung war ermutigend, denn auch experimentell beobachtete Dendriten sind durch einen parabolisch geformten Hauptstamm („Nadelkristall") charakterisiert (Bild 11.1c). Ivantsovs Theorie lieferte aber nicht nur einen einzigen möglichen Dendriten als Ergebnis des Wachstumsprozesses. Er fand für eine vorgegebene Unterkühlung gleich unendlich viele mögliche parabolische Formen, die von schnell wachsenden spitzen bis zu langsamen flacheren Strukturen variierten. Bedeutete dies, daß verschiedene Dendriten bei einer bestimmten Unterkühlungstemperatur koexistierten? Die experimentelle Antwort war eindeutig nein: Unter kontrollierten Bedingungen beobachtete man bei ein und derselben Unterkühlung immer wieder dieselbe Dendritenform. Damit standen die Forscher nun plötzlich einem „Selektionsproblem" gegenüber [4]: Für eine gegebene Unterkühlungstemperatur erlauben Ivantsovs theoretische Lösungen eine ganze kontinuierliche Familie parabolischer Formen, während unter entsprechenden experimentellen Bedingungen immer nur eine einzige Lösung auftritt, also offensichtlich aus der großen Anzahl möglicher Lösungen selektiert wird.

Dies sollte nicht die einzige Schwierigkeit mit dem Modell bleiben. Mullins und Sekerka wiesen 1963 auf ein weiteres Problem hin [8]. Sie zeigten, daß sämtliche Ivantsov-Lösungen „linear instabil" aufgrund der sogenannten „ diffusionsbedingten Instabilität" sind, die wir weiter unten genauer diskutieren werden. Instabile Lösungen aber lassen sich in der Realität nicht beobachten. Somit hatte man nicht nur zu viele theoretische Lösungen, sie dürften außerdem allesamt in der wirklichen Welt gar nicht existieren. Die ersten Versuche zur Lösung dieses „Stabilitätsproblems" beruhten auf der Hoffnung, die Einbeziehung mikroskopischer Effekte in Ivantsovs Modell könnte alle Schwierigkeiten beseitigen. Man nahm an, daß die Oberflächenspannung spitze Parabeln stabilisieren würde, solange nur die Spitze einen bestimmten Maximalradius nicht überschritt. Oldfield schlug 1973 vor, daß der ausgewählte Dendrit genau derjenige mit maximalem Spitzenradius sein sollte, der von der Oberflächenspannung gerade noch stabilisiert werden kann [9]. Langer und Müller-Krumbhaar griffen Oldfields Idee einige Jahre später wieder auf [10]. Sie führten umfangreiche Berechnungen durch, um diesen „marginalen Stabilitätspunkt" aufzuspüren und entwickelten außerdem das Konzept des Selektionsprinzips weiter.

Auf den ersten Blick schien damit das Selektionsproblem gelöst zu sein. Doch der Schein trog. Eine Schwierigkeit war, daß Aspekte der Anisotropie – z. B. Bevorzugung bestimmter Wachstumsrichtungen – in den Modellen überhaupt nicht berücksichtigt waren. Folglich sagte die Theorie für verschiedene Substanzen ähnliche Dendritenmuster voraus, was aber ganz offensichtlich falsch ist. Es sollte sechs weitere Jahre dauern, ehe die Forschung einen entscheidenden Schritt vorankam. Die zunehmende Leistungsfähigkeit moderner Computer hatte daran großen Anteil. Die Rechner ermöglichten Simulationen, die ein starkes Bedürfnis nach höherentwickelten mathematischen Methoden zur Folge hatten.

Instabilität und fraktales Wachstum

Die Instabilität des Diffusionsfeldes ist die grundlegende Instabilität aller Wachstumsprozesse, in denen die Geschwindigkeit des Wachstums proportional zum Gradienten des Diffusionsfeldes ist (vgl. Kap. 8). Was ist damit gemeint? Um die Instabilität, die auch als Mullins-Sekerka oder diffusionsbedingte Instabilität bezeichnet wird, zu veranschaulichen, stellen wir uns folgende Situation vor: Wir gehen von einer kreisförmigen Grenzfläche aus, die durch eine Störung in Form einer regelmäßigen Sinuswelle aus der Ruhe gebracht wird (Bild 11.2). An den Spitzen der

Wölbungen ist der Gradient des Diffusionsfeldes größer als an anderen
Stellen der Grenzfläche. Entwickelt sich die Grenzfläche beispielsweise
bei der Erstarrung einer Schmelze, so ragen diese Auswölbungen weit in
den noch flüssigen und heißeren Schmelz hinein. Der Temperaturunterschied ist also gerade an den Spitzen der Auswölbungen am größten. Als
Konsequenz daraus wachsen die Auswölbungen schneller als der Rest der
Grenzfläche. Dies ist die diffusionsbedingte Instabilität. Wäre sie der einzige aktive Mechanismus, so würde jede Fluktuation oder das geringste
Rauschen im Diffusionsfeld dazu führen, daß die Grenzfläche in ständig
wachsende Wölbungen aufbräche, die ihrerseits eigene Ausbuchtungen
entwickelten und so *ad infinitum* zu einem fraktalen Muster führten.

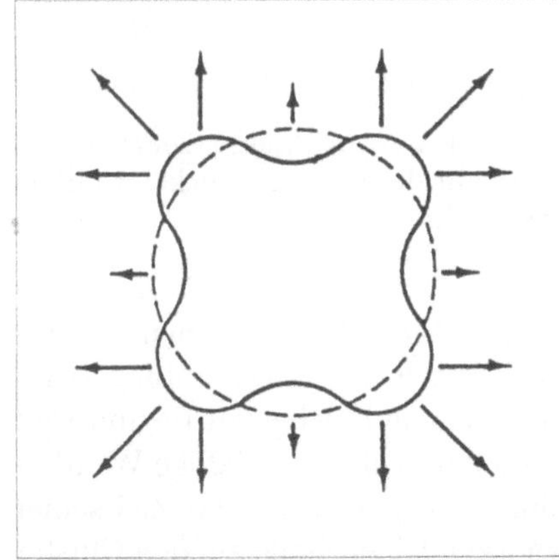

Bild 11.2
Schematische Illustration der
Mullins-Sekerka-Instabilität. Die
durchgezogene Kurve entspricht d.
vierfachen Deformation einer kreisförmigen Grenzlinie (gepunktet).
Erläuterung im Text.

   Wenn auch die Mullins-Sekerka-Instabilität lange bekannt war, so ver-
gingen doch fast zwei Jahrzehnte, ehe sie sich in der Theoriebildung nie-
derschlug. Erst 1981 tauchte ein Modell am Horizont des Theoriehim-
mels auf, das explizit die Bedeutung der Diffusion für die Aggregation
größerer Strukturen berücksichtigt. Bekannt geworden ist dieses Modell
unter dem Kürzel DLA, was die englische Bezeichnung *diffusion limi-
ted aggregation* (durch Diffusion begrenzte Aggregation) abkürzt [5, 6].
Das Modell beruht auf einem einfachen Satz von Regeln, die ausdrücken,
wie sich ein makroskopisches Objekt aus abstrakten „Atomen" aufbauen
soll. Seine Erfinder, Witten und Sander, hatten das Modell ursprünglich
zur Beschreibung der Aggregation von Ascheablagerungen erdacht. Doch
ihr Modell erwies sich als so interessant, daß es über die ursprüngliche
Anwendung hinaus große Aufmerksamkeit auf sich zog.

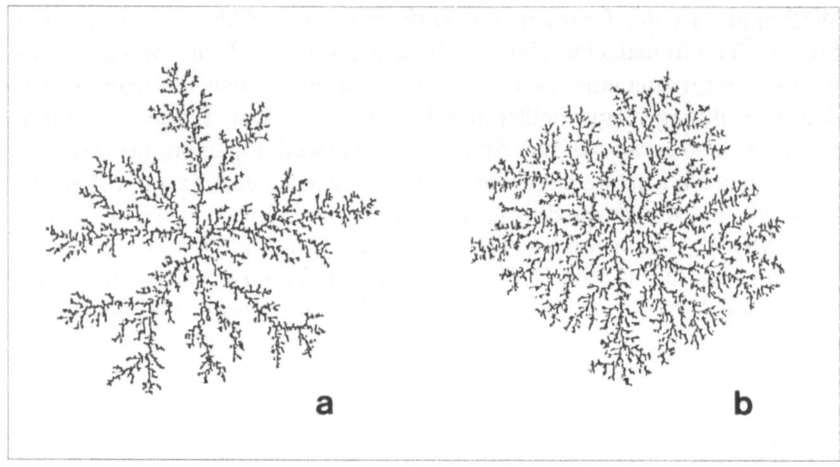

Bild 11.3 Beispiele für Muster, wie sie der DLA-Algorithmus erzeugt. In (a) wurde zu jedem Zeitpunkt nur ein „Atom" auf die Reise geschickt, während in (b) mehrere Wanderer zugleich unterwegs sind.

Kernstück des DLA-Modells ist eine Regel, die dem einzelnen „Atom" vorschreibt, wie es sich an eine bereits bestehende Ansammlung (Cluster) aus „Atomen" anhängen kann. Die Atome tauchen zu Beginn weit entfernt vom Cluster auf und werden von dort auf eine zufällige Wanderschaft, die eher als Irrfahrt zu bezeichnen ist, geschickt. Das Ziel seiner Reise erreicht das Partikel, sobald es an irgendeiner Stelle auf den Cluster trifft und an ihm hängen („kleben") bleibt. Wiederholt sich dieser für ein Partikel beschriebene Prozeß immer wieder, so wächst eine fraktale Struktur heran, wie sie Bild 11.3a zeigt.

Das Endergebnis ist weder eindeutig noch vorhersagbar, denn jedes Partikel wählt einen anderen Wanderweg, so daß jeder Cluster eine unterschiedliche Wachstumsgeschichte hat. DLA hängt eng mit der Entstehung von Festkörpern aus übersättigten Lösungen zusammen, wie wir sie weiter oben beschrieben haben. Beide Prozesse sind durch Diffusion kontrolliert (im DLA-Modell durch die zufällige Wanderung der „Atome" berücksichtigt). Doch es gibt auch wichtige Unterschiede: DLA enthält kein Analogon zur Oberflächenspannung und auch nichts, was dem Kristallgitter einer Schneeflocke entspricht.

Das bemerkenswerteste Charakteristikum der vom DLA-Algorithmus produzierten Muster ist ihr filigraner Charakter, keine Richtung scheint von den Ästen und Verzweigungen bevorzugt zu werden. Es zeichnet sich auch keine charakteristische Dimension ab – mit Ausnahme der „fraktalen Dimension" des gesamten Clusters: DLA ist skaleninvariant (fraktal). Muster ähnlich denen der DLA-Cluster lassen sich in den unterschiedlichsten experimentellen, aber auch natürlichen Systemen beobachten. Seit seiner Entdeckung haben sich viele Forscher intensiv mit dem DLA-Modell beschäftigt [11]. Geometrische Charakterisierungen jenseits der fraktalen Beschreibung – durch sogenannte Multifraktale [12] – wurden entwickelt, und es gab Bemühungen, den Ursprung der fraktalen Dimension im DLA-Modell zu erklären.

Mit der Entwicklung des DLA-Modells zu Beginn der achtziger Jahre spaltete sich die Untersuchung diffusionsbedingter Wachstumsprozesse in zwei verschiedene Richtungen auf. Da war auf der einen Seite der „kontinuierliche" Ansatz, der auf Ivantsovs Modell aufbaute. Dabei ging es im wesentlichen um die Lösung einer kontinuierlichen Diffusionsgleichung mit einem sich bewegenden Rand (der Grenzfläche). Mikroskopische Effekte wurden durch phänomenologische Randbedingungen an der Grenzfläche in die Theorie einbezogen. Dieser Strategie gegenüber stand der „atomistische" Ansatz. Er umfaßt das DLA-Modell mit all seinen Nachfolgern, die das ursprüngliche Modell in unterschiedlichen Aspekten erweiterten. Etwa indem sie den Einzelwanderer durch eine Wandergruppe ersetzten (Bild 11.3b) oder wie es Vicsek initiierte, eine mikroskopische Dynamik durch unterschiedliche „Klebewahrscheinlichkeiten" der Partikel am Cluster in die Modellierung einbezogen [6].

Für einige Zeit sahen wir uns einer merkwürdigen Situation gegenüber: Zwei Gruppen machten sehr verschiedene Voraussagen für die gleiche physikalische Situation – Dendriten bei einer kontinuierlichen und Fraktale bei einer atomistischen Betrachtungsweise. Beide Forschergruppen konnten zudem mit experimentellen Mustern aufwarten, die ihre Aussagen stützten (Bild 11.4). War nun eine der Gruppen völlig auf dem Holzweg? Oder enthielt jeder Ansatz die halbe Wahrheit? Inzwischen hat sich diese paradoxe Situation aufgeklärt, und beide Richtungen sind zu einem gemeinsamen Weg verschmolzen. Heute verstehen wir, daß etwa das in Bild 11.4a gezeigte dendritische Wachstum Ergebnis der kristallinen Anisotropie des dort betrachteten Ammoniumchlorids ist. Ist eine solche Anisotropie (die Bevorzugung bestimmter Wachstumsrichtungen) nicht gegeben, wie etwa in dem in Bild 11.4b gezeigten Wachstumsprozeß, so kann sich durch Spitzenspaltungen eine fraktale Struktur entwickeln. Um zu diesen Erkenntnissen gelangen zu können, mußte zunächst eine ganz

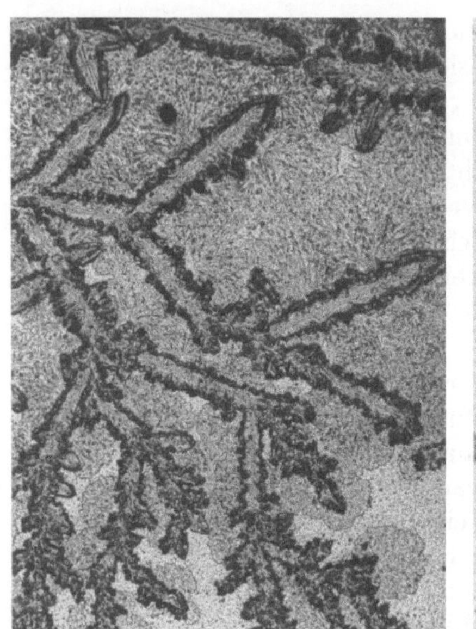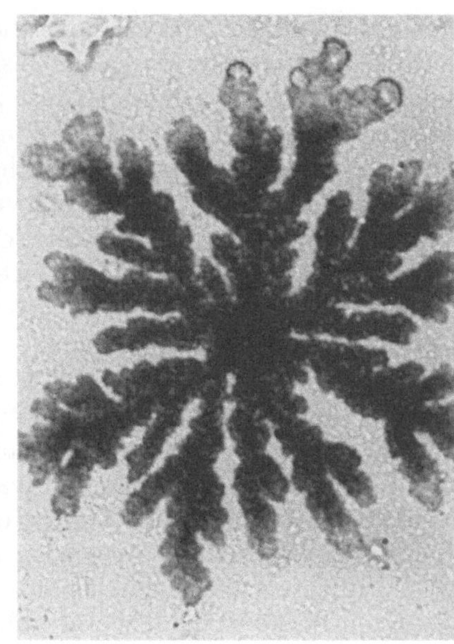

Bild 11.4 **(a)** (links) Dendritische Musterbildung beim Erstarren eines Salzes durch Austrocknung einer Agarplatte; **(b)** Spitzenspaltungen führen zu einer „dicht verzweigten" Struktur.

neue Strategie entwickelt werden. Tatsächlich ist ein großer Teil des Erfolges bei der Untersuchung von Grenzflächenmustern der Entwicklung einfacher experimenteller Systeme (wie d. Hele-Shaw-Zelle [3, 13]) und theoretischer Modelle zu verdanken, die die zugrundeliegende Physik begreiflicher machten.

Die Entdeckung der Spitzenspaltung

Im Jahre 1983 versuchten zwei voneinander unabhängige Gruppen, sich dem Problem von einer neuen Seite zu nähern. Sie wurden von der Idee geleitet, daß viele der interessantesten Fragen der Musterbildung am besten untersucht werden können, wenn man die ganze Fülle der nicht-lokalen Eigenschaften des Diffusionsfeldes vergißt und sich allein auf die Dynamik an der Grenzfläche selbst konzentriert [14, 15]. Die neuen Modelle ersetzten das vollständige Diffusionsproblem durch Gleichungen für die Bewegung einer Grenzfläche, die als eindimensionale Linie betrachtet wurde, deren Dynamik nur von ihrer lokalen Krümmung abhängt.

Unmittelbares Ziel war es, eine Antwort auf die damals nächstliegende Frage zu finden: Funktioniert das bereits weiter oben beschriebene Stabilitätskriterium mit seinem marginalen Stabilitätspunkt wirklich als Selektionsprinzip für dendritisches Wachstum (vgl. [9])? Überraschenderweise konnte keine der Gruppen eine Antwort auf diese Frage finden, denn das vereinfachte Modell verhielt sich völlig anders als erwartet. Statt Dendriten zu entwickeln, schritt die Grenzfläche durch sich ständig wiederholende Spaltung ihrer Spitzen voran. Das Ergebnis war eine eng verästelte Morphologie (abgekürzt durch DBM für „dense-branching-like morphology"). Die beobachtete Spitzenspaltung erschien zunächst als eine Enttäuschung, wurde aber dann mit der Tatsache erklärt, daß die Modelle die tatsächlichen Prozesse eben doch zu sehr vereinfachten.

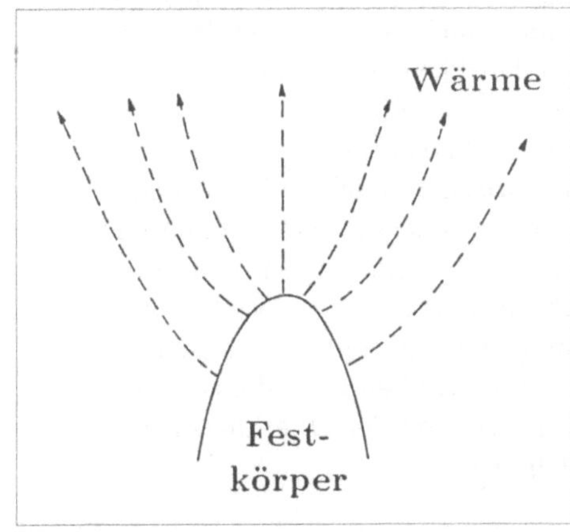

Bild 11.5
Situation vor der Spaltung
einer parabolischen Spitze
(Erläuterungen im Text).

Daß das Phänomen aber vielleicht gar kein Artefakt zu simpler Gleichungen, sondern ein neues Puzzlestück für ein umfassenderes Verständnis dieser Wachstumsprozesse sein könnte, diese Möglichkeit wurde damals schlichtweg übersehen. Niemand dachte daran, daß diffusionsbegrenztes Wachstum bei einer „kontinuierlichen Modellierung" auch ganz andere Strukturen als Dendriten hervorbringen könnte. Heute wissen wir mehr. Wir verstehen jetzt, daß das Wechselspiel zwischen diffusionsbedingter Instabilität und mikroskopischen Effekten zu einer Dynamik von Spitzenspaltungen führen kann. Dies macht folgendes, allerdings sehr heuristische Argument deutlich. Nehmen wir an, wir starten mit einer parabolischen Lösung (Bild 11.5) und vernachlässigen erst einmal die Wirkung der Oberflächenspannnung. In diesem Falle gibt es keine Wechselwirkung zwischen benachbarten Punkten auf der Grenzfläche. Jeder Punkt strahlt überschüssige Wärme in senkrechter Richtung ab. Wenn wir nun aber plötzlich die Oberflächenspannung „einschalten", ändert sich das Verhalten. Unter Einwirkung der Oberflächenspannung kostet es nämlich Energie, die Genzfläche zu krümmen. Daher ist die Temperatur an Stellen, an denen die Grenzfläche stark gekrümmt ist, niedriger als an anderen. Die Spitze, die ja am stärksten gekrümmt ist, wird somit zum kältesten Punkt. Die Wärme fließt entlang der Grenzfläche hin zur Spitze und verlangsamt damit deren Wachstum. Da die Spitze langsamer wird, die übrigen Teile der Grenzfläche aber munter weiterwachsen, wird sich auf jeder Seite der Spitze ein Segment entwickeln, das schneller wächst als sie selbst. Als Resultat beobachten wir eine Aufspaltung der Spitze. Jeder dieser neuen Auswölbungen wird sich zuerst zuspitzen und dann ihrerseits – nach dem gleichen Prinzip – aufspalten. Egal ob die Wirkung der Oberflächenspannung klein oder groß ist – sobald sie überhaupt vorhanden ist, führt sie zu einer Kaskade von Spitzenspaltungen. Eine kleinere Oberflächenspannung wird allein die Längenskala, also den Abstand zwischen aufeinanderfolgenden Spitzenspaltungen verändern. Dieser Prozeß spiegelt den „singulären" Charakter der Oberflächenspannung wider. Physiker reden von einer „ singulären Störung", wenn sich bei ihrem Auftreten das Verhalten des Systems völlig verändert. Die Aufspaltung der Spitze veranschaulicht in eindrucksvoller Weise den Kompromiß zwischen der diffusionsbedingten Instabilität, die zu Verzweigungen führt, und der Oberflächenspannung, deren Ziel eine minimale Grenzfläche ist.

Anisotropie und dendritisches Wachstum

Damit sich überhaupt Dendritenmuster mit ausgezeichnetem Hauptstamm ausbilden können, muß also der Wärmefluß hin zur Spitze, der zur Aufspaltung der Spitze führen würde, unterdrückt werden. Dies ist genau der Effekt, den eine kristalline Anisotropie bewirkt. Lassen Sie uns beispielsweise von einer vierfachen Anisotropie der Oberflächenspannung ausgehen, d. h. von vier bevorzugten Wachstumsrichtungen (sagen wir

0°, 90°, 180° und 270°). Eine Krümmung der Grenzfläche entlang dieser Richtungen kostet weniger Energie – und reduziert die Temperatur entsprechend weniger – als entlang irgendeiner anderen Richtung. Zeigt die Spitze in eine dieser bevorzugten Richtungen und ist die Anisotropie genügend groß, so ist die Spitze nicht länger der kälteste Punkt des gesamten Nadelkristalls. Die kältesten Segmente der Grenzfläche liegen vielmehr an den Seiten der Spitze mit unterschiedlichen Wachstumsrichtungen. Für eine gegebene Anisotropie wird nur ein einziger Nadelkristall mit genau der richtigen Spitzenkrümmung die richtige Temperatur im richtigen Abstand zur Spitze aufweisen, um die ursprüngliche Tendenz zur Spitzenspaltung auszugleichen. Eine kontinuierliche Famile von Parabeln wie in Ivantsovs Modell kann nicht länger die Lösung sein, nur eine diskrete Menge von Nadelkristall-Lösungen (von annähernd parabolischer Form) kann die Voraussetzungen dieses fein abgestimmten Wechselspiels erfüllen. Jede Lösung ist durch eine bestimmte Spitzenform und eine charakteristische Geschwindigkeit gekennzeichnet. Am „schnellsten" ist dabei die „spitzeste Spitze". Ein neues Kriterium ist so entstanden, das der „mikroskopischen Lösbarkeit" [1-3].

Das heuristische Argument und seine mathematische Behandlung zeigen, daß unter Einbeziehung der Anisotropie eine Lösung in Form eines Nadelkristalls existieren kann. Doch wie führt dies zur Entstehung von Dendriten, also zu einem mit Seitenästen umhüllten Nadelkristall-Stamm? Wenn wir den Nadelkristall stören, etwa durch eine Auswölbung nahe der Spitze, wird diese Störung aufgrund der diffusionsbedingten Instabilität anwachsen. Wächst die Kristallspitze aber schneller, als sich die Störung ausbreitet, so kann die Spitze ihre ursprüngliche Form wieder vollständig regenerieren. Die Störung entwickelt sich dann zu einem eigenen Seitenast, der der Spitze des ursprünglichen Nadelkristalls nicht in die Quere kommt. Dies trifft allerdings nur für die „schnellste Lösung" zu, denn nur sie kann sich vollständig regenerieren. Dieser Mechanismus schmückt folglich einen Nadelkristall mit Seitenästen aus und verwandelt ihn so in genau den beobachteten Dendriten – den einzigen, der die Konkurrenz zwischen der diffusionsbedingten Instabilität und dem Wachstum des Nadelkristalls gewinnen kann.

Wir lernen daraus, daß Anisotropie ebenfalls eine singuläre Störung ist, deren Anwesenheit die Lösungen weg von der Spitzenspaltung und hin zu dendritischem Wachstum verändert. Die beobachteten Muster resultieren auch hier aus dem Wettbewerb verschiedener Tendenzen. Das Problem des dendritischen Wachstums, das lange als eine Frage der Selektion angesehen wurde, stellte sich plötzlich als ein Existenzproblem dar: Nur genau ein Dendrit kann existieren. Wie wir noch sehen werden, verschwand das Selektionsproblem jedoch nicht von der Bildfläche, es nahm nur eine andere Gestalt an.

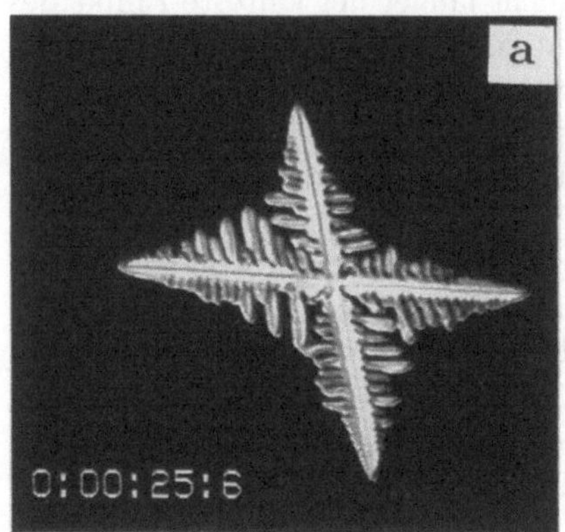

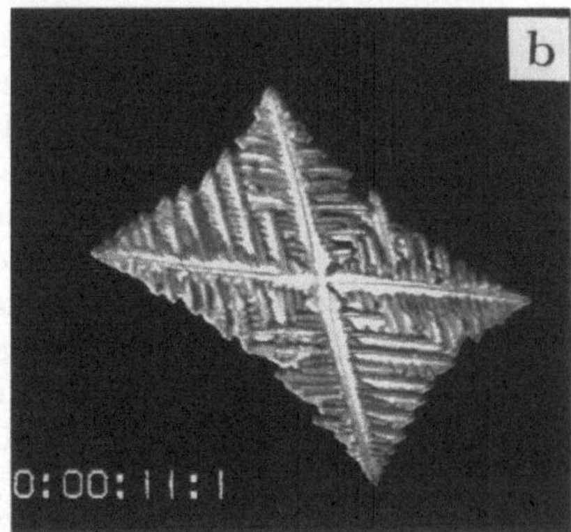

Bild 11.6   **(a, b)** Dendritische Wachstumsmuster entstehen bei der Erstarrung flüssiger Kristalle (nach [18]).

Morphologien und Musterkonkurrenz

Mit der Entdeckung des Kriteriums der „mikroskopischen Lösbarkeit" glaubte man, nun endlich das Problem des dendritischen Wachstums ein für allemal gelöst zu haben. Man verstand bereits die grundlegenden Mechanismen, die dendritisches Wachstum auf der einen und das Heranwachsen durch Spitzenspaltung auf der anderen Seite kontrollieren. Doch das Bild war noch längst nicht vollständig. Zum einen bezog sich das neue Kriterium nur auf die Spitze eines isolierten Dendriten. Ein Dendrit ist aber viel komplexer als ein Nadelkristall. Die dendritische Form erinnert eher an ein „Rückgrat", das mit einer komplexen Struktur gut entwickelter Seitenäste ausgestattet ist. Bei nur geringer Unterkühlung sind die heranwachsenden Dendriten deutlich voneinander getrennt, so daß die Lösung eines isolierten Dendriten eine vernünftige Approximation darstellt. Bei starker Unterkühlung hingegen konkurrieren viele Dendriten und Seitenäste, die dicht beieinander in selbstorganisierter Weise zu der globalen Struktur bzw. „Morphologie" heranwachsen (Bild 11.6). Hier sind also neue Ideen gefragt – Einsichten in das Problem, wie sich eine Morphologie in konsistenter Weise aus einem individuellen Stamm entwickelt und wie sich eine Morphologie angemessen charakterisieren läßt.

Bild 11.7
Dendritische Morphologie
aus einer Simulation des
Diffusionsübergang-Modells.

Zusätzlich zu der ungeklärten Beziehung zwischen Morphologie und Stamm stellt sich ein anderes drängendes Problem. Solange die Anisotropie überhaupt ins Geschehen eingreift, existiert nach dem Lösbarkeitskriterium für jede Unterkühlungstemperatur eine Nadelkristall-Lösung. Das Kriterium kann jedoch nichts über andere Lösungen aussagen oder sie sogar ausschließen. Doch sowohl in numerischen Simulationen als auch in Experimenten hat man Aufspaltungen der Spitzen beobachtet, wenn sich die Unterkühlung in einem kritischen Bereich bewegt [13]. Die gleichen Wachstumsbedingungen, die in diesem Fall zu einer verästelten Morphologie (DBM) führen, können nach dem „Lösbarkeitskriterium" auch dendritisches Wachstum hervorbringen. Aus dem Blickwinkel der Theorie heraus bedeutet dies also, daß zwei verschiedene Morphologien für gleiche Wachstumsbedingungen koexistieren. Wir brauchen also wieder ein neues Prinzip – ein Prinzip, das zwischen verschiedenen Morphologien unterscheidet und festlegt, welches die ausgewählte Morphologie sein wird.

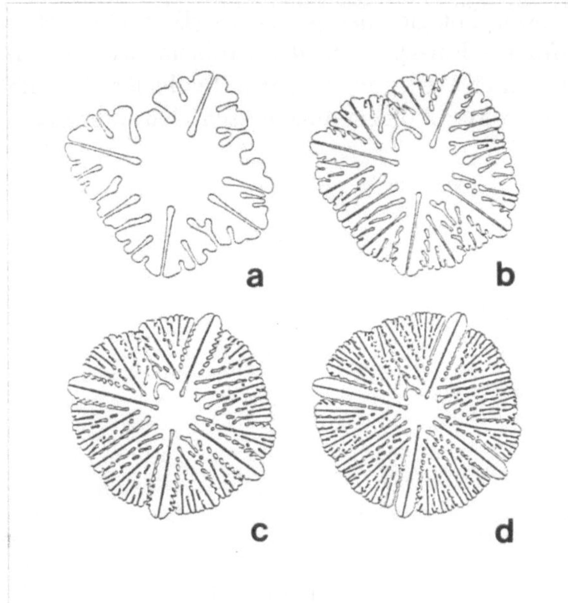

Bild 11.8
Simulationen eines isotropen Systems mit d. Phasenfeld-Modell in vier verschiedenen Wachstumsstadien.

Verfeinerung der Modellbildung

Der Versuch, verschiedene Morphologien voneinander abzugrenzen und mit bestimmten Wachstumsbedingungen eindeutig zu korrelieren, geht Hand in Hand mit dem Physikern vertrauten Konzept des Phasendiagrammes. Ein solches Diagramm stellt z. B. die Ausbildung der Phasen gasförmig, flüssig und fest als Funktion von Temperatur und Druck dar. Ein System im thermodynamischen Gleichgewicht bildet unter gegebenen physikalischen Bedingungen immer diejenige Phase aus, die seine freie Energie minimiert, völlig unabhängig von der vorausgegangenen Geschichte des Systems. Gibt es vielleicht auch für Wachstumsmorphologien eine derart eindeutige Beziehung zu vorgegebenen Wachstumsbedingungen? Was könnte das Kriterium sein, welches eine bestimmte Morphologie auswählt? Wachstumsprozesse sind zeitabhängig, Formen könnten sich also nicht nur aufgrund verschiedener Wachstumsbedingungen, sondern auch aufgrund einer anderen Wachstumsgeschichte unterschiedlich entwickeln (vgl. Hysterese in Kap. 13). Es ist daher nicht von vornherein klar, daß ein neues Selektionsprinzip zusammen mit der Idee

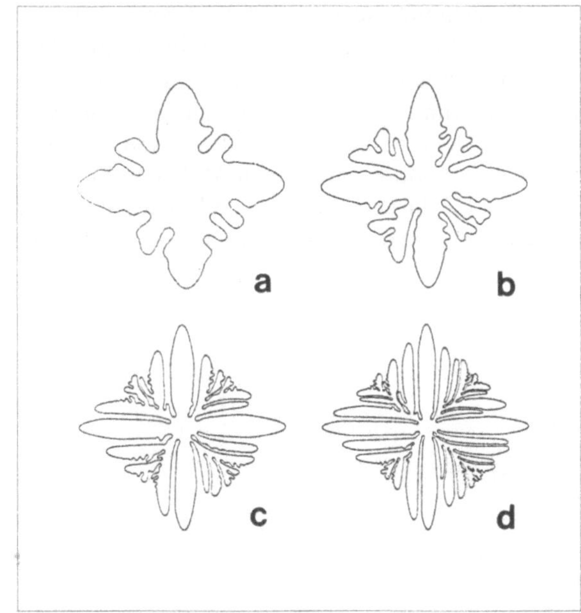

Bild 11.9
Vier Stadien eines
dendritischen
Wachstumsprozesses
(Simulation mit dem
Phasenfeld-Modell).

eines Morphologiediagrammes (in Analogie zu einem Phasendiagramm) überhaupt existiert, daß die Formen also nur von den Wachstumsbedingungen und nicht von der Wachstumsgeschichte bestimmt sind. Zu Beginn des letzten Jahrzehntes brachte die Entwicklung sehr vereinfachter Modelle die Untersuchung der Grenzflächenmuster einen entscheidenden Schritt voran. Wir gewannen neue Einblicke in das mögliche Verhalten der heranwachsenden Strukturen und entdeckten so das neue Phänomen der Spitzenspaltungen. Die zur Zeit noch drängenden Fragen nach dem Wechselspiel Stamm-Morphologie und nach dem Mechanismus für die Selektion einer bestimmten Morphologie können jedoch sicherlich nicht nur durch einfache „lokale Modelle" beantwortet werden. Um sie zu klären, benötigen wir realistischere Modelle, die die zugrundeliegenden physikalischen Prozesse nicht nur qualitativ, sondern in all ihren wichtigen Details auch quantitativ berücksichtigen.

Zwei solcher verfeinerter Modelle erregen zur Zeit große Aufmerksamkeit: das eine (das Diffusionsübergang-Modell) beschreibt die Kristallisation aus einer übersättigten Lösung [16]; das andere (das Phasenfeld-Modell) die Erstarrung einer unterkühlten Schmelze [17]. Beide Modelle sind so komplex, daß ihre Berechnung sich bereits hart an den Grenzen dessen bewegt, was heute gebräuchliche Computer in vernünftiger Zeit leisten können. Selbst die schnellsten Superrechner, wie ein Cray-Vektorrechner, sind etwa zehn Stunden mit der Simulation einer typischen Morphologie beschäftigt. Doch auch wenn die Berechnungen aufwendig sind, lohnen sie sich. Wir können mit diesen Modellen Strukturen simulieren, wie sie in Bild 11.7 dargestellt sind, und gleichzeitig das Wachstumsverhalten für viele verschiedene Kontrollparameter genauer untersuchen.

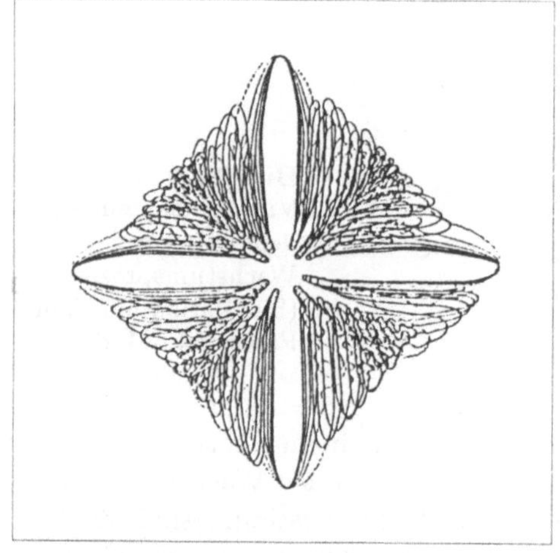

Bild 11.10
Projiziert man die vier Muster
des Wachstumsprozesses aus
Bild 11.9 übereinander, erkennt
man, daß alle vier Formen die
gleiche Umhüllung besitzen.

Jedes heranwachsende Muster erreicht nach einer gewissen Zeit einen asymptotischen Endzustand, von dem an es seine Form nicht mehr nennenswert verändert. Bild 11.8 zeigt eine solche Wachstumssequenz in vier verschiedenen Stadien (zum besseren Vergleich sind die Muster alle auf eine Größe skaliert worden). Der Ausgangspunkt dieser Sequenz war ein durch eine Störung „verbeulter" Kreis. Während in den Bildern 11.8a und 11.8b die Spuren dieser Störung noch deutlich zu erkennen sind, verwischen sie sich im Laufe der Zeit immer mehr. In den Bildern 11.8c und 11.8d ist von der Form der ursprünglichen Störung so gut wie nichts mehr zu erkennen. Das Muster bildet schließlich eine kreisförmige Gestalt aus, die es beibehält. Wiederholen wir das Heranwachsen dieses Muster unter den gleichen Wachstumsbedingungen, aber ausgehend von einer anders gestörten Startform, so entwickelt sich das gleiche Endmuster.

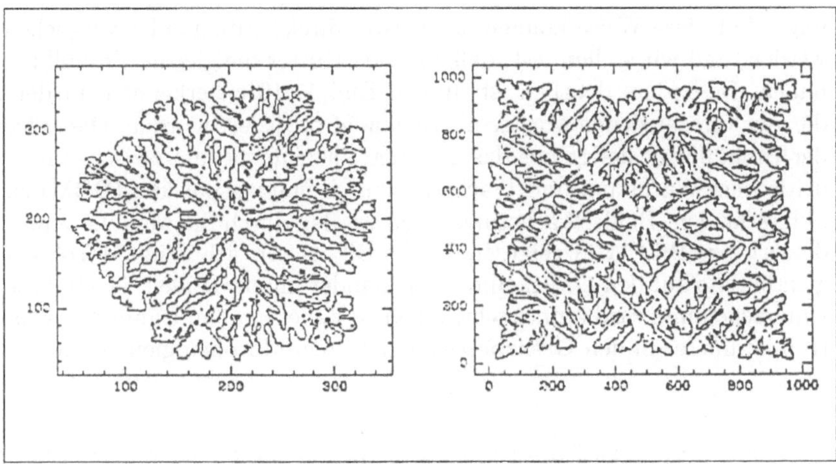

Bild 11.11   Simulationen des Diffusionsübergang-Modells: Abhängig von der Übersättigung entstehen sowohl eng verästelte Morphologien vom DBM-Typ durch Aufspaltung der Spitzen (links) als auch dendritische Muster (rechts).

Die Idee der Musterumhüllung

Die Form, die wir an einem sich entwickelnden Festkörper wahrnehmen, wird nicht in erster Linie von den einzelnen Ästen und Verzweigungen bestimmt. Viel eher erkennen wir die äußere Form, die die ganze Struktur gewissermaßen umhüllt. Das in Bild 11.8d dargestellte Muster nehmen wir beispielsweise sofort als eine kreisförmige Gestalt wahr, weil ein Kreis die natürliche Umrahmung dieses Musters ist. Diese Idee einer Umhüllung der Muster ist in der Tat ungemein nützlich, um verschiedene Muster und Morphologien zu charakterisieren und voneinander abzugrenzen. Während ein Muster heranwächst, verändert sich seine Umhüllung zwar in der Größe, aber nicht in ihrer Gestalt. Dies führen uns die Bilder 11.9 und 11.10 eindrucksvoll vor Augen. In Bild 11.9 sind vier Stadien eines dendritischen Wachstumsprozesses dargestellt, von einem frühen Zeitpunkt in Bild 11.9a bis zu einem späten Zeitpunkt in Bild 11.9d. Natürlich sind die Muster zu verschiedenen Zeiten unterschiedlich groß, denn sie sind im Wachstum begriffen. Zum besseren Vergleich sind sie wiederum auf dieselbe Bezugsgröße skaliert worden, was möglich ist, da das Wachstum mit konstanter Geschwindigkeit erfolgt. Auf diese Weise können die Muster direkt miteinander verglichen werden, und wir stellen fest, daß alle vier Muster die gleiche Umhüllung haben. Besonders deutlich ist dies in Bild 11.10 zu erkennen, in dem die vier verschiedenen Muster übereinander projiziert wurden. Die „Idee der Umhüllung" liefert uns das geeignete Instrument, um zwischen dendritischem Wachstum und Wachstum durch Spitzenspaltung (DBM) zu unterscheiden. Beide Wachstumstypen werden durch die Modelle reproduziert, wie Bild 11.11 zeigt. In diesem Bild lassen sich beide Morphologien bereits auf den ersten Blick voneinander unterscheiden. Doch diese Unterscheidung wird immer schwieriger, je näher man im Raum der Kontrollparameter in den Grenzbereich der beiden Morphologien kommt.

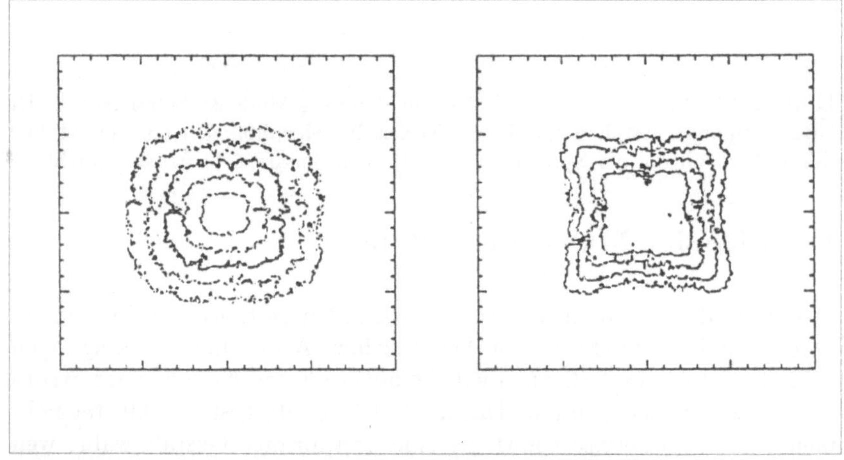

Bild 11.12   Umhüllungen zu den in Bild 11.11 gezeigten Morphologien (gemittelt über 30 Realisierungen) Links: konvexe Form für den DBM-Typ, rechts: konkave Umhüllung bei dendritischem Wachstum.

Und tatsächlich ist ja genau diese Grenzregion am interessantesten. Durch Umhüllung der Muster wird ihre Unterscheidung jedoch plötzlich sehr einfach: Muster, die durch dendritisches Wachstum entstehen, haben eine konkave (also nach innen gekrümmte) Hülle; Muster, die durch Spitzenspaltung entstehen, besitzen hingegen eine konvexe (nach außen gekrümmte) Hülle. Am Übergangspunkt zwischen beiden Morphologien nimmt die Umhüllung eine quadratische Form an. Für beide Morphologien behält die Umhüllung ihre Gestalt bei und breitet sich während des Heranwachsens der Muster mit konstanter Geschwindigkeit aus (Bild 11.12). Bild 11.13 zeigt, wie sich für das Diffusionsübergang-Modell die Form dieser Umhüllung in Abhängigkeit vom Grad der Übersättigung verändert. Die Übersättigung $\Delta\mu$ ist hier ausgedrückt durch den Unterschied des chemischen Potentials zwischen Schmelze und Festkörper. Bei geringer Übersättigung ist der Einfluß der Anisotropie relativ groß, so daß dendritische Muster entstehen. Mit zunehmender Übersättigung wird der Einfluß der Anisotropie schwächer, es entwickelt sich ein DBM-Muster.

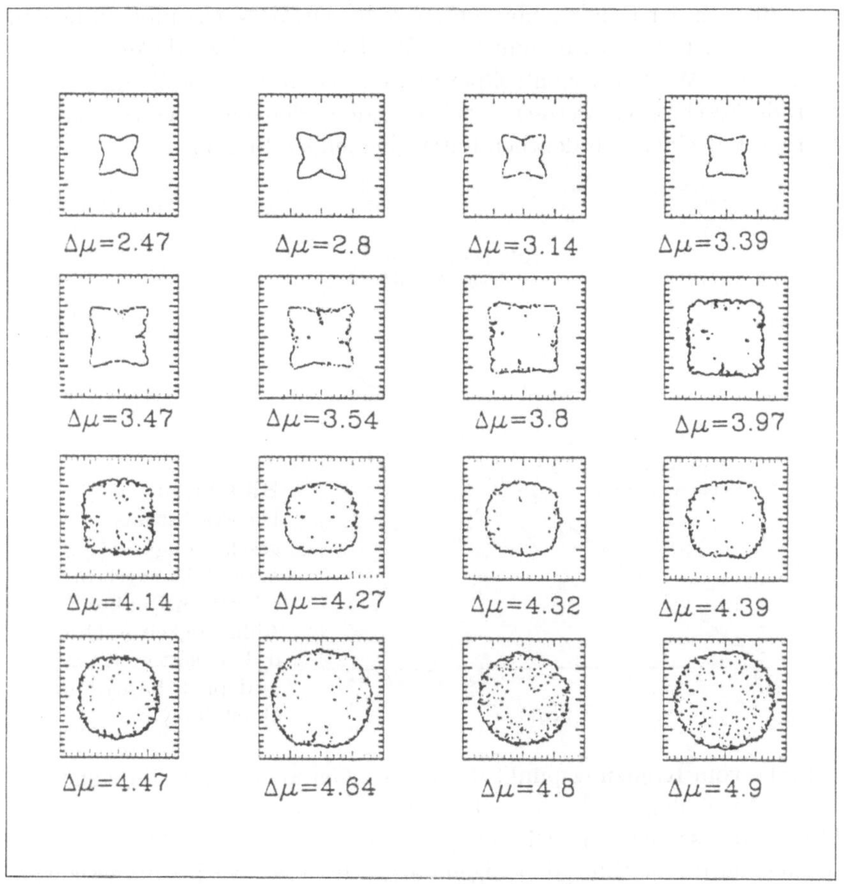

Bild 11.13 Variation des Kontrollparameters ($\Delta\mu$) führt zur Veränderung der Umhüllungen.

Ein neues Selektionsprinzip

Die Gestalt der Umhüllung ist nicht das einzige Kriterium, mit dem wir zwischen einer DBM und einer dendritischen Morphologie unterscheiden können. Auch die Wachstumsgeschwindigkeit verhält sich für beide Morphologien unterschiedlich. Stellt man wie in Bild 11.14 die Wachstumsgeschwindigkeit als Funktion eines Kontrollparameters (hier: der Übersättigung) dar, so erkennen wir deutliche Unterschiede zwischen dem Bereich der Dendritenbildung und des DBM-Wachstums. In beiden Bereichen ist der Logarithmus der Wachstumsgeschwindigkeit proportional zum Wert des Kontrollparameters, kann also jeweils durch eine Gerade beschrieben werden. Doch in jedem Bereich ist es eine andere Gerade mit einer sich deutlich unterscheidenden Steigung.

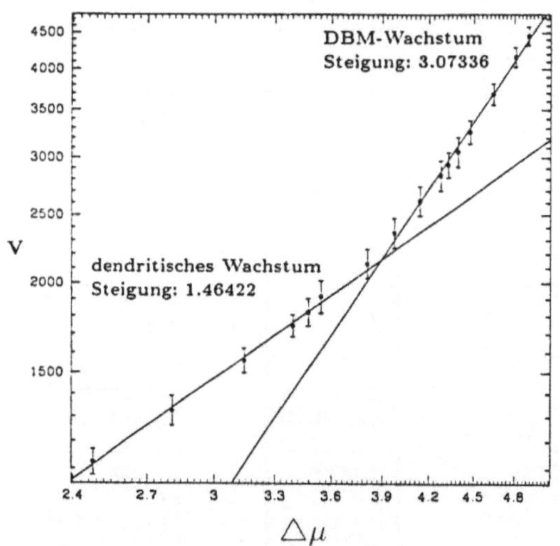

Bild 11.14
Die Wachstumsgeschwindigkeit (v), dargestellt durch die schwarzen Punkte, in Abhängigkeit v. Grad d. Übersättigung ($\Delta\mu$) in doppelt-logarithm. Darstellung.

Links vom Kreuzungspunkt der beiden Geraden sind es die dendritischen Morphologien, die sich schneller ausbreiten, rechts sind die DBM-Muster die schnelleren. Die ausgewählten (selektierten) Morphologien scheinen also tatsächlich diejenigen mit der höheren Wachstumsgeschwindigkeit zu sein. Die beiden Geraden kreuzen sich übrigens an genau demselben Wert des Kontrollparameters, an dem wir zuvor den Übergang von konkaven zu konvexen Umhüllungen beobachteten. Die Idee eines

Übergangs zwischen verschiedenen Morphologien und damit auch die Idee eines neuen Selektionsprinzips wird jedenfalls durch diese Ergebnisse und Beobachtungen sehr gestützt. Und wie wir in unserem Beitrag zur Musterbildung in Bakterienkolonien zeigen, ist diese Idee auch übertragbar auf ganz andere Zusammenhänge als die hier diskutierten physikalischen Probleme, sie läßt sich sogar auf Beispiele aus der belebten Natur anwenden (vgl. Kap. 6). In den letzten zehn Jahren sind wir Zeuge einer rasanten Entwicklung bei der Untersuchung diffusionsbedingter Musterbildung gewesen. Haben wir bereits jetzt einen Zustand erreicht, in dem wir „normale Wissenschaft" betreiben, also durch detaillierte Untersuchungen immer exakterer Modelle zu einer zunehmend besseren Übereinstimmung mit experimentellen Resultaten kommen? Oder wartet vielleicht hinter der nächsten Ecke eine neue „Revolution"? Wir glauben eher an letztere Möglichkeit und vermuten, daß sich die entscheidenden Hinweise in einem allgemein gültigen Szenario der „Evolution des Komplexen" verstecken.

Literatur

[1] D. A. Kessler, J. Koplik und H. Levine (1988) Pattern selection in fingered growth phenomena. Adv. Phys. **37** 255

[2] J. S. Langer (1989) Dendrites, viscous fingering, and the theory of pattern formation. Science **243** 1150

[3] E. Ben-Jacob und P. Garik (1990) The formation of patterns in non-equilibrium growth. Nature **343** 523

[4] J. S. Langer (1980) Instabilities and pattern formation in crystal growth. Rev. Mod. Phys. **52** 1

[5] L. M. Sander (1986) Fractal growth processes. Nature **322** 789

[6] T. Vicsek (1989) Fractal Growth Phenomena. World Scientific, New York

[7] G. P. Ivantsov, (1947) Dokl. Akad. Nauk. SSSR **58** 567

[8] W. W. Mullins und R. F. Sekerka (1964) Stability of a planar interface during solidification of a dilute binary alloy. J. Appl. Phys. **35** 444

[9] W. Oldfield (1973) Mter. Sci. Engng. **11** 211

[10] J. Langer und H. M. Müller-Krumbhaar (1978) Theory of dendritic growth – I. Elements of stability analysis. Acta Metall. **26** 1681

[11] J. Nittmann und H. E. Stanley (1986) Tip splitting without interfacial tension and dendritic growth patterns arising from molecular anisotropy. Nature **321** 663

[12] U. Frisch und G. Parisi (1985) In: M. Ghil, R. Benzi und G. Parisi (Hrsg.) Turbulence and Predictability in Geophysical Fluid Dynamics and Climate Dynamics. Proceedings in the International School of Physics "Enrico Fermi" Course LXXXVIII, Varena 1984, North-Holland, Amsterdam

[13] E. Ben-Jacob, R. Godbey, N. D. Goldenfeld, J. Koplik, H. Levine, T. Müller und L. M. Sander (1985) Experimental demonstration of the role of anisotropy in interfacial pattern formation. Phys. Rev. Lett. **55** 1315

[14] R. C. Brower, D. Kessler, J. Koplik und H. Levine (1984) Geometrical models of interface evolution. Phys. Rev. A **29** 1335

[15] E. Ben-Jacob, N. Goldenfeld, J. S. Langer und G. Schon (1983) Dynamics of interfacial pattern formation. Phys. Rev. Lett. **51** 1930

[16] O. Shochet, K. Kassner, E. Ben-Jacob, S. G. Lipson und H. M. Müller-Krumbhaar (1992) Morphology transition during nonequilibrium growth. I. Study of equilibrium shapes and properties. Physica A **181** 136; und: Morphology transition during nonequilibrium growth. II. Morphology diagram and charcterization of the transition. Physica A **197** 87

[17] G. Caginalp und P. C. Fife (1986) Phase-field methods for interfacial boundaries. Phys. Rev. B **33** 7792

[18] A. Buka und N. Eber (1993) Nonparabolic dendrites of a smectic phase growing into a supercooled nematic. Europhys. Lett. **21** 477

Kapitel 12

Chemie der Musterbildung

Runge-Bilder, Liesegang-Ringe und Belousov-Zhabotinsky-Spiralen

Stefan C. Müller

Entfaltung und Entwicklung makroskopischer Strukturen sind typische Erscheinungen nicht nur der belebten Natur. So lernten wir im letzten Kapitel die Grundlagen physikalischer „Diffusionsmuster" (z. B. Schneeflocken) kennen, die viele erstaunliche Ähnlichkeiten zu den „Mustern des Lebendigen" zeigen. Die Entwicklung geordneter Strukturen in chemischen Prozessen dürfte allerdings nicht zum alltäglichen Erfahrungsschatz gehören, insbesondere wenn sich die Muster in einer Flüssigkeit ausbilden. Üblicherweise spielen sich im gesamten Volumen z. B. eines Reagenz- oder Becherglases dieselben Reaktionen ab, wobei dieser Gleichverteilung meist durch ständiges Rühren nachgeholfen wird. Überläßt man jedoch gewisse chemische Reaktionen „sich selbst", so können durch das Zusammenspiel zwischen miteinander gekoppelten Reaktionen und physikalischen Transportprozessen (meist Diffusion, häufig aber auch hydrodynamische Flüsse) räumliche Konzentrationsunterschiede entstehen, die entweder als stationäre Muster verharren oder als scharfe Fronten durch die Lösung wandern. Die Entstehung stationärer Muster, sogenannter Turingmuster, ist Thema eines weiteren Beitrags (Kap. 13). Wir legen im folgenden hingegen den Schwerpunkt auf die Betrachtung „wandernder Strukturen" in Reaktions-Diffusions-Systemen.

Eine wesentliche Voraussetzung für die Entstehung solcher sogenannter „dissipativer" Strukturen ist die Offenheit des Systems, d. h. es muß ein ständiger Durchsatz von Energie, beispielsweise durch Materiefluß oder Licht stattfinden, der das System in einem Zustand fern vom thermodynamischen Gleichgewicht hält. Überdies macht erst der nichtlineare Charakter der Wechselwirkungen zwischen den einzelnen Systemkomponenten die Vielfalt der Erscheinungsformen möglich. Besonders die Entdeckung und Analyse chemischer Wellen in der berühmt gewordenen oszillierenden Belousov-Zhabotinsky-Reaktion hat dazu beigetragen, daß heute Methoden und Theorien verfügbar sind, mit denen man die zugrundeliegenden Mechanismen im Prinzip aufklären und verstehen kann (siehe [1] und die dort aufgeführte Literatur). Es sei hierbei auf die wichtigen Beiträge von I. Prigogine zur Entwicklung der Nichtgleichgewichts-Thermodynamik und von H. Haken. der das Konzept der Synergetik einführte, hingewiesen.

Zwar haben erst die beiden letzten Jahrzehnte im Zuge der sich rasch entwickelnden Computertechnologie, welche die Berechnung der nichtlinearen Zusammenhänge ermöglicht, zu einem enorm gesteigerten Interesse an formbildender Dynamik in der Chemie geführt. Jedoch lehrt der Blick in die Vergangenheit, daß vieles gar nicht so neu ist, wie es erscheinen mag. Die folgenden beiden Abschnitte sollen darüber nähere Auskunft geben. Rezepturen zu einigen der in diesem Kapitel beschriebenen Experimente sind auf Seite 265 zu finden.

Runge-Bilder

Als einer der ersten Chemiker, der sich eingehend mit farbigen Formen befaßte, dürfte F. F. Runge gelten, der in seinem 1855 erschienenen Buch „Der Bildungstrieb der Stoffe, veranschaulicht in selbständig gewachsenen Bildern" eine Reihe von Experimenten vorführte, bei denen er ein Reagenz in gewissen Zeitabständen auf ein mit einem zweiten Reagenz imprägniertes Filterpapier auftropfte. So entdeckte Runge eine große Zahl von Reaktionspartnern, für welche dieses Verfahren durch die bei der Tropfenausbreitung hervorgerufenen Reaktionen zu farbenprächtigen Strukturen führt. Anstatt – wie in Bild 12.1 – eine Schwarzweißphotographie als Beispiel zu zeigen, illustrierte Runge jeden Band seines Werkes mit selbst hergestellten, farbigen Originalbildern auf Filterpapier [2]. Während Runges grundlegender methodologischer Beitrag zur Entwicklung der Papierchromatographie unbestritten ist, wurde sein eher künstlerisch orientiertes Interesse für die „Gemälde" von seinen wissenschaftlichen Kollegen nicht vorbehaltlos geteilt. Jedenfalls war er der erste, der bei seinen Versuchen herausfand, daß ausfallende Reaktionsprodukte sich manchmal in ringförmigen Gebieten ansammeln - eine Beobachtung, die etwa vierzig Jahre später auch R. S. Liesegang machte, nach dem dieses Phänomen benannt wurde (vgl. [3]).

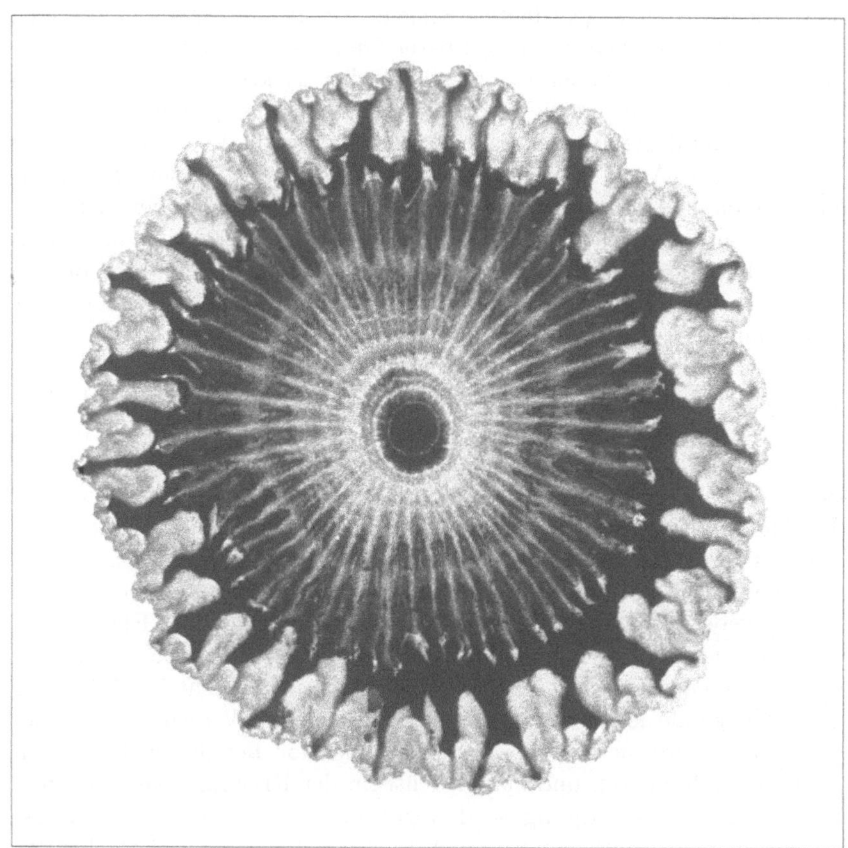

Bild 12.1   „Malerei" nach einem Rezept von Runge [2]. Eine chemische Lösung wird auf Filterpapier aufgetropft, das mit einer zweiten Lösung imprägniert ist, welche mit der ersten chemische Reaktionen eingeht; Durchmesser des Musters ca. 10 cm.

Liesegang-Ringe

In einem seiner ersten Experimente plazierte Liesegang einen Tropfen hochkonzentrierter Silbernitratlösung auf eine dünne Gelatineschicht, die Kaliumdichromat in geringer Konzentration enthält. Während der Tropfen in die Schicht hineindiffundiert, bildet sich das dunkelrote, unlösliche und daher ausfallende Produkt Silberdichromat unerwarteterweise nicht in einer diffusen, sich nach außen ausbreitenden Zone, sondern in scharfen, konzentrisch angeordneten Ringen mit „leeren" Zwischenräumen (Bild 12.2a, vgl. auch Tafel 8). Später fand man, daß ähnliches bei der Verwendung vieler anderer unterschiedlicher Elektrolytpaare und auch in abgeänderter Geometrie geschehen kann. Zum Beispiel erhält man eine Reihe paralleler Bänder aus unlöslichem Bleijodid – auch wiederum in einem Gel (Agar) –, wenn man eine Bleinitratlösung zusammen mit einer gelbildenden Substanz in die untere Hälfte eines dünnen Reagenzglases gießt, das Gel erstarren läßt und dann den verbleibenden Raum mit Kaliumjodidlösung ausfüllt. Die ersten Bänder bilden sich bereits innerhalb von Minuten, das endgültige Resultat stellt sich jedoch erst nach einigen Stunden ein.

Dieser Strukturbildungsprozeß hängt übrigens nicht von der Beschaffenheit der Gelsubstanz ab, die nur dazu dient, Konvektion und Sedimentation im Schwerefeld zu verhindern. Prinzipiell braucht man also lediglich die Kopplung zwischen Diffusion und Reaktion zweier Ionen zu betrachten und muß nicht, wie bei Runges Experiment, auf andere Einflüsse, die von den komplizierten physikalischen Eigenschaften des Papiers herrühren, Rücksicht nehmen.

Theoretische Ansätze für die Erklärung der Liesegang-Ringe hat es viele gegeben. Besonders zu beachten ist die kurz nach der Entdeckung qualitativ formulierte Übersättigungstheorie von W. Ostwald: Sobald an einem Ort eine ausreichend hohe Übersättigung erreicht ist, führt der darauf folgende lokale Ausfällungsprozeß zu einer Verarmung eng benachbarter Bereiche, indem die an der Reaktion beteiligten Ionen von dort weg diffundieren und zum Wachstum der Kristallkeime beitragen. Die nächste Übersättigung wird wegen der Verarmung an Ionen erst wieder in einem deutlichen räumlichen Abstand von der vorhergehenden erreicht.

Bis in die zwanziger Jahre hinein folgte eine bemerkenswerte Forschungsaktivität; darüber legt das Buch „The Problem of Physico-Che-

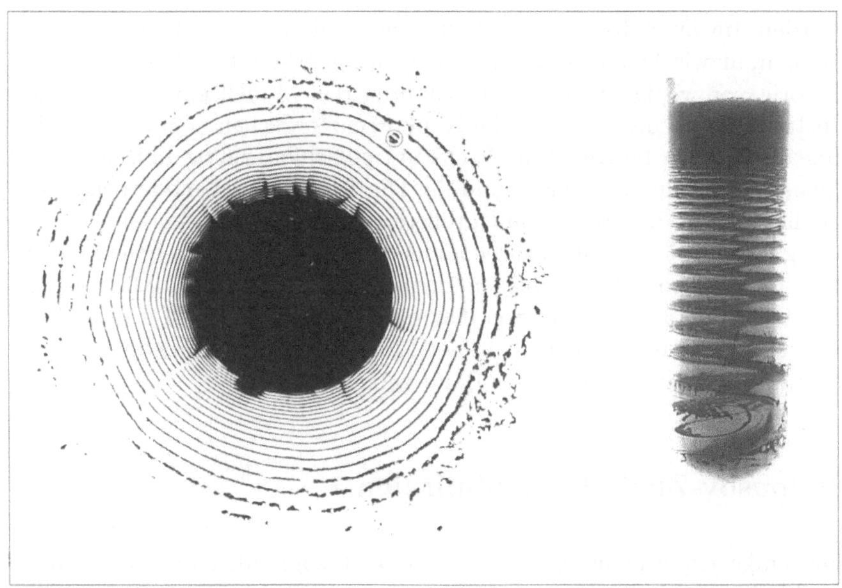

Bild 12.2 Periodische Ausfällung (Liesegang-Strukturen). **(a)** (links) Ringe aus Silberdichromat in Gelatine, Durchmesser 3.5 cm; **(b)** Helix aus Bleijodid in Agar, Innendurchmesser des Reagenzglases 1.3 cm.

mical Periodicity" von E. S. Hedges und J. E. Myers Zeugnis ab [3]. Gewiß waren es nicht nur die Ausfällungsstrukturen, sondern beispielsweise auch elektrochemische Oszillationen, welche schon damals eine wichtige Rolle spielten. Diese hatten einen frühen Vorläufer in der 1873 von Lippmann publizierten Beobachtung periodisch zuckender Verformungen eines Quecksilbertropfens, der mit einer Eisennadel in Kontakt steht und von einem Oxidationsmittel umgeben ist, kurz das „Schlagende Quecksilber-Herz" genannt [4].

Trotz der bereits vor mehr als siebzig Jahren gesammelten beachtlichen Menge an Beobachtungsmaterial über die Liesegang-Ringe folgte eine Zeitspanne, in der solche „exotischen Kuriositäten" wenig Beachtung fanden, und zwar vermutlich, weil große Erfolge der Forschung auf der Basis linearer Theorien dominierten (z. B. in den Grundgleichungen der Quantenmechanik oder der speziellen Relativitätstheorie). Zum Verständnis der dynamisch strukturellen Effekte, die durch nichtlineare Wechselwirkungen zustande kommen, mußten neue Konzepte entwickelt werden. Im Zuge dieser Entwicklung entstand als Gegenspieler zur klassischen, inzwischen auch mathematisch ausgearbeiteten Übersättigungstheorie vor wenig mehr als zehn Jahren das Modell einer chemischen Instabilität. In diesem steht die Konkurrenz zwischen dem durch nichtlineare Gesetze bestimmten Wachstum einzelner, zuerst mikroskopisch kleiner Kristalle im Vordergrund [5]. Die Stärke dieser modernen Theorie liegt darin, daß wir sie mit größerer Aussicht auf Erfolg auf die Bildung von Ausfällungsstrukturen höherer Komplexität anwenden können. Ein Beispiel solcher komplexen Strukturen ist in Bild 12.2b gezeigt. Statt der gewohnten Folge von diskreten Bändern hat sich während der fortschreitenden Diffusion reaktiver Moleküle ein zusammenhängendes, schrauben- bzw. helixförmiges Band gebildet.

Belousov-Zhabotinsky-Spiralen

Dasjenige experimentelle System, das erst zögernd, dann aber um so nachhaltiger den Durchbruch für die Bedeutung dynamischer Musterbildung in reaktiven Systemen herbeigeführt hat, ist die schon erwähnte Belousov-Zhabotinsky-Reaktion (BZ-Reaktion), die Anfang der fünfziger Jahre erstmals beschrieben wurde. So mußte der russische Chemiker B. P. Belousov acht Jahre warten, bevor seine kurze Notiz über chemische Oszillationen in flüssiger Phase in einer wissenschaftlichen Zeitschrift veröffentlicht wurde. Erst die Arbeiten seines Landsmannes Zhabotinsky etwa zehn Jahre später erregten weiterverbreitete Aufmerksamkeit. Inzwischen ist darüberhinaus eine große Zahl recht unterschiedlicher chemischer Systeme bekannt, die zeitlich-periodische Veränderungen in den Konzentrationen zeigen [6].

Hier interessiert uns insbesondere, daß die BZ-Reaktion als Modellsystem für erregbare Medien angesehen werden kann. Erregbare Medien werden – wie schon an anderer Stelle erwähnt – im wesentlichen durch drei Zustände charakterisiert: entweder das System verharrt in einem erregbaren Ruhezustand; oder es befindet sich in einem aktivierten Zustand, der durch eine lokale Störung erzeugt werden kann; oder es ist refraktär, d. h. es kann während der Rückkehr vom erregten in den Ruhezustand vorübergehend nicht neu erregt werden. Typischerweise breiten sich Erregungszustände als Aktivitätswellen aus (vgl. Kap. 4).

Zu dieser Erregungsausbreitung kann es in der Belousov-Zhabotinsky-

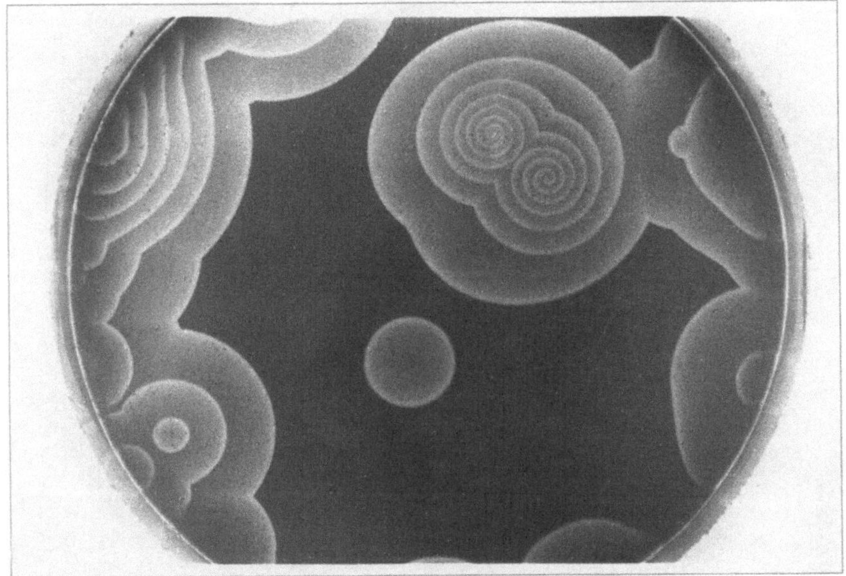

Bild 12.3 Kreis- und spiralförmige chemische Wellenfronten wandern durch ein erregbares Belousov-Zhabotinsky-Reagens (als 0.7 mm tiefe Schicht in einer Petrischale enthalten).

Reaktion kommen, in der ein organisches Substrat, z. B. Malonsäure, in Gegenwart eines Redoxkatalysators (meist Ferroin) mit Bromat in schwefelsaurer Lösung umgesetzt wird [1]. Die Reaktion wird derart präpariert, daß sich eine blaue (oxidierte) Erregungsfront in eine rote (reduzierte) Lösungsschicht fortpflanzt und die unerregten Moleküle wie bei einem Waldbrand ansteckt, so daß sie in den blauen Erregungszustand übergehen. In den quasi-zweidimensionalen Schichten der Experimente treten diese Erregungswellen meist als konzentrische Kreise (*targets*) oder als rotierende Spiralen in Erscheinung (Bild 12.3).

Insbesondere die Spiralbildung hat bei den Forschern viele Fragen aufgeworfen, z. B. wie ist die Struktur des Spiralzentrums beschaffen, bzw. was ist das Besondere an diesem Zentrum? Entdeckungen von Beispielen, in denen Spiralbildungen eine besondere Rolle zukommt, häufen sich in den verschiedensten Wissenschaftszweigen. So erfolgt die katalytische Bildung von Kohlendioxid aus Sauerstoff und Kohlenmonoxid auf einer Platinoberfläche in strukturierter Weise, unter anderem in Form rotie-

Bild 12.4   Überlagerung sechs digitaler Momentaufnahmen einer Spirale
(Abmessungen wie in Bild 12.3), die einen Zeitraum von 18 sec überdecken.

render Spiralen [7]. Erst kürzlich wurde die Ausbildung spiralförmiger
Calciumwellen innerhalb von Froscheizellen entdeckt und aus den USA
über einen direkten optischen Nachweis rotierender elektrophysiologischer Aktivität in Herzmuskelgewebe berichtet [8, 9]. Die spiralförmige Aggregation von Schleimpilzamöben führt im Zentrum der Aggregation zur Entwicklung eines vielzelligen Lebewesens (vgl. Kap. 4). Die
Belousov-Zhabotinsky-Reaktion bleibt eines der geeignetsten Modellsysteme, um strukturelle Varianten und dynamische Verhaltensweisen derartiger Spiralen im Detail zu untersuchen.

Spiralen werden in einer wäßrigen Lösungsschicht erzeugt, indem man
lokal einen Erregungspuls induziert (z. B. mit einem Silberdraht), das
Ausbreiten dieses Pulses als kreisförmige Erregungsfront einer Welle verfolgt und dann die geschlossene Front durch einen Luftstoß aus einer
Pipette durchbricht. Die offenen Wellenenden wickeln sich im Laufe von
Minuten zu Spiralstrukturen auf, die im meistuntersuchten, klassischen
Fall sehr präzise Archimedische Form annehmen (Bild 12.3). Die Spiralspitze kreist unverdrossen um einen sogenannten Kernbereich, innerhalb

Bild 12.5 Dreidimensionale perspektivische Graphik der Kernstruktur von vier gegensinnig rotierenden Spiralen, berechnet aus einem Überlagerungsbild dieser Spiralen, das nach der in Bild 12.4 verwendeten Methode gewonnen wurde.

dessen singuläre Eigenschaften vorherrschen [10]: Dieser Bereich ist von jeglicher Erregung (Oxidation) ausgenommen und bildet ein ruhendes Zentrum (Bild 12.4). Die Ähnlichkeit mit dem Auge eines Hurrikans, in dem Windstille herrscht, mag auch aus Bild 12.5 hervorgehen, in welchem die Struktur der Spiralzentren durch eine dreidimensionale Darstellung veranschaulicht wird.

Es hat sich gezeigt, daß die Eigendynamik von Spiralen noch wesentlich komplexere Wege gehen kann [11]. Bei geeigneter Veränderung der Systemparameter, d. h. meist der Anfangskonzentrationen, lassen sich dynamische Zustände auffinden, in denen die Spiralspitze zu „torkeln" beginnt und mehrere voneinander getrennte Schleifen durchwandert. Diese wiederum sind auf einem großen, sich fast vollständig schließenden

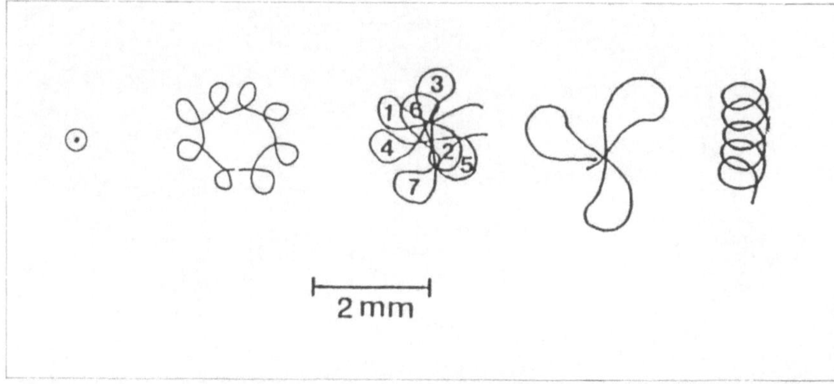

Bild 12.6   Verschiedenartige Bahnen, welche Spiralen in der BZ-Reaktion bei unterschiedlichen Erregbarkeiten zurücklegen (von links): Kreis mit festem Drehzentrum, schleifenartige Bahn (Zykloide), irreguläre Überlagerung von Schleifen, dreiblättrige Schleife und Schraubenbewegung.

Kreis angeordnet. Die Verformung ändert sich rhythmisch, je nachdem, wo sich die Spitze auf ihrer Wanderung entlang des Schleifenmusters befindet. In Bild 12.6 sind einige Beobachtungen von Schleifenbahnen der Spiralspitze zusammengestellt. Die Spiralform hängt stark mit dem Grad der Erregbarkeit der Lösung zusammen und kann sich – wie in Bild 12.7 zu sehen –, stark von der Archimedischen Geometrie unterscheiden.

Viele der älteren Studien chemischer Wellen beschränkten sich darauf, das Eigenleben der Spiralen genau zu beobachten und im Rahmen plau-

Bild 12.7
Verringerung des pH-Wertes führt zur Erniedrigung der Erregbarkeit und zur Formveränderung der Spirale, die ihre Archimedische Geometrie verliert.

sibler Modelle zu analysieren. Mittlerweile hat die Forschung jedoch genügend Werkzeuge in der Hand, um diesem eigenständigen Treiben ihren eigenen Willen aufzuzwingen. Notwendig sind bestimmte Eigenschaften der Lösungen, die man von außen beeinflussen und damit den Strukturbildungsprozeß verändern kann. Zwei erfolgreiche Vorgehensweisen sind die Verwendung elektrischer Felder, welche auf die Ladungen der an der Reaktion beteiligten Ionen wirken, sowie die Beleuchtung mit Laserlicht, das über eine photochemische Reaktion die Erregungsmuster nach Belieben auszulöschen, d. h. nicht-erregbare Gebiete zu schaffen vermag. Damit gelingt es, Strukturen in bestimmte Richtungen zu lenken oder ihre Geometrie zu verändern, was weitere Aufschlüsse über die sie erzeugenden Mechanismen erlaubt.

Externe Beeinflussung durch elektrische Felder

Das Anlegen eines elektrische Feldes wirkt auf das negativ geladene Bromidion in der Lösung, welches in der Belousov-Zhabotinsky-Reaktion eine inhibitorische Rolle spielt. Die Polarität des Feldes zwingt die Diffusion des Bromidions in die entsprechende Richtung. Ist diese Richtung der Ausbreitung einer Wellenfront entgegengesetzt, so kommt es zu einer Verlangsamung oder sogar zum Stillstand der Front. Bei umgekehrter Feldrichtung erhöht sich die Ausbreitungsgeschwindigkeit. Stellt man eine rotierende Spirale oder ein Spiralpaar in ein elektrisches Feld, so hat dies eine räumliche Drift und eine Verlängerung der Wellenlänge auf der gegenüberliegenden Seite der Kerne zur Folge (ähnlich wie beim Doppler-Effekt bewegter Schwingungsquellen, vgl. Bild 12.8 und [12]).

Zur Drift entlang der Feldrichtung tritt eine Querkomponente senkrecht zum Feld hinzu. Diese rührt daher, daß die Winkelgeschwindigkeit der rotierenden Spiralspitze im angelegten Feld zeitlich moduliert wird, so daß die Wirkung des Feldes auf die Normalkomponente der Frontgeschwindigkeit in der beschleunigten und verlangsamten Phase der Rotation verschieden stark ausfällt. Die Folge ist, daß sich die Kerne eines Spiralpaares je nach Anordnung ihrer Chiralität voneinander entfernen oder sich näherkommen, bis eine unmittelbare Wechselwirkung erzwungen ist. Ein solches Experiment gibt über die wichtige Frage Aufschluß, wie sich eine Spiralkollision abspielt; ob sich ein Spiralkern gegenüber seinem benachbarten Konkurrenten behaupten kann oder sich mit ihm

Bild 12.8
Ein Spiralpaar driftet im elektr.
Feld in Richtung Anode (Bild-
unterkante) und wird analog
zum Doppler-Effekt bewegter
Schwingungsquellen verformt
(aus [12]).

zu einer neuen Struktur vereint. Diese hängt stark von der anfänglichen
Symmetrie der Struktur ab. In ihrer Phasenlage symmetrisch zueinander
rotierende Spitzen löschen sich gegenseitig aus und erzeugen eine Kreis-
welle, wie sowohl Experiment als auch Modellsimulation zeigen. Sobald
jedoch die Lage der Spiralspitzen nicht mehr symmetrisch ist, erweisen
sich die Kerne als recht stabil. Sie umkreisen sich in komplizierter Weise, bis eine neue Konstellation erreicht ist, welche die Strukturen wieder
auseinanderdriften läßt und weitere Wechselwirkungen vermeidet.

Externe Kontrolle durch Licht

Ein ähnliches Ziel, nämlich die externe Kontrolle der Strukturen, wird
mit einer lichtempfindlichen Variante der Belousov-Zhabotinsky-Reaktion erreicht. Als Katalysator dient in diesem Fall ein Rutheniumkom-
plex, dessen katalytische Wirkung bei Einstrahlung von Laserlicht be-

stimmter Wellenlänge unterdrückt ist. Von außen aufgeprägte Lichtfelder, die sehr präzise eingestellt werden können, ändern also die chemische Aktivität innerhalb des strukturierten Systems nach Wunsch [13].

Bild 12.9
Sechsarmige Spirale in d. lichtempfindl. Variante d. Belousov-Zhabotinsky-Reaktion. Die Spitzen rotieren um eine Scheibe, die wg. d. inhibierenden Lichtwirkung n. erregt werden kann (aus [13]).

Die einfachste Anwendung ist die Erzeugung offener Wellenenden durch Beleuchtung einer kontinuierlichen Front mit einer kleinen Laserlichtscheibe. Damit wird in eleganterer Weise erreicht, was in früheren Experimenten mit Hilfe eines Luftstoßes aus der Pipette geschah. Die kleine Laserscheibe dient als künstlicher Spiralkern (denn sie erfüllt die Bedingung, daß im Kern keine chemische Erregung stattfinden kann) und bestimmt die räumliche Lage des Kernbereichs, an welchem die Spiralspitze nun verankert bleibt. Der Kern wird zu einem Führungszentrum und kann nach Belieben örtlich verschoben werden, vorausgesetzt, daß dies langsam genug geschieht. Mit diesem Verfahren können mehrere offene Wellenenden zu einer gemeinsamen Struktur zusammengeführt werden. Resultat ist eine mehrarmige Spirale, in der bis zu sechs Arme um eine genügend große beleuchtete Scheibe rotieren und dabei in gleichen Abständen aufeinanderfolgen (Bild 12.9). Solange die inhibierende Beleuchtung aufrechterhalten wird, halten sich die Spiralspitzen am Rande der Laserscheibe. Was geschieht jedoch nach Abschalten der Lichtquelle?

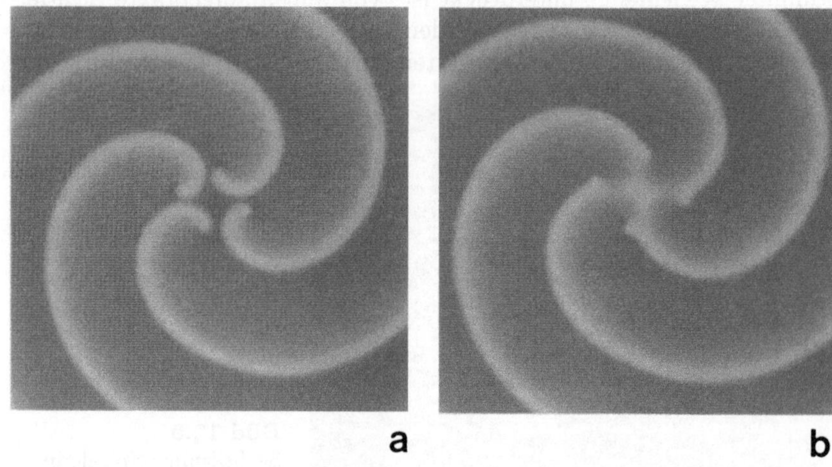

Bild 12.10 (a, b) Kollision u. gegenseitige Auslöschung in der dynamischen Entwicklung einer vierarmigen Spirale.

Die bisher „verbotene" Zone wird einer chemischen Erregung (Oxidation) zugänglich. Die Bilder 12.10a und b zeigen dies für den Fall einer vierarmigen Spirale; vier Spiralenden bewegen sich gleichzeitig nach innen, ihre Fronten kollidieren dort und löschen sich gegenseitig aus.

Die Auslöschung führt zu einem Rückzug aus dem gerade eingenommenen Gebiet und bringt die Spitzen zu ihrer ursprünglichen Position am Rand der Laserscheibe zurück. Dieser Vorgang wiederholt sich periodisch. Digitale Überlagerung einer längeren Bildsequenz zeigt, daß dabei insgesamt vier Zentren entstehen, in denen das Medium lokal in einem nichterregten Zustand verharrt (Bild 12.11). Jeder der vier Arme umkreist allerdings einen dieser Spiralkerne nur jeweils einmal pro Periode und wird bei der Wiederholung der Kollision an das benachbarte Spiralzentrum weitergegeben. Dies bedeutet, daß jeder Arm insgesamt vier Perioden benötigt, um einmal den gesamten Bereich der zusammengesetzten Struktur zu umfahren. Die Beeinflussung der Spiraldynamik durch Licht kann auf eine Reihe weiterer Fragestellungen ausgeweitet werden. Beispielsweise ermöglicht die Erzeugung eines künstlichen Spiralkerns die Verankerung von Strukturen an einem bestimmten Ort, der bei komplizierter Dynamik sonst nur für kurze Zeit eingehalten würde.

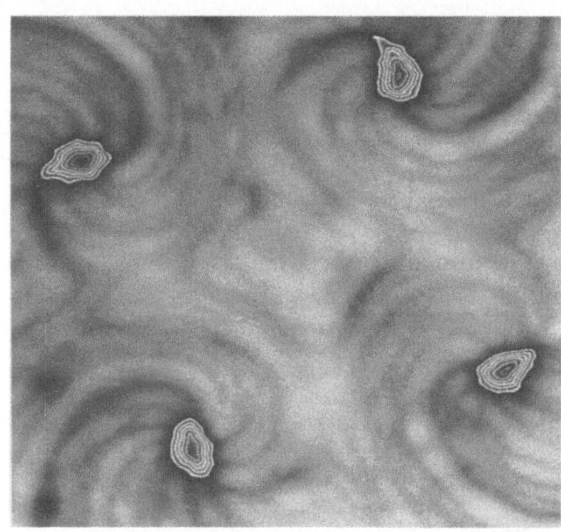

Bild 12.11
Digitale Überlagerung
einer Bildsequenz aus
dem zentralen Bereich der
Struktur in Bild 12.10 a
bzw. b. Die Form der vier
Spiralkerne ist durch weiße
Konturlinien dargestellt
(aus [13]).

Eine solche Verankerung dürfte eine große Rolle in biologischen erregbaren Systemen spielen, in denen lokale Inhomogenitäten existieren, die als natürliche Verankerungsstellen dienen können. Hinweise hierfür gibt es in Arbeiten über Herzmuskelgewebe und die Aggregation von Amöben in Schleimpilzkolonien (vgl. Kap. 4).

Reaktions-Diffusions-Kopplung

Die mechanistische Grundlage der vorgestellten Strukturen liegt im Zusammenwirken von chemischer Reaktion und molekularer Diffusion, wie schon für den Fall der Liesegang-Strukturen erwähnt. Hier soll in Kürze auf ein erfolgreiches Modell zur Erklärung chemischer Wellen eingegangen werden, das analytisch untersucht und auch zur numerischen Simulation konkreter experimenteller Situationen herangezogen wurde (vgl. auch Kap. 4). Ausgehend von einem realistischen kinetischen Modell der Belousov-Zhabotinsky-Reaktion, dem sogenannten Oregonator (siehe Referenzen in [1]), reduzierten Keener und Tyson die Zahl der Variablen auf nur zwei, nämlich einen schnellen „Aktivator" u und einen langsamen „Inhibitor" v. Sie ergänzten die resultierenden Ratengleichungen durch Ficksche Diffusionsterme, was zu einem System von Reaktions-

Diffusions-Gleichungen der Form

$$\frac{\partial u}{\partial t} = D_1 \frac{\partial^2 u}{\partial x^2} + \frac{1}{\epsilon} f(u,v)$$

$$\frac{\partial v}{\partial t} = D_2 \frac{\partial^2 v}{\partial x^2} + g(u,v) \tag{1}$$

führt [14]. Der Einfachheit halber ist hier nur die Raumkoordinate x berücksichtigt. Variable u ist proportional zur Konzentration des autokatalytischen Zwischenprodukts der Reaktion, Variable v zur Konzentration des Katalysators und Indikators (i. a. unsere Meßgröße); D_1 und D_2 sind die entsprechenden Diffusionskoeffizienten.

Es stellt sich heraus, daß die Funktionen

$$f(u,v) = u - u^2 - pv\frac{u-q}{u+q}$$

$$g(u,v) = u - v \tag{2}$$

(p,q: Parameter), welche nichtlineare Terme enthalten, bereits die wesentlichen Charakteristika erregbarer Kinetiken aufweisen: einen stationären Ruhezustand, eine schnelle pulsartige Produktion von u nach einer überschwelligen Erregung und die Erholung des Systems im Verlauf einer Refraktärphase, in der sich hauptsächlich v langsam ändert.

Wegen der recht unterschiedlichen Zeitskalen für u und v (ϵ in Gleichung (1) ist „sehr klein") können spezielle Störungsverfahren zur analytischen Behandlung des Gleichungssystems verwendet werden. Daraus lassen sich zwei Beziehungen ableiten, welche Wellenlösungen charakterisieren [14]: Die Wellenausbreitung gehorcht einer Dispersionsbeziehung, d. h. die Geschwindigkeit c ebener Wellenfronten wird kleiner, wenn sich die Frequenz der Wellenerzeugung erhöht und damit der Abstand aufeinanderfolgender Fronten abnimmt. Zweitens gilt eine Abhängigkeit der Geschwindigkeit in Normalenrichtung N von der lokalen Krümmung K einer Front gemäß

$$N = c - D \cdot K,$$

wobei $D \approx D_1$ der Diffusionskoeffizient der autokatalytischen Variable ist. Diese Beziehung sagt die Existenz eines minimalen Radius für Kreiswellen

$$R_{krit} = \frac{D}{c}$$

voraus, unterhalb dessen keine Propagation nach außen stattfindet. Beide Beziehungen wurden im Experiment quantitativ bestätigt.

Im Rahmen dieses Modells findet man Lösungen in Form annähernd Archimedischer Spiralen. Da die Krümmung einer Spirale zu ihrem Rotationszentrum hin stark ansteigt, gewinnt dort die Größe von R_{krit} an Bedeutung (typischerweise $20\mu m$). Man nimmt an, daß bei Erreichen der kritischen Krümmung der Spiralspitze ihre Drehung um den singulären Kernbereich aufgezwungen wird, in welchen sie nicht eindringen kann. Bei komplizierterer Spiraldynamik werden die Dispersionseffekte der Wellengeschwindigkeit deutlich. Während die Spiralspitze eine Schleife längs einer der in Bild 12.6 gezeigten Trajektorien (schnell) durchläuft, verstärkt sich ihre Krümmung; dagegen flacht sie auf dem (langsamen) Weg zur folgenden Schleife ab. Andererseits ändert sich der Abstand zum refraktären „Rücken" der sie umgebenden Welle im selben Rhythmus. Offenbar muß für das jeweilige dynamische Verhalten eine feine Balance zwischen Einflüssen aus Krümmung und Dispersion aufrechterhalten werden, aus der sich die lokale Wellengeschwindigkeit ergibt.

Die moderne Literatur weist eine Reihe von Modellansätzen auf, welche von anderen Annahmen ausgehen, z. B. einer kinematischen Beschreibung der Entwicklung der Wellenfrontgeometrie [15]. Auch hier spielen Krümmungseffekte im Bereich der Spiralspitze eine vordringliche Rolle, wenn auch in abgeänderter Weise. Häufig werden Gleichungssysteme der Form (1) verwendet, jedoch mit anderen, der aktuellen erregbaren Kinetik angepaßten Funktionen f und g. Bemerkenswert ist, daß nur wenige grundlegende Eigenschaften von f und g gelten müssen, um das für eine Vielzahl erregbarer Medien beobachtete Verhalten in qualitativ richtiger Weise zu simulieren. Dies wurde bereits in einem vereinfachten Modell gezeigt [16].

Ausblick

In diesem Kapitel haben wir einige Beispiele makroskopischer Strukturbildung in chemischen Reaktionen kennengelernt, welche den dynamischen Formreichtum raum-zeitlicher Ordnungsprozesse unter Nichtgleichgewichtsbedingungen unter Beweis stellen. Durch die intensive Erforschung nichtlinearer Phänomene in den letzten Jahren stehen uns heute sehr effiziente Werkzeuge zur Verfügung, um die Entwicklung solcher Systeme experimentell und theoretisch im quantitativen Vergleich zu verfolgen. Oft erweist es sich in diesem Bereich der Selbstorganisation als nützlich, strukturelle Analogien zu betonen, die in Systemen recht unterschiedlicher Natur bestehen, insbesondere zu lebenden Organismen. Auf Ähnlichkeiten der chemischen Dynamik in der BZ-Reaktion zu biologischen Systemen, wie die Morphogenese durch spiralförmige Zellaggregation, intrazelluläre Calciumwellen oder rotierende elektrophysiologische Aktivität in isoliertem Herzmuskelgewebe, haben wir mehrfach hingewiesen. Chemische Modellsysteme wie die Belousov-Zhabotinsky-Reaktion werden aufgrund der Vorteile in ihrer Handhabung und der Allgemeingültigkeit ihrer strukturellen Erscheinungsformen auch in Zukunft eine bedeutende Rolle für das Verständnis von Musterbildungsprozessen spielen.

Literatur

[1] J. Ross, S. C. Müller und C. Vidal (1988) Chemical waves. Science **240** 460

[2] F. F. Runge (1855) Der Bildungstrieb der Stoffe veranschaulicht in selbständig gewachsenen Bildern. Oranienburg, Selbstverlag

[3] E. S. Hedges und J. E. Myers (1926) The Problem of Physico-Chemical Periodicity. Arnold & Co., London

[4] G. Lippmann (1873) The relation between capillary and electrical phenomena. Ann. Phys. 2nd Series **149** 544

[5] S. Kai, S. C. Müller und J. Ross (1982) Measurements of temporal and spatial sequences of events in periodic precipitation processes. J. Chem. Phys. **76** 1392

[6] I. R. Epstein (1984) Complex dynamical behavior in "simple" chemical systems. J. Phys. Chem. **88** 187

[7] S. Jakubith, H. H. Rotermund, W. Engel, A. von Oertzen und G. Ertl (1990) Spatio-temporal concentration patterns in a surface reaction: propagating and standing waves, rotating spirals, and turbulence. Phys. Rev. Lett. **65** 3013

[8] J. Lechleiter, S. Girard, E. Realter und D. Clapham (1991) Spiral calcium wave propagation and annihilation in *Xenopus laevis* oocytes. Science **252** 1

[9] J. M. Davidenko, A. V. Pertsov, R. Salomonsz, W. Baxter und J. Jailife (1992) Stationary and drifting spiral waves of excitation in isolated cardiac muscle. Nature **355** 349

[10] S. C. Müller, T. Plesser und B. Hess (1985) The structure of the core of the spiral wave in the Belousov-Zhabotinsky reaction. Science **230** 661

[11] Zs. Ungvarai-Nagy, J. Ungvarai und S. C. Müller (1993) Complexity in spiral waves dynamics. Chaos **3** 15

[12] J. Schütze, O. Steinbock und S. C. Müller (1992) Forced vortex interaction and annihilation in an active medium. Nature **356** 45

[13] O. Steinbock und S. C. Müller (1993) Multi-armed spirals in a light-controlled excitable reaction. Int. J. of Bifurcation and Chaos **3** 437

[14] J. P. Keener und J. J. Tyson (1986) Spiral waves in the Belousov-Zhabotinsky reaction. Physica D **21** 307

[15] V. A. Davydov, V. S. Zykov und A. S. Mikkailov (1991) Kinetics of auto-wave structures in excitable media. Soc. Phys. Usp. **34** 665

[16] D. Barkley, M. Kness und L. S. Tuckerman (1990) Spiral-wave dynamics in a simple model of excitable media: The transition from simple to compound rotation. Phys. Rev. A **42** 2489

Kapitel 13

Wenn das Turing wüßte

Die Entdeckung von Turingmustern in der CIMA-Reaktion

Qi Ouyang und Harry L. Swinney

Wie entstehen der Hut einer Riesenalge, die Sporenmuster eines Schimmelpilzes oder die Farbmusterungen von Salamanderlarven? Dies sind nur einige der Fragen, die wir in den vorangegangenen Kapiteln auf unserem Streifzug durch den Zoo der „Muster des Lebendigen " untersuchten. Auch wenn es in erster Linie biologische Probleme sind, so liegen wichtige Schlüssel zum Verständnis in der Aufklärung struktureller, physikalischer und chemischer Prozesse, auf die wir in verschiedenen Beiträgen hinwiesen. Chemische Stoffe, die miteinander reagieren und durch die Zellen diffundieren, sind vielleicht der entscheidende Informationsträger auch bei der Entstehung biologischer Muster. Wir lernten bereits Beispiele sogenannter Reaktions-Diffusions-Systeme kennen.

In diesem Beitrag wollen wir die Entdeckung einer Klasse von Mustern beschreiben, deren Existenz eng mit dem Namen A. M. Turing verknüpft ist. Turing war einer der ersten, der davon überzeugt war, daß einfachen chemischen Reaktions- und Diffusionsprozessen bunte Bilder mit ganz typischen Musterungen entspringen können. Turing war jedoch kein Chemiker, er war Mathematiker. Für ihn waren chemische Muster logisches Ergebnis mathematischer Gleichungen, die die Reaktions- und Diffusionskräfte in chemischen Pozessen beschreiben. Schon 1952 sagte Turing die Existenz solcher Muster voraus und wies in seinem Artikel „The Chemical Basis of Morphogenesis" auf ihre mögliche Bedeutung für die Biologie hin [1].

Was sind Turingmuster?

Zunächst fanden allerdings Turings Muster kaum Beachtung. Er hatte in seinen Gleichungen eine Reihe vereinfachender Annahmen gemacht, die zu physikalisch nicht erwarteten Ergebnissen führten. Die von Turing vorausgesagte selbstorganisierte Strukturbildung schien schlichtweg das Resultat eines falschen Modells zu sein. Doch Ende der sechziger Jahre zeigten der spätere Nobelpreisträger Prigogine und sein Kollege Nicolis, daß die von Turing vorausgesagten Mechanismen der Musterbildung nicht auf Vereinfachungen im Modell beruhten und auch physikalisch präzisere Modelle zu ähnlichen Ergebnissen führen.

Noch heute sind die von Turing vorausgesagten chemischen Muster eng mit seinem Namen verbunden – als „Turingmuster" sind sie in den Naturwissenschaften zu einem festen Begriff geworden. Sie haben ganz typische Eigenschaften, die sie von anderen Mustern und Strukturen deutlich unterscheiden: Turingmuster sind stationär, bleiben also ohne äußere Störung unverändert, und sie entwickeln sich spontan vor einem völlig homogenen Hintergrund. Die Konkurrenz zwischen Reaktions- und Diffusionskräften ist die Triebkraft ihrer Entstehung. Für den Wissenschaftler erscheinen sie als Ergebnis einer sogenannten „Turingbifurkation" – das ist der plötzliche Übergang von einem räumlich gleichförmigen zu einem gemusterten Zustand, der durch Veränderung eines Kontrollparameters des chemischen Systems ausgelöst werden kann. Theoretisch hat man die Muster bereits gut verstanden, viele Arbeiten in der mathematischen Biologie [2-4], der nichtlinearen Chemie [5] und der Physik [6] beschäftigen sich intensiv mit ihnen. Doch ob sie mehr sind als nur das Produkt einer schönen Theorie, ob sie also wirklich in der physikalischen Welt existieren, blieb mehrere Jahrzehnte lang völlig offen. Es gelang zunächst niemandem, Turingmuster in einem chemischen Experiment tatsächlich zu erzeugen. Fast 40 Jahre mußten die Naturwissenschaftler auf diesen experimentellen Beweis warten – genügend Zeit, um immer mehr Forscher zunehmend skeptisch gegenüber der Theorie werden zu lassen.

38 Jahre nach dem Erscheinen von Turings Artikel wurden die Zweifler eines Besseren belehrt. Als erstes konnte 1990 eine Gruppe aus Bordeaux Turingmuster im Experiment sichtbar machen [7]. Nur wenig später führten dann auch verschiedene Experimente in unserem eigenen Labor [8] und einer Gruppe aus Brandeis, USA [9] zum Erfolg. All diese Experi-

mente haben eine neue Welle des Interesses an der Untersuchung von Turingstrukturen ausgelöst. Grund genug, um an dieser Stelle die Experimente zu den Turingmustern und ihre Ergebnisse genauer vorzustellen, die sich sämtlich auf eine Jodreaktion beziehen. Kurioserweise hatte Turing selbst bereits im Alter von zwölf Jahren mit Jodverbindungen experimentiert. Er extrahierte Jod aus Seetang und gewann sogar den Wissenschaftspreis seiner Schule für die Analyse einer Jod-Reaktion [10].

Idee und Mechanismus der Turingmuster

Unsere experimentellen Ergebnisse beschreiben die Musterbildung beim Einsetzen der Turingbifurkation und darüberhinaus. Sie beziehen sich auf die Chlorid-Jodid-Malonsäure (CIMA)-Reaktion. Bevor wir die Ergebnisse unserer Experimente präsentieren, wollen wir versuchen, den Mechanismus zur Bildung von Turingmustern verständlich zu machen.

Wir stellen uns eine Reaktion zwischen zwei verschiedenen Substanzen (A und B) vor, die zwei verschiedene Produkte (C und D) hervorbringt. Diese Reaktion können wir verkürzt beschreiben als

$$A + B \rightarrow C + D.$$

C ist ein Aktivator, also eine Substanz, die die Reaktion von A und B noch beschleunigt. D dagegen ist ein Inhibitor, also ein Stoff, der die Reaktionsrate reduziert. Wir nehmen außerdem an, daß der Diffusionskoeffizient des Aktivators C viel kleiner ist als der des Inhibitors D, die Substanz C also bei einem Konzentrationsgefälle wesentlich langsamer durch das Medium diffundiert als D.

Zu Beginn ruht das System in einem gleichförmigen stationären Zustand. An jedem Ort x des Reaktors und zu jedem Zeitpunkt t sind die Konzentrationen von C und D gleich, d. h. $C(x,t) = C_0$ und $D(x,t) = D_0$. Lassen Sie uns nun annehmen, daß es eine kleine räumliche Störung gibt, die zu einer Beschleunigung der Reaktion an einer Stelle im Reaktor führt (vgl. Bild 13.1a). Die lokale Beschleunigung sorgt für eine gesteigerte Produktion (gegenüber dem stationären Zustand) der Substanzen C und D. Um das entstehende Konzentrationsgefälle auszugleichen, beginnen diese Stoffe in die Umgebung zu diffundieren, wie es in Bild 13.1a dargestellt ist. Da der Aktivator (C) langsamer diffundiert als

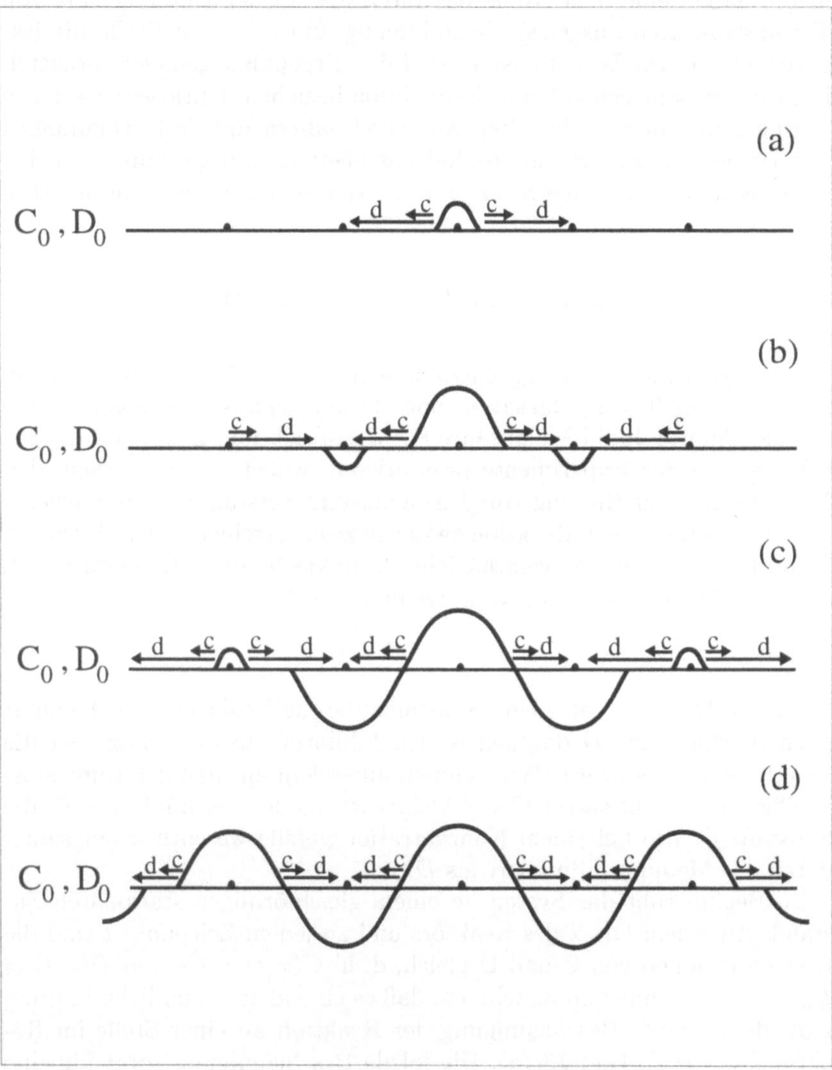

Bild 13.1   Das schematische Diagramm zeigt, wie ein Turingmuster aus einem gleichförmigen, aber instabilen Zustand entsteht, wenn dieser durch eine kleine Störung aus dem Gleichgewicht gebracht wird. Wie im Text genauer beschrieben, verstärkt sich diese Störung und pflanzt sich durch das ganze Medium fort.

der Inhibitor (D), ist das sensible Gleichgewicht des stationären Zustandes gebrochen: Der Aktivator erreicht am Punkte der lokalen Störung eine höhere Konzentration, so daß er die Amplitude dieser Störung noch vergrößert. Der Inhibitor diffundiert in die umliegende Nachbarschaft und reduziert dort die Reaktionsrate. Die Konzentration der Produkte in diesen Gebieten wird also reduziert, wie es Bild 13.1b zeigt. Das in der Reaktion verminderte Gebiet zieht mehr D als C an, auch dies aufgrund der Unterschiede in den Diffusionskoeffizienten von Aktivator und Inhibitor (vgl. Bild 13.1b). Dieser Effekt verstärkt auf der einen Seite die Verminderung der Reaktion in diesem Gebiet noch mehr und erhöht andererseits die lokale Konzentration von C in der Nachbarschaft (vgl. Bild 13.1c). Der wellenförmige Zyklus, der in den Bildern 13.1a-c dargestellt ist, setzt sich solange fort, bis das gesamte System mit räumlichen Oszillationen der Substanzen C und D ausgefüllt ist (Bild 13.1d). Die Oszillationen haben eine charakteristische „Wellenlänge", die die Reaktions- und Diffusionsraten von Aktivator bzw. Inhibitor widerspiegelt. Dies ist der Mechanismus zur Ausbildung der Turingmuster.

Die chemische Reaktion

Aus der obigen Diskussion lassen sich zwei notwendige Bedingungen für die Entstehung von Turingmustern ableiten: Die Reaktion muß einen Aktivator-Inhibitor-Mechanismus enthalten, und die Diffusionsrate des Aktivators muß viel kleiner als die des Inhibitors sein. In unseren Experimenten ist die erste Bedingung automatisch durch die Wahl der CIMA-Reaktion erfüllt, da diese Reaktion typischerweise das Zusammenspiel einer aktivierenden und einer inhibierenden Substanz enthält. Der Chemiker beschreibt die Reaktion in Form stöchiometrischer Gleichungen:

$$ClO_2^- + 4I^- + 4H^+ \quad \rightarrow \quad Cl^- + 2I_2 + 2H_2O$$

$$MA + I_2 \quad \rightarrow \quad IMA + I^-$$

Der erste Prozeß ist die Oxidation von Jodid (I^-) mit Chloroxid, wobei Jod (I_2) entsteht. Dieser Prozeß wird durch sein eigenes Produkt, das Jod, katalysiert – man nennt ihn daher auch autokatalytisch. Das Jod ist der Aktivator des Systems. Gebremst wird die Reaktion hingegen durch einen ihrer Reaktanden, das Jodid, und enthält somit den notwendigen Inhibitionsmechanismus – Jodid ist der Inhibitor des Systems. Der zweite

Prozeß ist die Jodierung der Malonsäure (MA), wobei sich Jodid bildet. Durch diesen Prozeß steht dem System ständig Jodid zur Verfügung.

Die zweite Bedingung zur Entstehung der Turingmuster – die erheblich langsamere Diffusion des Aktivators – ist in der CIMA-Reaktion nicht automatisch erfüllt. Wir müssen sie durch einen besonderen experimentellen Trick sicherstellen, der in der Verwendung eines sogenannten Gel-Membran-Reaktors besteht. Das Reaktionsmedium dieses Reaktors ist eine dünne Gelschicht aus Polyacrylamid oder Polyvenyl-Alkohol, die zwischen zwei Membranen eingeschlossen ist. Verwenden wir Polyacrylamid-Gel, so bringen wir vorweg in das Gel noch Stärke ein. Die durchschnittliche Porengröße des Gels liegt bei 10 μm; somit besteht mehr als 90% freier Platz im Reaktor. Dies erlaubt kleinen Molekülen wie Chlorid, Jodid oder Malonsäure – ähnlich wie in Wasser – frei durch das Gel zu diffundieren. Große Moleküle aber können dies nicht – so wird z. B. Stärke im Gelgitter festgehalten. Stärke oder Polyvenyl-Alkohol, zusammen mit Jod, formen einen unbeweglichen inaktiven Komplex mit dem Jodid, der in einer schnellen chemischen Reaktion entsteht. Dieser Prozeß dient gewissermaßen als „Jodid-Falle". Da das Jodid in diesem Komplex festgehalten wird, reduziert sich der tatsächliche Diffusionskoeffizient des Jodids.

Ein weiterer Effekt des Gels ist die Verhinderung störender Konvektionsströmungen im Reaktionsmedium. So können wir sicher sein, daß nur Reaktions- und Diffusionprozesse auftreten und wir es bei den auftretenden Mustern mit „echten" chemischen Turingmustern zu tun haben. Ähnliche Muster finden sich nämlich auch in ganz anderen Zusammenhängen, etwa in Strömungsmustern von Flüssigkeiten. Doch sind dies eben keine Turingmuster, da sie nicht von Reaktions- und Diffusionsprozessen herrühren, sondern sich vielmehr z. B. durch Strömungseigenschaften erklären lassen.

Die äußere Oberfläche aller Reaktormembranen befindet sich in Kontakt mit einem chemischen Reservoir, das für die ständige Nachlieferung aller notwendigen Stoffe sorgt. Durch fortdauerndes Mischen und den Zustrom frischer Substanzen bleiben die Konzentrationen der Reaktanden im Reservoir konstant und gleichmäßig verteilt. Die Komponenten der CIMA-Reaktion werden so auf zwei Reservoirs verteilt, daß keines von beiden allein reaktiv ist. Die chemischen Substanzen müssen erst durch die Membranen hindurch in das Gel diffundieren, wo die eigentliche Reaktion stattfindet.

Sechsecke und Streifen

Beim Erreichen bestimmter kritischer Werte der Kontrollparameter – der chemischen Konzentrationen und der Temperatur – entstehen vor einem anfänglich völlig gleichförmigen Hintergrund plötzlich Muster. Die Musterbildung markiert eine Instabilität des Systems. Beim erstmaligen Eintreten dieser Instabilität sind Sechsecke und Streifen die einzigen Muster, die aus dem räumlich homogenen Zustand entstehen.

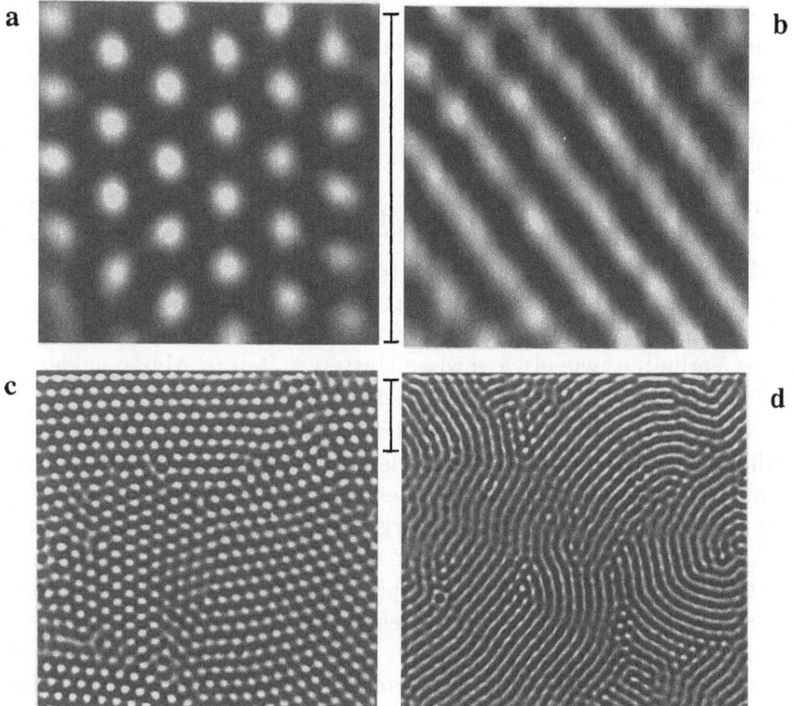

Bild 13.2 Turingmuster in der CIMA-Reaktion (Die Balkenlänge entspricht jeweils 1 mm). (a) und (b) zeigen Sechsecke (als weiße Punkte), bzw. Streifen. In (c) und (d) hingegen sieht man diese Muster mit Defekten behaftet (als verschwommene Gebiete erkennbar). Bis auf die Gebiete, in denen diese Defekte auftreten, verändern sich die Muster nicht, sind also stationär.

Bild 13.2 zeigt Beispiele dieser Sechsecke und Streifen. Die dunklen Gebiete in den Bildern markieren eine hohe Konzentration des Jodids und damit einen reduzierten Zustand des Systems. Die hellen Gebiete hingegen entsprechen einer niedrigen Jodidkonzentration, also einem oxidierten Systemzustand. Die Bilder zeigen räumliche Oszillationen der chemischen Konzentrationen, die sich zu Sechsecken oder Streifen organisieren. Die Wellenlänge der Muster in Bild 13.2 liegt bei 0.2 mm. Bei Veränderung der Kontrollparameter variiert sie stets in einem Bereich zwischen 0.13 mm und 0.33 mm. Die Veränderung der Wellenlänge in Abhängigkeit von den Kontrollparametern zeigt, daß die Wellenlänge der Muster eine dem Reaktions-Diffusions-System eigene Eigenschaft und nicht Konsequenz der begrenzten Reaktorgröße ist. Diese systemimmanente Wellenlänge unterscheidet Turingmuster von anderen bekannten Nichtgleichgewichtsstrukturen, wie etwa Konvektionsrollen, die in Wolkenstraßen zu beobachten sind [11], oder Taylor-Wirbeln [12], die in Flüssigkeitsströmen auftreten. Wir haben besonders die Übergänge aus dem gleichförmigen Zustand zu den Sechsecken und Streifenmustern sehr genau im Experiment untersucht. Interessiert hat uns dabei vor allem die Art und Weise, wie die Übergänge vonstatten gehen: Treten sie spontan auf oder bilden sie sich ganz allmählich aus? Zeigt sich um die für Übergänge typischen Werte der Kontrollparameter ein besonders auffälliges Verhalten, wie etwa gewisse Unstetigkeiten in Abhängigkeit von den Parametern? Sowohl die allgemeine Theorie der Musterbildung als auch numerische Simulationen von Reaktions-Diffusions-Systemen sagen nämlich solche Unstetigkeiten voraus [13, ?]. In unseren Untersuchungen nutzten wir die Konzentration der zugeführten Malonsäure als Kontrollparameter. Bild 13.3 faßt die Ergebnisse zusammen. Dargestellt ist die Amplitude der Muster (in einer willkürlich gewählten Einheit) als Funktion der Konzentration zugeführter Malonsäure. Die gepunkteten Linien kennzeichnen Bereiche, in denen räumliche Strukturen, wie sie in Bild 13.2 gezeigt sind, auftreten. Wenn wir die Konzentration der Malonsäure allmählich von 40 Millimol (mM) absenken, treten zuerst spontan sechseckige Muster aus einem gleichförmigen Hintergrund hervor. Bei weiterer Erniedrigung der Malonsäure-Konzentration erreichen wir einen neuen kritischen Wert bei 29 mM. Jetzt wird das Sechseckmuster instabil, und das System geht in einen Zustand von Streifenmustern über. Nochmalige Absenkung des Kontrollparameters macht auch diese Streifenmuster instabil (bei 25 mM), das System kehrt zum Sechseckzustand zurück.

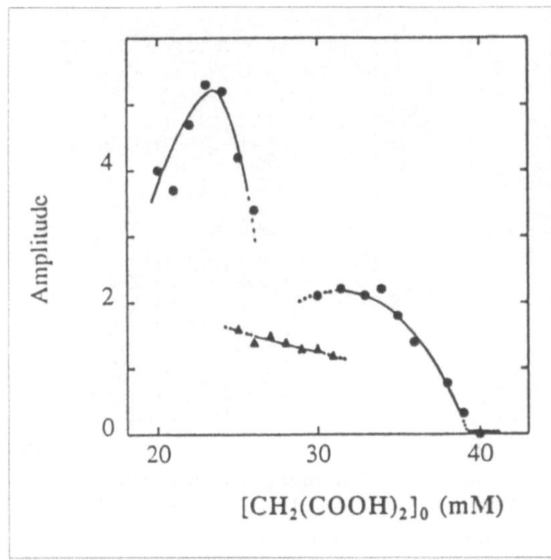

Bild 13.3
Der Übergang zwischen Sechsecken (●) u. Streifen (△) bei Veränderung eines Kontrollparameters (Erläuterungen im Text).

Nehmen wir den gleichen Weg zurück, erhöhen also die Konzentration der Malonsäure ausgehend von niedrigen Werten, so beobachten wir wiederum Übergänge zwischen den verschiedenen Mustern. Doch es sind jetzt andere Werte, bei denen diese Übergänge eintreten. Das Sechseckmuster verändert sich erst bei einer Konzentration von 27 mM zu Streifen, und diese bleiben bis zu einer Malonsäure-Konzentration von 31 mM erhalten. Der genaue Übergangspunkt hängt also davon ab, von welcher Seite man sich ihm annähert. Dieses auffällige Verhalten ist typisch für viele Systeme und wird als Hysterese bezeichnet. Auch die Theorie sagt für die Turingbifurkation eine Hysterese voraus, ganz ähnlich wie wir sie im Experiment beobachten. An dem Übergang vom gleichförmigen Zustand zu den Sechseckmustern (bei 40 mM) konnten wir allerdings im Experiment keine Hysterese finden. Dies verwundert nicht, denn die Unstetigkeit, die von der Theorie an dieser Stelle erwartet wird, ist so klein, daß wir sie mit unserer experimentell möglichen Auflösung nicht beobachten können.

Wenn der Kontrollparameter die kritischen Werte des Streifen-zu-Sechseck- bzw. Sechseck-zu-Streifen-Übergangs durchläuft, so erscheinen die neuen Muster zuerst an den Körnungsgrenzen – das sind Grenzen, an denen sich zwei verschiedene Kristalle begegnen. Von dort breiten

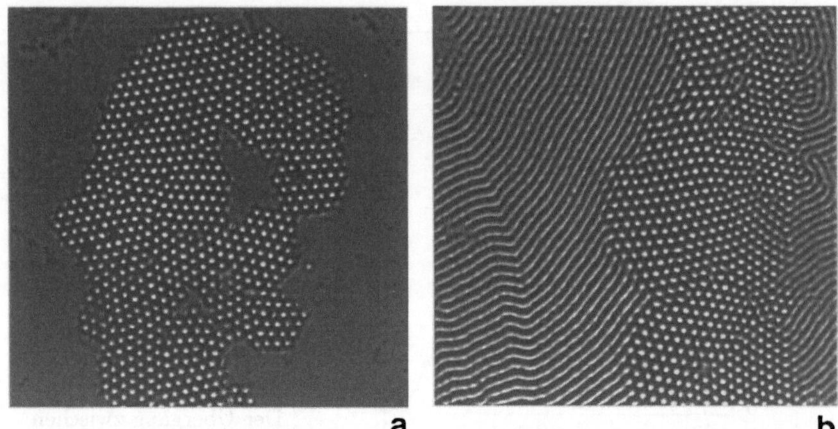

a   **b**

Bild 13.4 Räumliche Strukturen nahe eines Überganges vom gleichförmigen
Zustand zu Sechseckmustern **(a)** bzw. von Sechsecken zu Streifen **(b)**. Die
Grenzen dieser Muster bleiben für mindestens 50 Stunden völlig stabil.

die Muster sich dann über das ganze System aus. Nahe der Übergänge
benötigt das System eine lange Zeit, oft mehr als 50 Stunden, um schließlich seinen asymptotischen Endzustand zu erreichen. In der Übergangszeit bilden sich verschiedene, räumlich begrenzte Strukturen (z. B. Sechsecke) an unterschiedlichen Stellen vor einem gleichförmigen Hintergrund
(vgl. Bild 13.4a) oder einem gestreiften Hintergrund (vgl. Bild 13.4b).
Diese Muster hängen mit einer Bistabilität des Systems zusammen, die
auch von der Theorie vorhergesagt und heftig diskutiert wird [15].

Rhomben und Zacken

Wird das System über den Parameterbereich der Bildung geordneter Muster – worunter wir insbesondere Sechsecke und Streifen verstehen – hinausgetrieben, kann es noch komplexere Strukturen ausbilden, wie Rhomben, Zickzacklinien oder Muster mit "schwarzen Augen". Bild 13.5b zeigt
das Beispiel einer Rhombenstruktur. Im allgemeinen besteht ein Rhombenmuster aus zwei Feldern heller Punkte, die in einem ganz charakteristischen Winkel zueinander stehen. Dieser Winkel weicht von dem für
Sechsecke typischen Winkel von 60° ab (in Bild 13.5a sind es 66°). Die

sechsfache Symmetrie der Sechsecke ist folglich gebrochen, und wir erhalten stattdessen Rhomben. Experimentell bilden sich Rhomben aus dem gleichförmigen Zustand heraus durch einen plötzlichen Sprung der Kontrollwerte in den Bereich jenseits des Einsetzens geordneter Musterbildung hinein. In diesem Fall entdeckten wir, wie Bild 13.5a zeigt, daß sich im System spontan mehrere Bereiche formieren, von denen jeder ziemlich gleichmäßige Felder von Rhomben mit einem charakteristischen Winkel nahe bei (aber im allgemeinen nicht gleich) 60° enthält. Die Spannbreite der beobachteten Winkel nimmt zu, je mehr der Kontrollparameter über den Moment des Einsetzens räumlicher Musterbildung – also der Entstehung von Sechsecken und Streifen – hinaus erhöht wird. Bei Einsetzen der Musterbildung ist diese Spannbreite nicht vorhanden, nur die Sechsecke mit ihrem 60° Winkel sind stabil. Je weiter der Kontrollparameter wächst, desto größer wird auch die Spannbreite der auftretenden Winkel. Für hohe Parameterwerte können die Winkel bis zu 9° um den Wert von 60° variieren.

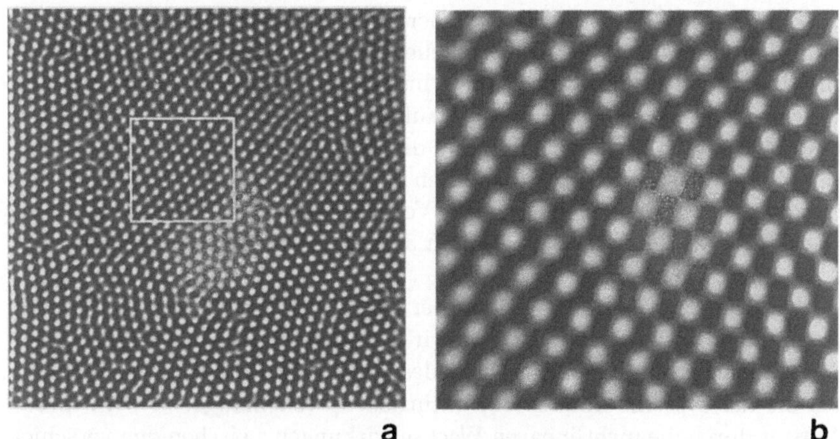

Bild 13.5 Rhombische Muster. (b) ist eine Vergrößerung d. eingerahmten Kastens aus (a). D. Muster in (a) hat eine tatsächliche Größe v. 6 x 6 mm^2.

Rhombenmuster kann man auch erzeugen, indem man das System in der richtigen – eben einer „rhombischen" Weise – stört. Wir haben den Gel-Reaktor dazu in einem perfekten rhombischen Gitter von Punkten mit einem starken Licht beleuchtet und auf diese Weise eine Art Rhomben-Vormuster erzeugt. Die Wellenlänge wurde exakt so eingestellt, daß sie der natürlichen Wellenlänge des ungestörten Systems entspricht. Unter diesen Bedingungen zeigten sich Störungen mit Sechseck-mustern noch jenseits des Kontrollparameterbereichs für Musterbildung als stabil. Rhombische Muster mit einem Winkel nahe bei 60° waren ebenfalls stabil, doch sobald sich der Winkel deutlich von diesem magischen Wert unterschied, wurden die Muster instabil. Auch diese experimentellen Beobachtungen passen gut zu Modellvorstellungen, die erst kürzlich entwickelt wurden [16].

Ein anderes, theoretisch bereits gut verstandenes Muster in unseren Experimenten sind Zickzackstrukturen, wie sie Bild 13.6 zeigt. Ein Zickzackmuster besitzt zwei verschiedene Längenskalen. Da ist einerseits der Abstand zwischen den verschiedenen Streifen. Dieser hat eine kleine Wellenlänge, die sich aus dem Zusammenspiel von Reaktions- und Diffusions-Prozessen ergibt, d. h. sie ist auch eine systemimmanente Größe. Dagegen ist die (größere) Wellenlänge der sinusähnlichen Oszillationen auf einem Streifen, also der Abstand zweier Spitzen der Zickzacklinien, abhängig von den Anfangsbedingungen des Systems. Zickzackmuster bilden sich aufgrund einer zweiten Instabilität des Systems – einer Instabilität, die bei großen Wellenlängen auftritt. Sie ist das Ergebnis einer Konkurrenz verschiedener instabiler Moden [17]. Fouriermoden beschreiben gewisse Grundformen, auf die sich das dynamische Verhalten eines Systems reduzieren läßt. Für die Entwicklung eines Systems sind besonders die sogenannten instabilen Moden von großer Bedeutung. Sie sorgen nämlich dafür, daß sich das Verhalten des Systems plötzlich dramatisch verändern kann, wenn man an einem seiner Kontrollparameter auch nur geringfügig wackelt.

Wenn wir die CIMA-Reaktion über den Punkt des Einsetzens der Musterbildung hinaustreiben, stellen wir fest, daß die Anzahl der instabilen Moden wächst. Ist die Wellenlänge des Streifenmusters anfänglich größer als die der systemimmanenten, natürlichen Wellenlänge, so wird dieses Muster durch die nichtlinearen Wechselwirkungen zwischen den verschiedenen Moden instabil – obwohl das Streifenmuster selbst linear stabil ist. Als Konsequenz versucht das System spontan, seine Wellenlänge zu verkürzen. Dies gelingt ihm durch die Ausbildung der Zickzackmuster (s. Bild 13.6). Die große Wellenlänge des Zickzacks hängt ab von der anfänglichen Wellenlänge des Systems. Je mehr diese sich von der systemimmanenten Wellenlänge unterscheidet, desto kleiner wird die Wellenlänge des Zickzacks, d. h. der Abstand aufeinanderfolgender Zacken. Die Zickzackmuster konnten wir im Experiment auf folgende Weise erzeugen: Zuerst stellten wir den Kontrollparameter so ein, daß das System sich genau in

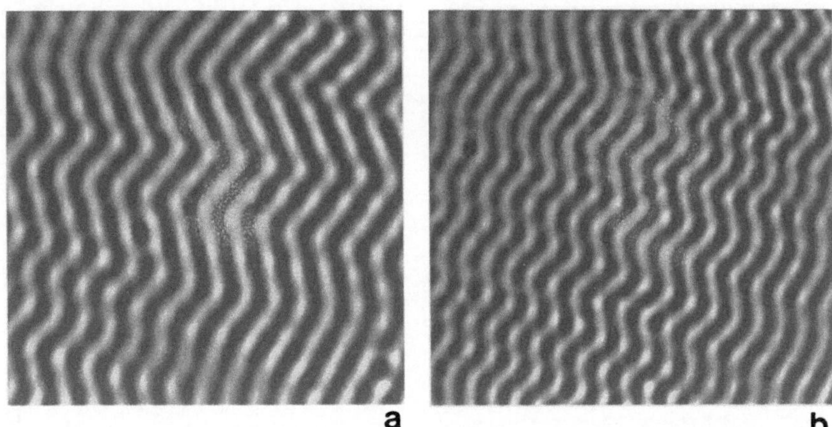

a   b

Bild 13.6 Zickzackmuster entstehen, wenn d. anfängliche Wellenlänge eines Streifenmusters größer ist als die systemimmanente Wellenlänge. Der Unterschied zwischen diesen beiden Wellenlängen ist in (**a**) kleiner als in (**b**).

der Mitte eines Gebietes mit Streifenmuster befindet. Dies ist der Fall bei einer Konzentration der Malonsäure von 28mM, wie es auch das Bifurkationsdiagramm in Bild 13.3 zeigt. Nachdem sich ordentliche Streifen ausgebildet hatten, verringerten wir die Konzentration an Malonsäure in kleinen Schritten. Mit dem Rückgang der Malonsäurekonzentration wird die systemimmanente Wellenlänge kleiner. Die schon bestehenden Muster mit größerer Wellenlänge dienen dann als Startpunkt für die Ausbildung der Zickzacklinien. Die in Bild 13.6 gezeigten Strukturen entstanden bei Malonsäurekonzentrationen von 27.5 mM (Bild 13.6a) bzw. 27.0 mM. Ein weiteres Absenken des Kontrollparameters hat einen Übergang zu Sechseckmustern zur Folge.

Schwarze Augen und Turbulenzen

Jenseits des Bereiches, in dem sich Sechseckmuster bilden, konnten wir auch noch ganz neue, von der allgemeinen Theorie der Musterbildung überhaupt nicht erwartete, Strukturen entdecken. Bild 13.7 zeigt ein Beispiel. Dieses Muster besteht aus zwei Gitterstrukturen: einem Gitter aus schwarzen Punkten, das ein sechseckiges Muster mit kurzer Wel-

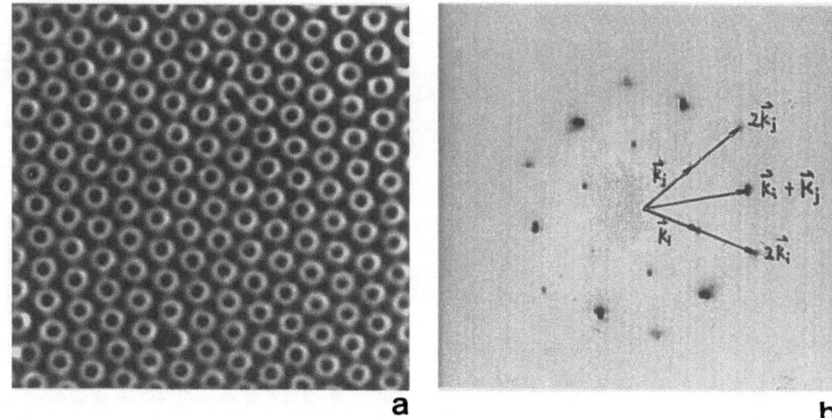

a   **b**

Bild 13.7 „Schwarze Augen". **(a)** zeigt das Muster im tatsächlichen Reaktionsmedium; in **(b)** ist dasselbe Muster durch eine Fouriertransformation in einen Raum räumlicher Frequenzen übersetzt. Die Fouriertransformation läßt eine harmonische Beziehung zwischen den Gittern der hellen und der schwarzen Punkte erkennen (Erläuterungen im Text).

lenlänge ausbildet, sowie einem Gitter weißer Punkte, das ebenfalls ein sechseckiges Muster zeigt, allerdings mit einer größeren Wellenlänge. Die weißen Punkte sind größer als die schwarzen, und beide stehen in einer festen räumlichen Beziehung zueinander. Im Zentrum eines jeden weißen Punktes befindet sich ein kleiner schwarzer Punkt. Aus diesem Grunde tauften wir diese Struktur als „schwarze Augen".

Die Wellenlänge des Gitters weißer Punkte liegt bei 0.15 mm, die des Gitters schwarzer Punkte bei 0.086 mm. Das Verhältnis dieser beiden Wellenlängen entspricht genau der Zahl $\sqrt{3}$. Diese Zahl ist kein Zufallstreffer, sondern deutet darauf hin, daß das Gitter der schwarzen Punkte in einem „harmonischen" Verhältnis zum Muster der weißen Punkte steht. Harmonische Schwingungen sind jedem aus der Musik wohlvertraut. So besteht jeder Ton, den man etwa auf einem Klavier anschlägt, nicht nur aus einer einfachen Grundschwingung, sondern auch noch aus sogenannten Obertönen – harmonischen Schwingungen, deren Frequenzen ganzzahlige Vielfache der Grundfrequenz des jeweiligen Tons sind. Auch für räumliche Strukturen können solche harmonischen (allerdings nicht immer ganzzahligen) Beziehungen gelten. Für unser Experiment wird eine derartige Beziehung besonders eindrucksvoll demonstriert, wenn man das Muster aus Bild 13.7a in einem zweidimensionalen Frequenz- oder Fourierraum darstellt. Eine solche Darstellung zeigt das Bild 13.7b. Hier repräsentiert jeder dunkle Punkt einen Wellenvektor im wirklichen Raum. Im Fourierraum erkennt man sechs kleine Spitzen von Wellenvektoren (k_n), die voneinander durch einen Winkel von 60° getrennt sind, der dem Sechseckgitter der weißen Punkte in Bild 13.7a entspricht. Zusätzlich sind zwölf weitere, große Spitzen von Wellenvektoren vorhanden, die die zweiten Harmonischen der ersten sind. Sechs von diesen (die $k_i + k_j$) sind verantwortlich für die schwarzen Punkte.

Ein Fazit

Stellt man in dem System Bedingungen ein, die weit von jenen entfernt sind, die zur Ausbildung von Turingmustern führen, so verliert der stationäre Zustand der geordneten Muster seine Stabilität. Das System geht in einen Zustand raum-zeitlicher Turbulenz über. Bild 13.8 zeigt eine Momentaufnahme einer solchen „chemischen Turbulenz". Der turbulente Zustand setzt sich aus kleinen Gebieten aus Punkten und Streifen zusammen. Jedes dieser Gebiete hat eine Länge von etwa zwei oder drei Wellenlängen und ist somit viel kleiner als die Gebiete der Sechseck- und Streifenmuster der Bilder 13.2c-d. Diese Regionen aus Punkten und Streifen mischen sich zufällig miteinander und verändern sich kontinuierlich im Laufe der Zeit. Sowohl das Muster selbst als auch seine Größe unterliegen ständigen Fluktuationen. Ein Gebiet mit Punkten kann beispielsweise anwachsen, wobei es in benachbarte gestreifte Regionen eindringt. Oder es kann seine Größe aufgrund einer Invasion von Nachbarn verkleinern.

Verglichen mit anderen Prozessen in dem System, verändern sich die turbulenten Muster auf einer viel kürzeren Zeitskala. Das System ist hier in ständiger Bewegung. Ein solcher Zustand chemischer Turbulenz entsteht immer dann, wenn ein geordnetes Muster instabil wird und die Anzahl der „Defekte" – an denen solche Instabilitäten sichtbar werden – dramatisch zunimmt. Tatsächlich wird das gesamte Verhalten des Systems allein durch das Verhalten dieser Defekte beherrscht. Von dieser Warte aus gesehen ist die chemische Turbulenz Beispiel einer "defektvermittelten" oder topologischen Turbulenz, die theoretisch heftig diskutiert wird [18, 19]. Wir konnten zwar den Übergang zu einer chemischen

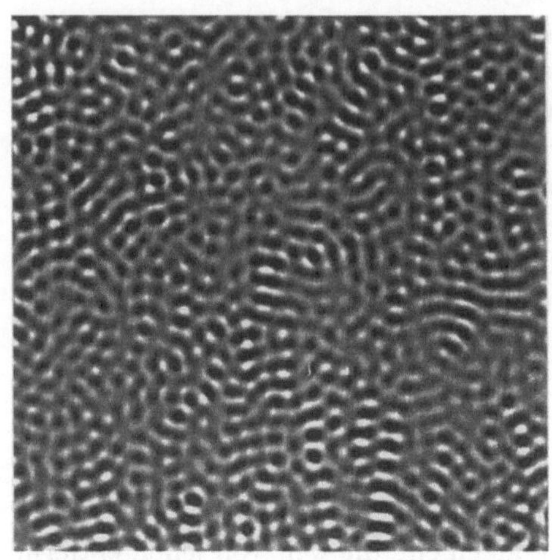

Bild 13.8
Zustand chemischer Turbulenz;
das gezeigte Gebiet besitzt eine
Größe von 5.8 x 5.8 mm^2.

Turbulenz in unseren Experimenten beobachten, doch eine befriedigende theoretische Erklärung für die experimentellen Beobachtungen steht
noch aus. Wenn wir all die hier dargestellten Ergebnisse zusammenneh-
men, erkennen wir, daß Vielfalt und Komplexität der Musterbildungen
anwachsen, wenn das System aus seinem thermodynamischen Gleichgewicht herausgebracht wird. Vor seinem Übergang zur Bildung von Turingmustern hat das System nur eine Wahl, den homogenen Zustand.
Am Übergangspunkt kann sich das System dann zwischen verschiedenen
Verhaltensmustern entscheiden, wir beobachteten in der CIMA-Reaktion
Sechsecke und Streifen. Wird das System über diesen Bereich der Musterbildung noch weiter hinausgetrieben, treten neben den Sechsecken
und Streifen weitere stationäre Muster auf – Rhomben, Zickzacklinien
und schwarze Augen. Weit ab vom Einsatzpunkt der Musterbildung zeigt
das System raum-zeitliches Chaos, es entsteht chemische Turbulenz.

Das Verhalten musterbildender Systeme kann in unmittelbarer Nähe
des Einsetzens der Musterbildung im allgemeinen vorhergesagt werden.
Sechsecke, Streifen und Quadrate sind theoretisch die einzigen Muster,
die aus einer Turingbifurkation entspringen können. Quadrate allerdings
konnten bisher in keinem Laborexperiment beobachtet werden. Auch
jenseits der Übergangspunkte sind einige der experimentellen Ergebnisse noch von der Theorie vorhersagbar. Als Beispiele hierfür lernten wir
rhombische Strukturen und auch die Zickzacklinienmuster kennen. Dagegen harren Strukturbildungen wie die schwarzen Augen und chemischen

Turbulenzen noch einer zufriedenstellenden theoretischen Erklärung. Ein weiter Weg liegt noch vor uns, bis wir schließlich den Punkt erreicht haben, an dem wir eine wirkliche Beziehung zwischen chemischen Mustern im Labor und Strukturen herstellen können, die sich in der Morphogenese entwickeln, seien es die typischen Zeichnungen auf Tierfellen oder andere biologische Muster.

Danksagung

Wir danken W. D. McCormick und K. Lee für hilfreichen Austausch und J. Boissonade, P. Borckmans, P. de Kepper, G. Dewel, I. R. Epstein, D. Walgraef und A. T. Winfree für fruchtbare Diskussionen. Diese Arbeit wurde unterstützt durch das U. S. Department of Energy Office of Basic Energy Sciences.

Literatur

[1] A. M. Turing (1952) The chemical basis of morphogenesis. Phil. Trans. R. Soc. London Ser. B **327** 37

[2] H. Meinhardt (1984) Models of Biological Pattern Formation. Academic Press, New York

[3] J. D. Murray (1989) Mathematical Biology. Springer-Verlag, New York

[4] A. T. Winfree (1980) The Geometry of Biological Time. Springer-Verlag, Berlin; (1987) When Time Breaks Down. Princeton University Press, Princeton, NJ

[5] G. Nicolis und I. Prigogine (1977) Self-Organization in Nonequilibrium Chemical Systems. Wiley, New York

[6] H. Haken (1977) Synergetics – An Introduction. Springer-Verlag, Berlin

[7] V. Castets, E. Dulos, J. Boissonade und P. De Kepper (1990) Experimental evidence of a sustained standing Turing-type nonequilibrium chemical pattern. Phys. Rev. Lett. **64** 2953

[8] Q. Ouyang und H. L. Swinney (1991) Transition from a uniform state to hexagonal and striped Turing patterns. Nature **352** 610

[9] I. Lengyel, S. Kadar und I. R. Epstein (1993) Transient Turing structures in a gradient-free closed system. Science **259** 493

[10] A. Hodges (1983) Alan Turing: The Enigma. Simon and Schuster, New York

[11] D. B. White (1988) The planforms and onset of convection with a temperature-dependent viscosity. J. Fluid. Mech. **191** 247

[12] R. C. Di Prima und H. L. Swinney (Hrsg.) (1985) Hydrodynamic Instabilities and the Transition to Turbulence. Springer-Verlag, Berlin

[13] H. Haken und H. Olbrich (1978) Analytical treatment of pattern formation in the Gierer-Meinhardt model of morphogenesis. J. Math. Biol. **6** 317

[14] V. Dufiet und J. Boissanade (1992) Conventional and unconventional Turing patterns. J. Chem. Phys. **96** 664

[15] O. Jensen, O. Pannbacker, G. Dewel und P. Borckmans (1994) Subcritical transitions to Turing structures. Erscheint in Phys. Rev. Lett. A

[16] Q. Ouyang, G. H. Gunaratne und H. L. Swinney (1994) Formation of rhombic patterns. Eingereicht bei Phys. Rev. Lett.

[17] P. Manneville (1990) Dissipative Structures and Weak Turbulence. Kap. 9. Academic Press, Boston

[18] P. Coullet, L. Gil und J. Lega (1989) Defect-mediated turbulence. Phys. Rev. Lett. **62** 1619

[19] J.-P. Eckmann und I. Procaccia (1991) Onset of defect-mediated turbulence. Phys. Rev. Lett. **66** 891

Experimente zur Musterbildung

Für die meisten der hier beschriebenen Experimente[1] zur Musterbildung ist
kein großes Chemielabor erforderlich; die Versuche sind so einfach, daß sie sich
mit geringem Aufwand und gebotener Vorsicht sogar zu Hause durchführen
lassen. Alles Notwendige wird im folgenden erklärt. Theoretische Hintergründe
zu den Experimenten enthält Kapitel 12.

Runge-Bilder

F. F. Runge hat in der Mitte des 19. Jahrhunderts die Ausbildung vielfälti-
ger farbiger Strukturen durch Auftropfen eines Reagenz B auf ein mit einem
Reagenz A imprägniertes Papier beobachtet. Aus der Vielzahl möglicher Experimente erläutern wir zwei Beispiele[2].

1.
   - Lösung A: 8% $MnSO_4 \cdot H_2O$,   3% $CuSO_4 \cdot 5\ H_2O$
   - Lösung B: 4% KOH
2.
   - Lösung A: 15% $MnSO_4 \cdot H_2O$,   8% K_2SO_4
   - Lösung B: 3% $K_4Fe(CN)_6 \cdot H_2O$,   3% K_2CrO_4,   4% KOH

Als Filterpapier eignet sich am besten das Chromatographiepapier MN 260
oder MN 261 (Macherey-Nagel, Düren). Man imprägniere das Papier mit
Lösung A, lasse es trocknen und tropfe dann Lösung B auf die Mitte des Blattes. Der nächste Tropfen soll erst folgen, nachdem der vorherige vollständig
vom Papier aufgenommen worden ist. Das Papier muß dabei frei aufgespannt
sein und waagerecht liegen. Dazu hefte man das Blatt auf zwei Holzstäbchen
oder auf einen Holzrahmen, den man mit Kunststoffäden überspannen kann.

---

[1] zusammengestellt von Stefan C. Müller, Max-Planck-Institut für molekulare Physiologie, Dortmund (vgl. Kapitel 12)

[2] Weitere Einzelheiten sind zu entnehmen: G. Harsch und H. H. Bussemas (1985)
Bilder, die sich selber malen. DuMont, Köln

Liesegang-Ringe

Es wird die Bildung von Bleijodid-Ringen in Agar-Agar-Gel beschrieben.

1. Bereite zwei Bechergläser mit folgenden Lösungen vor:

   - 1 g Agar-Agar und 2 g Kaliumjodid (KI) mit Wasser auf 100 g auffüllen.

   - 1 g Agar-Agar und 0.3 g Bleinitrat ($Pb(NO_3)_2$) ebenfalls mit Wasser auf 100 g auffüllen.

2. Beide Lösungen langsam auf 95^0C erhitzen, danach solange rühren bis die Lösung homogen erscheint (ca. 5-10 min), dann abkühlen lassen.

3. Reagenzglas oder besser dünne Pipette (Durchmesser 5 mm) halb mit $Pb(NO_3)_2$-Lösung füllen, senkrecht stellen. Das muß geschehen, bevor das Agar-Gel fest geworden ist (oberhalb 50^0C). Dann warten, bis sich Gel formt. Anschließend die (noch heiße und flüssige) Kaliumjodid-Lösung darüber gießen. Sie sollte nicht mehr zu heiß sein, damit die Gelbildung schnell erfolgen kann.

4. Gelbe Bleijodid-Ringe (PbI_2) wachsen in die untere Lösung hinein. Nach ca. 1 Stunde dürften schon zahlreiche Ringe zu sehen sein, vielleicht sogar noch früher. Bis das Muster stabil bleibt, vergehen jedoch einige Tage.

Wellen in der Belousov-Zhabotinsky-Reaktion

Zur Vorbereitung der Belousov-Zhabotinsky-Reaktion sind folgende Lösungen erforderlich:

(1) 67 ml H_2O + 2 ml konz. H_2SO_4 + 5 g $NaBrO_3$,

(2) 1 g $NaBr$ auf 10 ml H_2O,

(3) 1 g Malonsäure auf 10 ml H_2O,

(4) 10 ml 0.025 molare H_2SO_4 + 0.149 g 1,10-Phenanthrolin $\cdot H_2O$ + 0.0695 g $FeSO_4 \cdot H_2O$.

3.6 ml von (1), 0.25 ml von (2), 0.5 ml von (3) in ein Becherglas zusammengeben. Es dauert einige Minuten, bevor die anfängliche Braunfärbung verschwindet. (Entwicklung von Bromdämpfen! Vorsicht! Wenn möglich, unter Abzug arbeiten!) Danach 0.7 ml von (4) hinzugeben. Es entsteht eine dunkelrote Lösung, die beim Rühren in eine Blaufärbung umschlägt. Etwa 3.6 ml dieser Mixtur in eine Petrischale mit etwa 7 cm Durchmesser gießen. Die

Lösung verharrt dort im dunkelroten Zustand. Hellblaue Wellenzentren entstehen entweder spontan durch Verunreinigungen oder können mit einem Silberdraht bzw. erhitztem Platindraht erzeugt werden. Die Zerstörung kreisförmiger Wellenfronten, z.B. mit einem Luftstoß aus einer Pipettenspitze, führt zur Ausbildung rotierender Spiralmuster. Es empfiehlt sich, die Schale mit einer Glasplatte abzudecken, da sonst Störungen durch hydrodynamische Flüsse auftreten können. Eventuell zur Ausgangslösung einen Tropfen verdünnter Tritonlösung hinzugeben, damit die Benetzung der Schalenfläche einfacher wird.[3]

---

[3]Eine ausführliche Darstellung der Experimente ist enthalten in: J. Walker (1980) Experiment des Monats: Oszillierende chemische Reaktionen. Spektrum der Wissenschaft, Mai, 131

Glossar

Dieses Glossar wurde unter Verwendung der im Literaturverzeichnis genannten
Arbeiten und Nachschlagewerke erstellt.

Adhäsion Haften eines Stoffes an der Grenzfläche eines anderen (lat. ad-
haerere: anhängen). Beispiele sind ein Wasserfilm auf einer Glasfläche
oder Öl- und Seifenfilme auf Wasser. Die Adhäsionskräfte sind zwischen-
molekulare Kräfte. Diese Kräfte werden von der chemischen Bindung
abgegrenzt, sind aber wie diese im Grunde elektrischer Natur. Von zwi-
schenmolekularen Kräften wird dann gesprochen, wenn die eigentlichen,
zahlenmäßig durch die Wertigkeit beschränkten chemischen Bindungen
(Hauptvalenzen) abgesättigt sind, das Molekül oder Atom aber dennoch
eine Anziehung auf weitere Teilchen ausübt.

Agar Gelatineartiges Material, das aus Rotalgen hergestellt wird; dient der
Festigung von Nährmedien für Mikroorganismen.

Alge Einzelliger oder einfach gebauter vielzelliger Organismus mit Zellkern
(Eukaryont), der zur Photosynthese in der Lage ist, dem allerdings Ge-
schlechtsorgane fehlen.

Aminosäuren Bausteine der Proteine; organische Moleküle, die Stickstoff in
Form von Stickstoffwasserstoff (NH_2) u. eine Carboxylgruppe ($COOH$)
enthalten (griech. Ammon: ägyptischer Sonnengott; in der Nähe dessen
Tempels wurden Ammoniumsalze erstmals aus Kameldung gewonnen).

amöboid Bewegungsform von Zellen mit Hilfe von Pseudopodien, temporären
cytoplasmatischen Ausstülpungen.

anisotrop Nicht nach allen Richtungen des Raumes gleiche Eigenschaften
aufweisend (Gegensatz isotrop).

Archimedische Spirale Die Windungen der A. Spirale verlaufen in gleich-
bleibendem Abstand voneinander.

Attraktor Gebiet, in das die Zustandsvariablen eines dynamischen Systems streben. Die Menge aller Zustände, die in einen Attraktor laufen, bezeichnet man als Attraktor-Bassin. Die Grenzen dieser Bassins sind häufig fraktal. Man unterscheidet insbesondere periodische von chaotischen Attraktoren. Nur im ersten Falle kehren die Zustände in regelmäßigen Intervallen zum selben Punkt zurück. Chaotische Attraktoren können bizarre Muster bilden.

Autokatalyse Besondere Form der Nichtlinearität; sich selbst verstärkender Prozeß.

Bakteriophage Virus, der Bakterienzellen parasitiert.

Bakterium Einzelliges Lebewesen ohne Zellkern (Prokaryonten), das in drei unterschiedlichen Gestalttypen vorkommt (Kugel, Stäbchen, Spirale). Das genetische Material hat die Form eines ringförmigen DNA-Moleküls. Die Zellwand der Bakterien besteht zum größten Teil aus Murein, einer Verbindung aus Zuckern und Aminosäuren, und zeigt keine Übereinstimmungen mit den Cellulosewänden der Pflanzen.

Belousov-Zhabotinsky (BZ)-Reaktion Chemische Reaktion, die ein besonders reiches dynamisches Verhalten zeigt; sie ist insbesondere zu raum-zeitlicher Musterbildung in der Lage. In der BZ-Reaktion wird ein organisches Molekül (z. B. Malonsäure) durch Bromationen oxidiert.

Bifurkation In dynamischen Systemen die Aufspaltung von Attraktoren; bekanntes Beispiel ist die Hopf-Bifurkation, die aus einem Fixpunkt einen stabilen Grenzzyklus erzeugt.

Biologische Uhr Innere Faktoren in Organismen, die Funktionen auch ohne äußere rhythmische Stimuli rhythmisch organisieren können.

Boltzmann-Dynamik Bestimmter Verlauf dynamischer Prozesse, die in thermischen Systemen ablaufen bzw. thermischen Systemen analog sind. Bei einer Boltzmann-Dynamik sind Prozesse, die zu einer Verringerung der Energie führen, immer wahrscheinlicher als solche, die mit einer Energieerhöhung verbunden sind.

cAMP (engl. cyclic AMP); Erscheinungsform des Adenosinmonophosphats, in dem die Atome der Phosphatgruppe einen Ring bilden; wichtige Rolle bei Regulationsprozessen sowie als *second messenger* einer Vielzahl Hormone und Neurotransmitter bei Wirbeltieren; bei *Dictyostelium*-Amöben ist cAMP Signalstoff in der chemischen Kommunikation.

Chemotaxis Vermögen eines Organismus, auf einen chemischen Reiz zu reagieren, indem er sich auf ihn zu oder von ihm weg bewegt.

Chiralität Händigkeit; chirale Verbindungen bestehen aus Molekülen, die nicht mit ihrem Spiegelbild zur Deckung gebracht werden können.

Chloroplast Grün gefärbte, photosynthetisch aktive Zellorganelle.

Chromosom Fadenartige Strukturen in den Kernen lebender Zellen, aber auch in kernlosen Zellen wie Bakterien. In somatischen Zellen (also nicht in Keimzellen) erscheinen Chromosomen immer als homologe Paare, wobei die Anzahl der Paare artspezifisch ist. Chromosomen bestehen u. a. aus DNA, dem Träger der genetischen Information.

circadianer Rhythmus Biologischer Prozeß, der etwa alle 24 Stunden eintritt (lat. circa: ungefähr, dies: Tag).

Codon Einheit („Buchstabe") des genetischen Codes; drei benachbarte Nukleotide in einem DNA- oder mRNA-Molekül, die zusammen eine spezifische Aminosäure oder das Ende der Polypeptidkette codieren.

Cytoplasma Hauptsächlich aus Proteinen bestehende Grundsubstanz der Zelle.

Cytoskelett Netzwerk filamentartiger Proteinstrukturen im Cytoplasma; für die Aufrechterhaltung der Zellgestalt verantwortlich; dient der Verankerung von Organellen und ist bei der Zellbewegung beteiligt; besteht aus Aktinfilamenten, Mikrotubuli und intermediären Filamenten.

(deterministisches) Chaos Das Wort Chaos stammt aus dem Griechischen ($\chi\alpha o\varsigma$) und bezeichnete ursprünglich den unbegrenzten leeren Raum, der schon vor allen Dingen existierte. Die spätere römische Deutung interpretierte Chaos als rohe gestaltlose Masse, in die der *Architekt der Welt* Ordnung und Harmonie eingeführt hat. Heute steht Chaos für einen Zustand von Unordnung und Unregelmäßigkeit.

Man bezeichnet mit deterministischem Chaos unregelmäßiges Verhalten nichtlinearer Systeme, deren dynamische Gesetze dennoch eindeutig die zeitliche Entwicklung des Systemzustands bei Kenntnis der vorherigen Zustände bestimmen. Heute ist klar, daß dieses Phänomen in der Natur überaus weit verbreitet ist – biochemische Reaktionen (z. B. Glykolyse), Stimulierung von Herzrhythmen oder bestimmte Populationsdynamiken sind nur einige Beispiele aus der Biologie.

Diffusion Durch die molekulare Wärmebewegung verursachter Ortswechsel von Molekülen oder Atomen. Diffusion ist der Prozeß, durch den sich Substanzen in einer Lösung allmählich gleichmäßig verteilen. Diffusion erfolgt auch gegen die Schwerkraft und geht regellos nach allen Richtungen. Bei Unterschieden in den Konzentrationen der diffundierenden Substanzen resultiert jedoch eine bevorzugte Richtung vom Ort höherer zum Ort niedrigerer Konzentration bis sich die Konzentration ausgeglichen hat. Diffusion ist, wo ein Konzentrationsgefälle besteht, diesem Konzentrationsgefälle proportional.

Differentialgleichung Grundlegende Methode der kontinuierlichen Beschreibung natürlicher Prozesse. Eine Differentialgleichung drückt eine Beziehung der Funktion zu ihren Ableitungen und einer unabhängigen Variablen (oft der Zeit) aus.

dissipative Strukturen Räumlich, zeitlich oder raum-zeitlich organisierte Strukturen, die durch Umwandlung von Energie in Ordnung entstehen. Viele Beispiele sind in diesem Buch enthalten (u. a. BZ-Reaktion, Entwicklung von *Dictyostelium*), aber auch die Muster an der Oberfläche von heißem Milchkaffee sind dissipative Strukturbildungen.

DNA Abk. für desoxyribonucleic acid (deutsch: Desoxyribonukleinsäure), ein Riesenmolekül, das in den Zellkernen vorkommt und aus Phosphorsäure, Zucker und Aminobasen besteht. Der Zucker ist Desoxyribose, ein Pentosezucker; DNA ist eine Nukleinsäure, die vorwiegend in den Chromosomen lokalisiert ist, die Proteinsynthese reguliert und somit das Schlüsselmolekül der Gene darstellt. Strukturell setzt sich DNA aus langen Ketten chemischer Bausteine, den Nukleotiden, zusammen. Die DNA ist doppelsträngig, zu einer Doppelschraube (Helix) eingerollt, und enthält alle in der Nukleotidfolge verschlüsselten Informationen doppelt.

Bei der Zellteilung wird die gesamte genetische Information auf zwei Tochterzellen übertragen. Die Nukleotide der DNA enthalten die Basen Adenin, Guanin, Cytosin und Thymin. Sie sind die vier „Buchstaben" des genetischen Alphabets, aus denen sich die „Wörter" des genetischen Codes bilden. In ihren Sequenzen (z. B. AACCCGGGTTTT-TACGCT...) ist die genetische Information codiert.

Ei Weibliche Keimzelle, die gewöhnlich große Mengen an Cytoplasma und Dotter enthält; nicht beweglich und oft viel größer als die männliche Keimzelle.

Elektrisches Potential Unterschied der elektrischen Ladung zwischen zwei Bereichen positiver bzw. negativer Ladung. Der Aufbau von Potentialen an Zell- und Organellenmembranen ermöglicht eine Vielzahl wichtiger Prozesse wie die Übertragung von Nervenimpulsen und Muskelkontraktionen, ist wahrscheinlich aber auch für die räumliche Gestaltbildung von Bedeutung.

Elektron Elementarteilchen mit negativer elektrischer Ladung, deren Größe der positiven Ladung eines Protons entspricht, dessen Masse jedoch viel kleiner ist.

Elektrophorese Bewegung elektrisch geladener Teilchen in einer Flüssigkeit unter der Wirkung eines elektrischen Felds.

Energie Physikalisch ist Energie ein Maß für die Fähigkeit eines Systems, Arbeit zu verrichten. Dabei ist Arbeit als das definiert, was geschieht, wenn eine Kraft ihren Angriffspunkt verlagert. Energie kann die verschiedensten Formen annnehmen: potentielle, kinetische, elektrische, thermische, chemische Energie, Kernenergie, Strahlungsenergie und mechanische Energie.

Elementarladung Jede elektrische Ladung ist ein ganzzahliges Vielfaches der elektrischen Elementarladung e ($e = 1,6021892 \cdot 10^{-19} C$, 1 C = 1 Coulomb = 1 Ampéresekunde).

Entelechie In der Aristotelischen Philosophie ist *entelecheia* das Lebensprinzip, gleichgesetzt mit der Seele (oder Psyche im altgriechischen Sinn des Wortes). Die E. ist sowohl die formative als auch die finale oder Zweckursache eines lebendigen Organismus. In Hans Drieschs (1867-1941) Vitalismus ist E. das nichtmaterielle Lebensprinzip, ein lenkender, teleologischer Kausalfaktor, der für Harmonie bei Entwicklung, Verhalten und den mentalen Prozessen sorgt.

Entropie Ein von Clausius eingeführtes Maß für den Wert der Energie, die in einem Körper steckt, bzw. ein Maß für die molekulare Unordnung; die Entropie ist im thermodynamischen Gleichgewicht maximal.

Epigenetik Im Unterschied zu Präformationstheorien eine Entwicklungstheorie, die davon ausgeht, daß ein Embryo nicht vorgeformt im Ei vorliegt (wie ein Homunculus), sondern sich aus ungeformtem Material entwickelt.

Eukaryont Lebewesen, das einen echten Zellkern besitzt (griech. eu: echt, karyon: Kern).

Evolution Seit Darwin der Prozeß, durch den sich unterschiedliche Organismenarten als Ergebnis zufälliger Veränderungen (Mutationen) und Adaptation an veränderte Umweltbedingungen entwickelt haben; nach der modernen Kosmologie ist das ganze Universum ein evolutionäres System.

Feld Die Wechselwirkungen zwischen voneinander entfernten Teilchen werden durch die Existenz von Feldern erklärt, die von den Teilchen in dem sie umgebenden Raum erzeugt werden. Ein Feld breitet sich im Raum mit endlicher Geschwindigkeit aus. Felder sind ebenso materiell wie die sie erzeugenden Teilchen.

Die heutige Physik kennt mehrere Arten von Feldern: Gravitationsfelder, elektromagnetische Felder und die Materiefelder der Quantenphysik. Die Theorien zur Musterbildung betrachten morphogenetische Felder als Umschreibung des Einflusses nichtgenetischer Informationssysteme auf die Musterbildung. Morphogenetische Felder sind zum Beispiel Konzentrationsverteilungen chemischer Substanzen. Konzentrationsabhängig können Differenzierungsprozesse induziert werden.

Fibonacci In der Fibonacci-Folge ist jedes Glied (mit Ausnahme der ersten zwei) die Summe seiner beiden Vorgänger, d. h. 1, 1, 2, 3, 5, 8, 13, ... Der Name der Folge geht auf Leonardo von Pisa, genannt Fibonacci, zurück. Dieser versuchte, Gesetzmäßigkeiten in der Populationsdynamik von Kaninchen zu beschreiben. Unter stark vereinfachenden Annahmen ergeben sich die Glieder der Fibonacci-Folge dann als Anzahl Kaninchenpaare einer Generation.

Ficksches Gesetz Gesetzmäßigkeit der Diffusion; danach ist die Geschwindigkeit der Diffusionsbewegung proportional zur lokalen Änderung der

Partikelkonzentration, der Proportionalitätsfaktor ist der *Diffusionsko-effizient.*

Flagellum Der Bewegung dienendes Zellorganell.

Fourieranalyse Auch als harmonische Analyse bezeichnet; Zerlegung einer Funktion f(x) in eine Summe von sinus- oder kosinusförmigen (harmonischen) Teilschwingungen (Moden):

$$f(x) = \frac{a_0}{2} + a_1 \cos x + a_2 \cos 2x + \dots$$

$$+ b_1 \sin x + b_2 \sin 2x + \dots$$

Fourier hat gezeigt, daß diese Zerlegung für eine sehr große Klasse von Funktionen möglich ist. Die Koeffizienten errechnen sich als:

$$a_n = \frac{1}{\pi} \int_0^{2\pi} f(x) \cos nx \; dx, n = 0, 1, 2, \dots$$

$$b_n = \frac{1}{\pi} \int_0^{2\pi} f(x) \sin nx \; dx, n = 0, 1, 2, \dots$$

Außer der Grundmode (n = 1) treten dabei i. a. alle ganzzahligen Vielfachen auf ($n = 2, 3, \dots$: harmonische Oberschwingungen). Es können aber auch einzelne Moden wegfallen; in der Praxis genügt es meist, wenn man die Entwicklung nach den ersten Gliedern abbricht.

Fraktal Bezeichnung einer bestimmten Klasse geometrischer Objekte, die auf B. Mandelbrot zurückgeht. Er betrachtete so unterschiedliche Objekte wie kontinentale Küstenlinien, Verzweigungen von Bäumen oder Umrisse von Wolken. Mandelbrot schuf den Begriff Fraktal für diese komplexen Formen, um auszudrücken, daß sie durch eine nichtganzzahlige Dimension charakterisiert werden können. Fraktale sind selbstähnlich, d. h. wenn wir einen Teil ausschneiden und aufblasen, so ähnelt dieser Teil sehr stark der ursprünglichen Form.

fraktale Dimension Ein gewöhnlicher Kurvenzug hat die fraktale Dimension D = 1, Flächen D = 2 und Kugeln D = 3. Für „echte Fraktale" ist D jedoch keine ganze Zahl. So ergibt sich für die iterativ erzeugte Kochsche Kurve (vgl. Bild 1.12) zum Beispiel eine fraktale Dimension von 1.26. Diese Zahl erhält man, wenn man die Änderung des Maßstabes in jedem Iterationsschritt (im Fall der Kochschen Kurve ist ist dies eine Verdreifachung) in Beziehung setzt zur Anzahl der Vielfachungen der „Grundform" (im Fall der Kochschen Kurve ist das die Dreiecksform, die jeweils vierfach die Vorstruktur ersetzt). Dann ist $D = \frac{ln4}{ln3} = 1.26$.

Gen 1. Erbfaktor bzw. Vererbungseinheit; 2. Spezifische nicht notwendiger-
weise zusammenhängende Region auf einem Chromosom, die in der Lage
ist, die Entwicklung eines bestimmten Merkmals zu bestimmen. Besteht
ganz oder wenigstens teilweise aus DNA. Alternative Formen eines Gens
werden Allele genannt. Ein Gen kann sich selbständig vermehren und ist
bei der Übermittlung der genetischen Information von einer Generation
zur nächsten beteiligt.

Genetischer Code System der Nukleotidtripletts in DNA und RNA, die jeweils für eine Aminosäure codieren; die Anordnung der Basen innerhalb
des DNA- bzw. RNA-Moleküls bestimmt die Verteilung der Aminosäuren in dem entsprechenden Proteinmolekül.

Genexpression Bezeichnung für die Phasen der Proteinsynthese; dabei werden jeweils nur bestimmte Bereiche der DNA abgelesen, ein Vorgang,
der als differentielle Genexpression bekannt ist.

Genom Kompletter haploider (einfacher) Chromosomensatz, wie er in Keimzellen vorkommt.

Genotyp Genetische Konstitution eines Organismus.

Gewebe Gruppe ähnlicher Zellen, die in einer strukturellen oder funktionalen
Einheit organisiert sind.

Gleichgewicht Zustand eines Systems (z. B. chemisch oder thermodyna-
misch), in dem keine weitere Veränderung der Zustandsvariablen mehr
zu beobachten ist; Ergebnis des Ausbalancierens gegenläufiger Prozesse; die *Stabilität* des Gleichgewichts ist ein Maß dafür, wie leicht bzw.
wie schwer ein System aus dem Gleichgewicht gebracht werden kann;
man unterscheidet stabiles von instabilem bzw. metastabilem G. Ausgangspunkt für einen morphogenetischen Prozeß ist oft ein nicht-stabiler
Gleichgewichtszustand, der durch Störung zur Musterbildung gebracht
werden kann.

Goldener Schnitt Der Goldene Schnitt beschreibt ein als besonders harmo-
nisch empfundenes Teilungsverhältnis: „Das Ganze (1) verhält sich zum
größeren Teil (g), wie der größere Teil zum kleineren",
d. h. $1 : g = g : (1 - g)$. Diese Beziehung läßt sich als quadratische Gleichung $g^2 + g - 1 = 0$ formulieren und führt zur Lösung $g = (\sqrt{5} - 1)/2$.

Gradientensystem Morphogenetische Vorstellung, nach der die abgestufte
räumliche Verteilung eines Morphogens Differenzierungsprozesse ermöglicht: Die Überschreitung unterschiedlicher Schwellwerte in benachbarten Regionen kann die Differenzierung induzieren, indem konzentrationsabhängig unterschiedliche Genombereiche exprimiert (abgelesen) werden.

Induktion In der embryologischen Entwicklung das Phänomen, daß ein Gewebe bzw. Körperteil die Differenzierung eines anderen Gewebes bzw.
Körperteils bewirken kann.

Information Bedeutet wörtlich „in eine Form bringen". Eine allgemeine Definition des Begriffs könnte lauten: das, was Form oder Ordnung in die Welt bringt. Insbesondere bei der biologischen Musterbildung spielt Information eine Rolle als formenbildende Ursache. Genetische Information, also die in codierter Form in den Genen enthaltene Information, ist eine notwendige, aber nicht hinreichende Voraussetzung der biologischen Musterbildung.

Informationstheorie Zweig der Kybernetik, in dem es darum geht zu bestimmen, wieviel Information notwendig ist, um Prozesse bestimmter Komplexität zu steuern. Information in diesem engeren Sinne wird in Bits angegeben. Ein Bit ist die Informationsmenge, die erforderlich ist, um eine von zwei Alternativen zu spezifizieren, etwa um in der binären Computersprache zwischen 1 und 0 zu unterscheiden (1 Byte = 8 Bits, 1 kB = 2^{10} Byte = 1024 Bytes, 1 MB = 10^6 Bytes).

Iteration Wiederholte Anwendung derselben Vorschrift. Das Ergebnis geht jeweils als Startwert in den nächsten Rechenschritt ein (Rückkopplung).

Keimzelle Reife haploide Zelle, deren Vereinigung mit einer anderen Zelle (z. B. Ei- oder Spermazelle) Voraussetzung zur Entwicklung eines neuen Individuums ist.

Konvektion Partikel in einer fließenden Flüssigkeit nehmen die Geschwindigkeit der Flüssigkeit an und bewegen sich somit mit der Flüssigkeit.

Kristall Festkörper von regelmäßiger innerer und äußerer Struktur. Seine elementaren Bausteine (Atome, Atomgruppen, Ionen, Moleküle) bilden ein für jede Kristallart charakteristisches Kristallgitter. Der Name kommt von *krystallos* (griech.: Eis). Man hat im Altertum den Bergkristall für eine Art permanentes Eis gehalten.

Kybernetik Theorie der Kommunikation und der Steuerungsmechanismen in lebendigen Systemen und Maschinen.

Larve Unreifes Lebewesen, das sich anatomisch stark vom Erwachsenenstadium unterscheidet; Beispiele sind Raupen bzw. Kaulquappen.

Lebenszyklus Gesamter Zeitraum der Existenz eines Organismus – von der Zygotenbildung (bzw. asexuellen Vermehrung) bis hin zur eigenen Vermehrung.

Ligand Bei der Komplexbildung an ein Atom, das sogenannte Zentralatom, werden andere Atome, die sogenannten Liganden, angelagert.

Maße 1 pm = 10^{-12}m (p: piko)
1 nm = 10^{-9}m (n: nano)
1 μm = 10^{-6}m (μ: mikro)
1 mm = 10^{-3}m (m: milli)

Materie Stoff, der traditionelle Gegenbegriff für Form. Im philosophischen Materialismus ist Materie die Substanz und Basis aller Wirklichkeit und wird im allgemeinen atomistisch aufgefaßt. In der Newtonschen Physik steht Materie, die durch Masse und Ausdehnung gekennzeichnet ist, im Gegensatz zur Energie. Nach der Relativitätstheorie sind Masse und Energie ineinander überführbar.

Mechanik Physikalisch das Studium des Verhaltens von Materie unter der Einwirkung von Kraft. Die Newtonsche Mechanik ist durch die Relativitätstheorie grundlegend modifiziert worden; für die Erklärung mikrophysikalischer Phänomene wurde sie durch die Quantenmechanik ersetzt.

Metastabilität Metastabile Systeme können durch einen geringen Anstoß aus dem Gleichgewicht gebracht werden. Eine überhitzte Flüssigkeit kann z. B. längere Zeit als metastabiles System existieren ohne zu sieden. Das Hineinfallen eines Staubkorns oder auch nur eine mechanische Erschütterung kann stoßartig das Sieden auslösen. Analog kann eine übersättigte Lösung existieren ohne daß die gelöste Substanz auskristallisiert; eine kleine Störung, z. B. durch Zugabe eines Kristallisationskeims, löst Kristallisation aus.

Mikrotubulus Extrem kleines röhrenförmiges Organell, das aus zwei Typen kugelförmiger Proteine besteht; wichtiger Bestandteil des Zellskeletts.

Monomer Untereinheit eines Makromoleküls.

Morphogen Bezeichnung einer Substanz mit „morphogenetischer Wirkung". Echte Beispiele von Morphogenen in der Natur sind bislang selten; sie spielen nichtsdestotrotz in der Theoriebildung eine wichtige Rolle.

Morphogenese Das Entstehen von Form und Gestalt.

Mutation Veränderung des genetischen Materials.

Myzel Die Gesamtheit der Hyphen, die den „Körper" eines Pilzes ausmachen.

Natürliche Selektion Wechselwirkung zwischen Organismen und ihrer Umgebung; resultiert in unterschiedlichen Vermehrungsraten der verschiedenen Phänotypen einer Population, was Veränderungen der Frequenzen von Genotypen in der Population, d. h. Evolution, zur Folge haben kann.

nichtlineare Dynamik Sind die zeitlichen Änderungen der Zustandsvariablen eines dynamischen Systems den wirkenden Ursachen bzw. Kräften nicht direkt proportional, sondern treten komplizierte Ursachen-Wirkungs-Beziehungen auf, so spricht man von nichtlinearer Dynamik. Mathematisch gesehen heißt das, die Differentialgleichungen, welche die Ableitungen von Größen mit den Größen selbst verknüpfen, haben nicht die Form linearer Gleichungen. Die graphische Darstellung solcher Zusammenhänge entspricht vielmehr Kurven oder gekrümmten Flächen.

Nukleinsäure Makromolekül, das aus Nukleotiden besteht; bekannte Beispiele sind DNA und RNA.

Nukleotid Molekül bestehend aus Phosphatgruppe, fünfwertigem Zucker (Ribose oder Desoxyribose) und einer Purin- oder Pyrimidinbase; Bausteine der Nukleinsäuren.

Oberflächenspannung Spannung der Oberfläche einer Flüssigkeit; verursacht durch die Adhäsion der Flüssigkeitsmoleküle; Wasser hat eine besonders hohe Oberflächenspannung.

Ontogenese Die Entwicklung eines Individuums.

Organell Bestandteil des Cytoplasmas; kann ähnlich einem Organ in einem vielzelligen Lebewesen die verschiedensten Funktionen übernehmen.

Osmose Eindringen von Lösungsmittel durch eine semipermeable (halbdurchlässige) Membran in eine Lösung höherer Konzentration.

Oszillation Regelmäßiger, rhythmischer Prozeß; zumeist zeitliche Rhythmen, aber auch räumliche Rhythmen sind möglich.

partielle Differentialgleichung In gewöhnlichen Differentialgleichungen treten nur Funktionen einer einzigen unabhängigen Veränderlichen auf. Von einer partiellen D. spricht man hingegen, wenn die gesuchte Funktion von mehreren unabhängigen Variablen abhängt und in der Gleichung partielle Ableitungen vorkommen; traditionelle Beschreibungsweise von Systemen, die von Raum und Zeit kontinuierlich abhängen. Klassisches Beispiel sind die Maxwellschen Gleichungen der Elektrodynamik.

Phänotyp Merkmale und Erscheinung einer Zelle oder eines Individuums, die durch den Genotyp unter Berücksichtigung der Umwelteinflüsse geprägt werden.

Phylogenese Evolutionäre Entwicklung der Lebewesen.

Pigment Farbige Substanz, die das Licht bestimmter Wellenlänge absorbiert.

Pilz Gruppe einfach gebauter Pflanzen (keine systematische Gruppierung), die allgemein kein Chlorophyll besitzen; die meisten Vertreter haben eine filamentartige Verzweigungsstruktur, das Myzel.

Plasmamembran Membran, die das Cytoplasma einer Zelle umgibt.

Platonismus Die philosophische Tradition, die in der Nachfolge Platons die Existenz eines eigenständigen Reichs der Ideen, Urbilder und Essenzen postuliert, die außerhalb von Raum und Zeit existieren und zwar unabhängig davon, ob sie in der Welt der Phänomene manifestiert sind oder nicht.

Pollen Sporen bei Samenpflanzen.

Polypeptid Molekül, das aus einer langen Kette von Aminosäuren besteht, die durch Peptidbindungen verbunden sind.

Primordium Erstes Anzeichen für die Entwicklung eines Organs oder einer Struktur; Anlage.

Prokaryont Zelle ohne Kern, z. B. Bakterium.

Protein Eiweiß; besteht aus einer oder mehreren Polypeptidketten; die Sequenz der Aminosäuren eines bestimmten Proteins wird von der Sequenz der Nukleotide in der DNA des zuständigen Gens festgelegt.

Protein(bio)synthese Die lange rätselhafte Biosynthese der Proteine ist heute in den Grundzügen aufgeklärt. Sie erfolgt nach Instruktionen, die in der DNA des Zellkerns verschlüsselt niedergelegt und von der Boten-RNA (m-RNA) abgelesen werden (Transkription). Die Moleküle der m-RNA treiben im Cytoplasma der Zelle zu den Ribosomen, dem eigentlichen Ort der Proteinsynthese.

Die Ribosomen sind oft perlschnurartig in spiraliger Form aneinandergereiht und bestehen zu einem großen Teil (60%) aus r-RNA (r steht für ribosomal). Die m-RNA gleitet über die Ribosomen und ist dabei so orientiert, daß in jedem Augenblick nur ein Triplett (Codon), das sind drei aufeinanderfolgende Nukleotide, freiliegt. Nun naht eine transfer-RNA (t-RNA) mit dem zum Codon passenden Anticodon, die eine Aminosäure heranbringt. Die t-RNA bewirkt die Übersetzung des Nukleotidcodes (Translation) in die Aminosäuresequenz des entstehenden Proteins. Dabei ist die t-RNA nicht ein Band von Tripletten wie die m-RNA, sondern trägt nur ein einziges kodierendes Triplett (Anticodon) für „ihre" Aminosäure.

Proton Elementarteilchen mit positiver Ladung e; Größe der Ladung e entspricht Ladung eines Elektrons (vgl. *Elementarladung*); die Masse eines Protons ist etwas kleiner als die eines Neutrons, des anderen Elementarteilchens im Atomkern.

Pythagoräer Eine Schule des griechischen Denkens, die das Universum als wesenhaft mathematisch ansah. Die fundamentale Wirklichkeit ist Raum und Zeit transzendent. Viele Übereinstimmungen mit dem Platonismus.

Reaktions-Diffusions-System Beispiel eines dynamischen Systems, das zu raum-zeitlicher Musterbildung in der Lage ist. Kennzeichnend ist ein antagonistisches Wechselspiel einer chemischen Reaktionsdynamik mit einem Transportprozeß, der Diffusion. Turing hat gezeigt, daß sich in solchen Systemen unter bestimmten Bedingungen selbstorganisiert Muster entwickeln können. Bekanntes Beispiel sind „Aktivator-Inhibitor-Systeme", deren Untersuchung u. a. mit den Namen H. Meinhardt und A. Gierer verbunden ist.

Rezeptor Protein- oder Glykoproteinmolekül mit spezifischer dreidimensionalen Struktur, an die eine Substanz (z. B. Hormon, Neurotransmitter oder Antigen) mit einer komplementären Struktur binden kann; typischerweise an der Oberfläche einer Membran präsentiert; die Bindung des komplementären Moleküls kann einen Transportprozeß oder andere Prozesse in der Zelle auslösen.

Rhizoid Ein- oder mehrzellige Zellfäden bei Algen, Bakterien und Moosen, die als Verankerung im Substrat dienen können.

RNA Wie die DNA Nukleinsäure, die von Wichtigkeit bei der Proteinsynthese ist. Ihre Komponenten sind der DNA ähnlich, allerdings enthält RNA immer einen Ribose-Zucker und meist statt der Base Thymin Uracil. Es gibt drei Haupttypen RNA – Boten-RNA (mRNA), welche kerngebunden ist, transfer-RNA (tRNA), welche die Aminosäuren befördert und ribosomale RNA (rRNA), die an den Ribosomen des Cytoplasmas lokalisiert ist, an welchen die Proteinsynthese stattfindet.

Schmetterlingseffekt Bezeichnung des Phänomens der empfindlichen Abhängigkeit deterministisch chaotischer Systeme von den Anfangsbedingungen: Zum ersten Mal diskutiert von E. N. Lorenz im Zusammenhang eines Systems, das in grober Näherung den Luftfluß in der Erdatmosphäre beschreibt. Das Ergebnis kann durch die Bewegungen eines Schmetterlings verändert werden, daher die Bezeichnung. Dieses Verhalten von Systemen in der Zeit basiert 1. nicht auf Rauschen, also Störungen (es gibt keine im Lorenz System), 2. nicht auf einer unendlichen Anzahl Freiheitsgraden (es gibt nur drei im Lorenz System) und 3. auch nicht auf einer quantenmechanischen Unschärfe (die betrachteten Systeme sind sämtlich klassisch). Die Quelle der Unregelmäßigkeit ist vielmehr die Eigenschaft der meisten nichtlinearen Systeme, anfänglich nahe Zustände mit exponentieller Geschwindigkeit zu trennen. Es ist deshalb praktisch unmöglich, das Langzeitverhalten dieser Systeme vorherzusagen, denn in der Praxis kann man die Anfangsbedingungen nur mit endlicher Genauigkeit festlegen.

Selbstorganisation Irreversible Prozesse in nichtlinearen dynamischen Systemen, die durch das kooperative Wirken von Teilsystemen zu komplexeren Strukturen des Gesamtsystems führen. „Selbst" drückt aus, daß die entsprechenden Strukturen nicht von außen aufgeprägt bzw. organisiert werden, sondern das Resultat innerer Wechselwirkungen sind.

Selektion Auslese, die Veränderungen in der genetischen Zusammensetzung einer Population herbeiführt.

Spektralanalyse Mathematische Methode zur Analyse des Frequenzspektrums von Funktionen (vgl. auch *Fourieranalyse*).

Spore Asexuelle Reproduktions- oder Überdauerungszelle; kann sich – im Gegensatz zu Keimzellen – ohne Verschmelzung mit anderen Zellen zu einem neuen Organismus entwickeln.

Strukturgen Jedes Gen, das für ein Protein codiert; im Gegensatz zu Regulationsgenen.

Symmetrie Klassifikationskategorie von Musterformen. Es lassen sich insbesondere radiärsymmetrische, verschiebungssymmetrische und achsensymmetrische Formen unterscheiden. Auch die Selbstähnlichkeit bzw. Skaleninvarianz von Fraktalen ist eine Symmetrieeigenschaft. Musterbildung kann als Symmetriebrechung aufgefaßt werden. Aus der radialsymmetrischen kreisrunden Zygote entsteht oft ein bloß achsensymmetrisches Erwachsenenstadium.

Synergetik Lehre vom Zusammenwirken, die auf Hermann Haken zurückgeht und dissipative Strukturbildung untersucht. Die Synergetik hat insbesondere gezeigt, daß durch kooperatives Wirken von Teilsystemen komplexere Strukturen des Gesamtsystems entstehen können.

Teleologie Die Lehre von den Zielen oder finalen Ursachen; die Erklärung der Phänomene anhand von Zielen und Zwecken.

Thallus Einfacher Pflanzen- oder Algenkörper ohne Differenzierung in Wurzeln, Blätter und Stengel.

Thermodynamik (griech. therme: Wärme, dynamis: Kraft) Studium der Transformation von Energie. Der erste Hauptsatz der T. besagt, daß in allen Prozessen die totale Energie des Systems und seiner Umgebung konstant bleibt. Nach dem zweiten Hauptsatz tendieren in einem geschlossenen System alle natürlichen Prozesse zu einer Entwicklung, in der die Unordnung bzw. Zufälligkeit des Systems zunimmt. Der dritte Hauptsatz, das *Nernstsche Wärmetheorem*, macht eine Aussage über den absoluten Nullpunkt (0^0 K entspricht -273.16^0 C), der nie erreicht werden kann – ein System kann sich ihm nur asymptotisch nähern.

Transkription Enzymatischer Prozeß, in dem die genetische Information der DNA die komplementäre Basensequenz der RNA-Moleküle spezifiziert.

Turgor Flüssigkeitsinnendruck einer Zelle.

Unterkühlte Schmelze „Überschreitungserscheinung" wegen fehlender Kristallisationskeime. Der Phasenübergang läßt sich durch Einbringen von „Keimen" in die Schmelze auslösen.

Vakuole Von Membran begrenzter, flüssigkeitsgefüllter Sack im Cytoplasma der Zelle.

Vesikel Kleine sackartige Aushöhlung, die Flüssigkeit enthält.

viscous fingers (engl.) Muster, das entsteht, wenn eine niedrigviskose in eine höherviskose Flüssigkeit injiziert wird. Die Bewegung beider Flüssigkeiten wird durch die Navier-Stokes-Gleichung mit bewegtem Rand beschrieben, eine nichtlineare Gleichung, die Abhängigkeiten von Schwerkraft, Wärmediffusion und Scherkräften enthält.

Vitalismus Theorie, nach der Aktivitäten eines Organismus auf ein Lebensprinzip oder eine Lebenskraft zurückgehen, und nicht einfach das Resultat physikalisch-chemischer Prozesse darstellen (mechanistische Theorie). Die Organisation des Lebendigen hängt danach von zielgerichteten Vitalfaktoren ab (Entelechie), die sich nicht auf die bekannten Gesetze der Physik und Chemie zurückführen lassen.

Zelle Strukturelle Organisationseinheit von Organismen, die Organellen einschließt und von einer Membran umgeben ist; besteht aus Cytoplasma und bei Eukaryonten aus ein oder mehreren Kernen; der Zellkern ist ebenfalls von einer Membran umgeben und enthält die genetische Information.

Zellulärer Automat Ein kybernetisches Hilfsmittel zur Modellierung raumzeitlicher Musterbildung in physikalischen, chemischen und biologischen Systemen. Der Begriff geht auf John v. Neumann als Metapher für ein künstliches System (Automat), welches Eigenschaften lebender Systeme wie Selbstreplikation und Evolutionsfähigkeit besitzt, zurück.

Zellwand Plastische oder feste Struktur, die von der Zelle produziert wird und sich außerhalb der Membran befindet; die meisten Pflanzen, Pilzen und Bakterien besitzen außerhalb der Membran eine Zellwand, die sich in ihrem Aufbau unterscheiden kann. Pflanzliche Zellwände sind geschichtet; die an die Mittellamelle grenzende Primärwand enthält nur wenig Cellulose und besteht im wesentlichen aus Cellulosanen, während die Sekundärwand in der Hauptsache aus Cellulose besteht, die in eine aus Cellulosanen bestehende Grundsubstanz eingebettet ist. Die Cellulosemoleküle aggregieren abschnittsweise unter Ausbildung von Wasserstoffbrücken zu Elementarfibrillen, die ihrerseits zu lichtmikroskopisch nachweisbaren Makrofibrillen aggregieren.

Zygote Diploide Zelle, die aus der Verschmelzung männlicher und weiblicher Gameten, d. h. durch Befruchtung entsteht.

Literatur

[1] H. Curtis und N. Soe Barnes (1989) Biology. Worth Publishers, New York

[2] W. Ebeling (1989) Chaos, Ordnung und Information. Urania Leipzig

[3] P. B. Medawar und J. S. Medawar (1986) Von Aristoteles bis Zufall. Piper, München

[4] H. G. Schuster (1988) Deterministic Chaos. VCH, Weinheim

[5] R. Sheldrake (1992) Das Gedächtnis der Natur. Scherz, Bern

[6] W. Theimer (1978) Handbuch naturwissenschaftlicher Grundbegriffe. Deutscher Taschenbuch Verlag, München

Über die Autoren

Ben-Jacob, Eshel (geb. 1952) promovierte 1981 in Tel Aviv. Arbeitete danach am Institut für Theoretische Physik an der Universität von Kalifornien in Santa Barbara. 1984-1989 Assistenzprofessur an der Universität von Michigan in Ann Arbor. Jetzt Professor an der Universität in Tel Aviv. Forschungen über Musterbildung in unbelebten Systemen und in Bakterienkolonien.

Brière, Christian (geb. 1950) studierte zuerst Mathematik, später mathematische Biologie mit Anwendungen in der Entwicklung von Pflanzen. Als Postdoktorand arbeitete er bei Brian Goodwin über die Morphogenese der Riesenalge *Acetabularia*. Später Forschungen zur Zellteilung, zur Entstehung von Zellpolarität und über pflanzliche Protoplasten. Jetzt Forschungsleiter am Centre National de la Récherche Scientifique (CNRS) in Toulouse.

Camazine, Scott (geb. 1952) studierte an der Harvard und der Cornell University, wo er 1993 auch promovierte. Sein Arbeitsgebiet ist die soziale Organisation von Honigbienen. Er ist Author mehrerer Bücher und erhielt 1987 eine Ehrung als *BBC Wildlife Photographer of the Year*. Er lebt in Ithaca, New York, wo er seine Studien fortsetzt und nebenher als Notarzt arbeitet. Zur Zeit ist er Mitglied des Wissenschaftskollegs in Berlin, wo er ein Buch über Selbstorganisation in der Biologie vorbereitet.

Denet, Bruno (geb. 1962) arbeitet an der Université de Provence in Marseille. Er ist Spezialist für die Anwendung numerischer Methoden zur Analyse komplexer Systeme. Er war bereits an vielen derartigen Projekten beteiligt, u. a. bei der Simulation von Flammenausbreitung und biologischen Morphogenese.

Deutsch, Andreas (geb. 1960) studierte Mathematik und Biologie an den Universitäten von Mainz und Bergen/Norwegen. Seit 1988 beschäftigt er sich mit Fragestellungen der Theoretischen Biologie, zuerst als Doktorand in der zellbiologischen Arbeitsgruppe von Prof. L. Rensing in

Bremen in Zusammenarbeit mit Prof. A. Dress (Bielefeld), seit 1992 als wissenschaftlicher Mitarbeiter in der Abteilung „Theoretische Biologie" von Prof. W. Alt am Botanischen Institut der Universität Bonn. Forschungsinteressen neben der Analyse biologischer Musterbildung: kollektive Bewegungsprozesse und Immunologie.

Dress, Andreas (geb. 1938) ist seit 1969 Professor für Mathematik an der damals neu gegründeten Universität Bielefeld, seit 1992 auch Sprecher des Bielefelder *Forschungsschwerpunktes Mathematisierung – Strukturbildungsprozesse.* Veröffentlichungen zu Fragen aus Geometrie, Topologie und Algebra (insbesondere aus der Darstellungstheorie und der Algebraischen K-Theorie) sowie – besonders in den letzten Jahren – zu Fragen aus Biologie und Chemie, die die Entwicklung neuer Methoden in der diskreten Mathematik erfordern.

Dullin, Holger (geb. 1964) Studium der Physik an der Universität Bremen, Diplom 1991 über Streuchaos in Billards, Tätigkeit als Computerfachbuchautor und Journalist. 1994 Promotion über den Kovalevskaya-Kreisel als Student von Prof. P. Richter. Wissenschaftlicher Mitarbeiter im Fachbereich Physik der Universität Bremen mit dem Arbeitsschwerpunkt integrable und nichtintegrable Hamiltonsche Systeme.

Goodwin, Brian (geb. 1931) studierte Biologie an der McGill-Universität in Montreal und Mathematik in Oxford, 1957-60 als Doktorand bei C. H. Waddington in Edinburgh. Nach Forschungsaufenthalten in Kanada und am MIT in Boston 1964 Rückkehr nach Großbritannien, seit 1983 Professor an der Open University in London. Forschungsgebiete: Entstehung biologischer Form (Morphologie und Verhalten), Veränderung der Biologie von einem eher historischen Ansatz in Richtung „exakter" Wissenschaft.

Grahn, Anna (geb. 1967) studierte Mathematik, Informatik sowie theoretische Philosophie und hat mit Lennart Olssaon über Musterbildung bei Salamanderlarven zusammengearbeitet. Sie versucht komplexe Prozesse in der Natur zu verstehen, indem sie diese mit mathematischen Modellen beschreibt.

Huson, Daniel (geb. 1960) promovierte 1990 an der Fakultät für Mathematik der Universität Bielefeld. Arbeitet an der Entwicklung und Anwendung mathematischer Methoden zur Generierung, Klassifizierung und Visualisierung periodischer Strukturen.

Kupferman, Raz (geb. 1965) Studium der Physik an der Universität von Tel Aviv. 1992 Abschluß als Master of Science in Physik. Seit 1987 in der Arbeitsgruppe von Prof. E. Ben-Jacob, wo er seine Forschungen als Doktorand fortsetzt.

Löfberg, Jan (geb. 1938) ist Professor für Morphologie am Zoologischen Institut der Universität Uppsala. Sein Arbeitsgebiet ist die Regulation der Zellwanderung bei Salamanderembryos.

Müller, Achim (geb. 1938) promovierte 1965 bei O. Glemser und habilitierte sich 1967 an der Universität Göttingen. Seine Arbeitsgebiete umfassen unter anderem die Molekülphysik, Schwingungsspektroskopie, bioanorganische Chemie und molekulare Metalloxid- und -sulfid-Komplexe (bzw. -Cluster). Seit 1977 hat er einen Lehrstuhl für Anorganische Chemie an der Universität Bielefeld inne.

Müller, Stefan C. (geb. 1949) studierte Physik in Göttingen und Toulouse. Promotion 1978 in Göttingen über schnelle Relaxationsprozesse. 1979-81 Forschungsjahre am MIT und der Stanford University. Seit 1982 Wissenschaftler am Max-Planck-Institut in Dortmund, Aufbau einer eigenständigen Arbeitsgruppe mit der Zielrichtung raum-zeitliche Selbstorganisation. 1991 Habilitation am Fachbereich Physik der Universität Göttingen. Forschungsschwerpunkte: oszillierende Reaktionen, Wellenausbreitung in erregbaren Medien, dynamische Strukturbildung in biologischen Systemen.

Olsson, Lennart (geb. 1961) hat 1993 über Pigmentzellwanderung von Salamandern bei Prof. J. Löfberg an der Universität Uppsala promoviert. Er arbeitet z. Z. an evolutionären Aspekten tierischer Entwicklung.

Ouyang, Qi (geb. 1955) arbeitet am Department of Physics and Center for Nonlinear Dynamics an der University of Texas in Austin. 1989 Ph.D. in physikalischer Chemie an der Université de Bordeaux. Ouyang studiert Bifurkationen, Chaos und Musterbildung in Reaktions-Diffusions-Systemen und mögliche Anwendungen dieser Systeme und war maßgeblich bei der Entdeckung der Turingstrukturen in der CIMA-Reaktion beteiligt.

Pelcé, Pierre (geb. 1959) ist Physiker an der Université de Provence in Marseille. Er befaßte sich zuerst mit Musterbildungsproblemen in physikochemischen Prozessen wie Flammenausbreitung, Kristallwachstum, viscous fingering und Reaktions-Diffusions-Systemen. Jetzt arbeitet er an biophysikalisch inspirierten Problemstellungen wie der Morphogenese einzelliger Organismen und Herzarhythmien.

Richter, Peter H. (geb. 1945). Studium in Göttingen und Marburg, Promotion 1971 als Student von S. Großmann (Theorie der Phasenübergänge). 1973-1977 Mitarbeiter von Manfred Eigen. Beteiligung an Arbeiten zur Stochastik von Selektionsmodellen; Entwicklung einer Netzwerktheorie der Immunantwort; 1977-1980 Mitarbeiter von John Ross am MIT (Cambridge, Mass.) und in Stanford; u. a. Studium nichtlinearer Oszillatoren. Seit 1980 Professor für Physik an der Universität Bremen.

Shochet, Ofer (geb. 1965) 1987-1991 Teilnahme an einem interdisziplinär orientierten Studienprogramm zur Förderung besonderer Begabungen. 1992 Abschluß als Master of Science im Bereich Physik der Universität von Tel Aviv. Doktorand von Prof. Ben-Jacob.

Siegert, Florian (geb. 1957 in St. Gallen, Schweiz) ist Biologe und arbeitet am Zoologischen Institut der Ludwig-Maximilians-Universität München. Studium der Biologie mit den Schwerpunkten Ökologie und Entwicklungsbiologie. Er unternahm mehrere Forschungsreisen in die Regenwälder Südostasiens und Südamerikas. Am Zoologischen Institut beschäftigt er sich mit der Regulation von Entwicklungsvorgängen.

Steinbock, Oliver (geb. 1966) studierte Physik in Göttingen und war Promotionsstipendiat der Studienstiftung des Deutschen Volkes; 1993 Abschluß der Dissertation über „Externe Kontrolle und Beeinflussung von dissipativen Strukturen in der Belousov-Zhabotinsky-Reaktion" am Max-Planck Institut für molekulare Physiologie in Dortmund. Auszeichnung mit dem Biomedizin-Förderpreis 1993.

Sun, Jiong (geb. 1963) promovierte an der Université de Provence in Marseille. Dort war er an den verschiedensten Arbeiten beteiligt (u. a. Hydrodynamik, Verbrennungsprozesse, Reaktions-Diffusions-Systeme und biologische Morphogenese). Nach einem Forschungsaufenthalt in einem physiologischen Labor an der Universität in Montreal arbeitet er jetzt in einer kanadischen Computerfirma.

Sundén, Lars (geb. 1965) hat am Zoologischen Institut der Universität Uppsala mit Lennart Olsson über die Bedeutung von Zell-Zell-Adhäsion für die Bildung von Pigmentmustern larvaler mexikanischer Axolotlsalamander zusammengearbeitet.

Swinney, Harry L. (geb. 1939) Professor am Department of Physics and Center for Nonlinear Dynamics an der University of Texas in Austin. Arbeiten zur Entstehung von Instabilität, Chaos und Turbulenz in Nichtgleichgewichtssystemen; Studium von Planetenströmungen, u. a. des *great red spot* vom Jupiter. 1992 Aufnahme in die National Academy of Sciences.

Tenenbaum, Adam (geb. 1953) arbeitet gegenwärtig an seiner Dissertation über „Der Zeitbegriff in komplexen Systemen". Er ist Mitarbeiter am Forschungsprojekt von Prof. Ben-Jacob über Physik und Biologie komplexer Systeme an der Universität in Tel-Aviv.

Abbildungsnachweis

Alle hier nicht aufgeführten Abbildungen sind den Autoren des zugehörigen Kapitels zuzuordnen.

1.1 Aufnahme von N. Deutsch, Wiesbaden; das Bild zeigt den Embryo ihrer Tochter Anna

1.3 aus C. De Duve (1986) Die Zelle. Spektrum der Wissenschaft, Weinheim

1.4 S. Camazine, Cornell University, New York, die Illustration ist ein mit Computerhilfe verfremdetes Bild einer von dem berühmten deutschen Zoologen Ernst Häckel angefertigten Lithographie (aus „Kunstformen der Natur", 1904)

1.5 Schema nach Abb. 1.10 in D. Voet und J. G. Voeth (1992) Biochemie. VCH, Weinheim

1.7 aus L. Hafner und P. Hoff (1984) Genetik. Schroedel, Hannover

1.8 aus F. Wille (1992) Humor in der Mathematik. Vandenhoek und Ruprecht, Göttingen

1.9 S. Camazine, Cornell University, New York

1.10 aus E. Krauß (1984) Ernst Haeckel. Teubner, Leipzig

1.12 aus P. Prusinkiewicz und A. Lindenmayer (1990) The Algorithmic Beauty of Plants. Springer-Verlag, New York

1.13 aus T. Vicsek (1992) Fractal Growth Phenomena. World Scientific, Singapore (dort Fig. 13.4)

1.14 Schemazeichnung unter Verwendung von Abb. 8 aus H. Meinhardt. Bildung geordneter Strukturen bei der Entwicklung höherer Organismen. In: B.-O. Küppers (Hrsg.) (1988) Ordnung aus d. Chaos. Piper, München

1.15 B. Hohmann, Bremen

1.16 M. Markus, Max-Planck-Institut für molekulare Physiologie, Dortmund

1.17 H. Dullin, Universität Bremen

1.18 nach Abb. 32.19 in D. Voet und J. G. Voeth (1992) Biochemie. VCH, Weinheim

1.19 A. Wilkens, Institut für Strömungswissenschaften, Herrischried

1.22 S. Camazine, Cornell University, New York

1.23 B. Hohmann, Bremen

3.1 R. Rutishauser, Universität Zürich

3.3 B. Hohmann, Bremen

5.3 K. Adler, E. Dinter, M. Gölje, B. Hespenheide, K. Warnke, Bremen

7.3 K. Hausmann, Zoologisches Institut der Freien Universität, Berlin

9.3 Zeichnung von J. Löfberg, Universität Uppsala

12.1 L. Kuhnert, Berlin

12.3 S. C. Müller, Th. Plesser und B. Hess, Max-Planck-Institut für molekulare Physiologie, Dortmund

Tafel 1 S. Camazine, Cornell University, New York

Tafel 2 S. Camazine, Cornell University, New York

Tafel 3 S. Camazine, Cornell University, New York

Tafel 4 B. Hohmann, Bremen

Tafel 5 C. Weijer, F. Siegert, Universität München

Tafel 6 E. Ben-Jacob, Universität Tel Aviv

Tafel 7 A. Dress u. Olaf Delgado Friedrich, Universität Bielefeld

Tafel 8 A. Deutsch, Universität Bonn

Index

Von Krebsen und Kriminellen

Mathematische Modelle in Biologie und Soziologie

von Edward Beltrami

*Aus dem Amerikanischen übersetzt von Wolfgang Schwarz.
1993. VIII, 198 Seiten mit 46 Abbildungen. Gebunden.
ISBN 3-528-06514-X*

Aus dem Inhalt: Krebse und Kriminelle – Abgeordnetensitze und: Wer sammelt den ganzen Müll auf? – ... und währenddessen brennt die Stadt – Masern und Sardinen – Algenblüte, Umweltverschmutzung und Eichhörnchen – Alles nur ein Spiel! – Anhänge zur bedingten Wahrscheinlichkeit, lineare Differentialgleichungen – Ordnung und Vektorfunktionen.

„Wofür kann man diese ganze Mathematik denn einmal gebrauchen?", fragen sich viele Studierende in den Anfangssemestern ihres Studiums, besonders in den Sozialwissenschaften. Wie moderne Mathematik für wissenschaftliche Untersuchungen eingesetzt werden kann, zeigt der Autor anhand von realen Untersuchungen aus Biologie und Sozialwissenschaften, aber auch aus dem Umweltbereich. Das Buch setzt nur geringe Mathematik-Kenntnisse voraus und richtet sich somit nicht nur an Studenten der verschiedensten Fachrichtungen, sondern auch an alle, die ebenfalls wissen wollen, wofür Mathematik gut sein kann.

Verlag Vieweg · Postfach 58 29 · 65048 Wiesbaden